光纤信道连续变量量子密钥分发原理与应用

王一军　廖骎　郭迎　著

科学出版社

北　京

内 容 简 介

本书旨在介绍光纤信道中连续变量量子密钥分发的基础知识及相关领域的最新进展，首先介绍量子密钥分发的研究背景及基本的物理原理；其次介绍一些经典的光纤信道连续变量量子密钥分发系统；最后针对现存系统存在的问题，将一些新的技术加入其中，提出安全性更强、性能更完备的量子密钥分发方案。

本书可作为光纤信道连续变量量子密钥分发领域相关工作者的参考书，也可帮助对连续变量量子密钥分发感兴趣的读者快速了解该领域中几个重要分支的前沿知识。

图书在版编目（CIP）数据

光纤信道连续变量量子密钥分发原理与应用 / 王一军，廖骎，郭迎著.
北京：科学出版社，2024.9. — ISBN 978-7-03-079507-6

Ⅰ. TN929.1

中国国家版本馆 CIP 数据核字第 20244A23A5 号

责任编辑：宋 芳 吴超莉 / 责任校对：王万红
责任印制：吕春珉 / 封面设计：东方人华平面设计部

科 学 出 版 社 出版
北京东黄城根北街 16 号
邮政编码：100717
http://www.sciencep.com
北京中科印刷有限公司印刷
科学出版社发行 各地新华书店经销
＊

2024 年 9 月第 一 版 开本：787×1092 1/16
2024 年 9 月第一次印刷 印张：13 3/4
字数：319 000

定价：138.00 元
（如有印装质量问题，我社负责调换）
销售部电话 010-62136230 编辑部电话 010-62135763-2041

前　　言

传统密码学系统的安全性主要是由对应数学问题的难解性保证的，随着经典计算机计算能力的提升和量子计算的出现，系统的安全性面临着巨大挑战。此外，由于每次加密都要使用没有任何第三方知道的密钥，收发双方需要预先储备大量密钥信息，如何分配和管理这些密钥也成为这类加密方式的一大难点。

量子密码学正是在这种迫切需求下应运而生的，它利用量子物理基本原理保证信息传递的安全性，从理论上讲，其具有无条件安全性。量子密钥分发技术是近年来发展较为成熟的量子密码技术，在理论和实验上都有重要突破，已经逐渐开始步入实用阶段。连续变量量子密钥分发的量子信号制备简单、信号探测技术成熟、信息传输效率高，值得人们进行深入的研究。连续变量量子密钥分发技术编码信息在光场的正则分量上，采用平衡零差检测器进行检测，系统只需要普通的相干激光器、平衡零差检测器，成本低、实用性强，并且在同等条件下其输出的密钥率远高于基于离散变量的量子密钥分发技术，与传统光通信网络融合性高。但是目前连续变量量子密钥分发技术在安全传输距离方面并不如离散变量的量子密钥分发技术，工作带宽问题也需要进一步解决。针对这些问题，国内外学者展开深入系统的研究，取得良好进展。本书将详细介绍连续变量量子密钥分发的发展历程，并分析其在实用化进程中仍存在的问题及相应的解决方案。

本书共 7 章，第 1、2 章帮助读者从宏观上对连续变量量子密钥分发建立起系统、正确的认识，属于比较基础的部分。第 3~7 章是对相关领域研究内容的扩展，对连续变量量子密钥分发有一定了解的人会更方便阅读。此外，本书梳理了较为全面、详尽的参考文献，方便有兴趣的读者深入学习和研究。量子密钥分发技术如今日新月异，不断有新的理论、技术成果出现，但囿于本书的成稿时间，一些国内外的最新研究进展并未收录在册。希望今后有机会补充完善，为量子密码领域的发展梳理出一个更为清晰完整的脉络，以与各位同仁更好地交流学习。

由于作者水平有限，书中难免有不足之处，恳请读者批评指正。

目　　录

第1章 绪 论

随着信息技术的发展，社会中信息交互越来越频繁，密码学的产生就是用于保证信息的可靠传输。作为密码学的一个分支，连续变量量子密钥分发成为当下一个重要的研究领域。本章首先介绍本书的研究背景及意义，其次从理论和实际两个角度对国内外相关研究进展进行介绍，再次提出连续变量量子密钥分发领域中一些尚待解决的问题，最后对本书的研究内容、主要贡献及整体组织结构进行阐述。

1.1 研究背景与意义

随着信息科学技术的进步及互联网技术的飞速发展，信息交互已经贯穿人们日常生活的各个方面，无论是从个人隐私安全角度还是从国防安全角度出发，保证信息传输的安全性和可靠性是当今社会面临的一个重要课题。密码学是为保障通信安全而产生的，目前在军事、文化、政治、经济等领域都举足轻重[1]。根据密钥构造方式不同，经典密码系统可以分为非对称密码系统和对称密码系统两大类。其中，非对称密码系统以公钥加密、私钥解密为原理，接收方选定一组仅自己可知的专用密钥，并基于这组专用密钥按某种算法计算出相应的公开密钥，公布给发送方用来加密信息。发送方用公钥加密自己手中的明文并生成对应密文，只有同时知晓公钥和私钥的接收方才能将密文顺利解密[2]。因此，非对称密码系统也被称为公开密钥系统。目前这种系统的安全性主要由对应数学问题的难解性来保证，如应用较广泛的 RSA（Rivest-Shamir-Adleman）算法，其安全性主要依赖于大数分解，几乎可以抵抗目前已知的所有密码攻击。但随着经典计算机计算能力的提升和量子计算的出现，公开密钥系统的安全性面临着巨大挑战。对称密码系统又称专用密钥系统，在这种系统中，发送方和接收方使用一串相同的密钥来完成加密和解密过程，对密钥的安全性要求非常高。

典型的对称加密算法主要有数据加密标准（data encryption standard，DES）和高级加密标准（advanced encryption standard，AES）算法，但它们的安全性仍然依赖于计算的复杂度，在计算机计算速度迅速提升的今天难以得到有效保证。此外，由于每次加密都要使用没有任何第三方知道的密钥，收发双方需要预先储备大量密钥信息，如何分配和管理这些密钥也是这类加密方式的一大难点。迄今为止，唯一能保证无条件安全的加密方式只有一次一密（one-time pad，OTP），其安全性在 1949 年已经被著名数学家 Shannon[3]证明。但这种方式需要满足以下几个前提：①密钥长度与明文相等，并且使用完一次后需要丢弃，不能重复使用；②密钥随机无关联；③密钥绝对安全。由此可见，"一次一密"的加密方式对密钥消耗巨大，因此无法大规模投入使用，并且如何使通信双方在通信过程开始之前就共享大量绝对安全的密钥也是一个重要问题。在经典密码系统面临的这一系列挑战的背景下，量子密码系统[4]应运而生。该系统利用量子物理的基本特性解决经典密码系统面临的问题，其安全性不再依赖计算的复杂性，而是由海森伯（Heisenberg）不确定性原理和不可克隆定理保证[5]。量子密码系统的核心是量子密钥分发（quantum key distribution，QKD）技术，它解决了经典密码系统中的密钥分配问题，是保证无条件安全加密的关键步骤[6]。如图 1-1 所示，将 QKD 技术与"一次一密"系统相融合，可以克服量子计算对现有密码系统带来的威胁与挑战，将通信的安全性提升到一个全新高度[7]。经过近几年的发展，QKD 技术在安全性证明、密钥率提升等方面都取得了突破性进展，也逐步由理论研究阶段迈入实际应用阶段。现阶段，美国、日本和欧盟各国等先后开展了量子保密通信网络的部署，我国的"墨子号"量子科学实验卫星也在 2020 年首次实现基于纠缠的无中继千公里级 QKD。因此，在量子信息技术迅猛发展的今天，研究 QKD 技术从科学发展和社会效益的角度来说都是很有意义的。

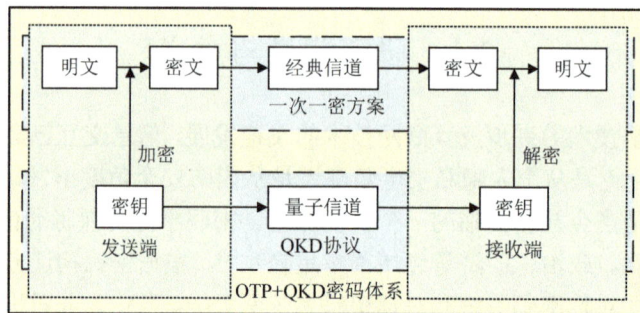

图 1-1 OTP+QKD 密码体系示意图

1.2 量子密码概述

量子密钥分发概念在 1984 年被首次提出。当时，Bennett 和 Brassard[8]基于单光子的制备和测量提出了首个 QKD 协议——BB84 协议。自该协议提出后，QKD 快速发展，其在理论研究和实验实现层面均取得重大突破，成为量子信息领域中较接近实用的技术之一。依据加载密钥信息的物理量不同，QKD 协议可分为两大类——离散变量量子密钥分发（discrete-variable quantum key distribution，DVQKD）和连续变量量子密钥分发（continuous-variable quantum key distribution，CVQKD）。在 DVQKD 协议中，密钥信息编码在本征值为离散变量的物理观测量上，如 BB84 协议中单光子的偏振方向；而在 CVQKD 协议中，密钥信息编码在本征值连续变化的物理观测量上，如光场的正则分量。DVQKD 协议最先被提出，也最先受到各国学者的广泛研究。几十年来，该协议已经从最初的实验室验证迈向了实地光纤网络运行，其中国内外著名的实地量子密码网络验证包括中国的芜湖城区量子密码网络[9-10]、合肥全通型城际量子通信网络[11-12]，美国国防高级研究计划局（Defense Advanced Research Projects Agency，DARPA）量子密码网络[13]，欧洲的基于量子密码的安全通信（Secure Communication Based on Quantum Cryptography，SECOQC）网络[14]，日本的东京量子密码演示网络[15]等。2016 年，我国千公里级的大尺度光纤量子通信骨干网"京沪干线"全线贯通，全球首颗量子科学实验卫星"墨子号"发射成功。2017 年,"墨子号"成功实现了星地 QKD[16]。2018 年,结合"墨子号"卫星,中国与奥地利成功实现了世界首次洲际量子保密通信[17]。这一系列进展表明,DVQKD 在实地光纤网络中的应用越来越成熟,构建星地一体化的广域量子通信网络也初露雏形。

相较于 DVQKD,CVQKD 协议被提出较晚,其安全性证明完备时间也较晚,同时由于国内外研究小组前期开展实验较少、相关技术问题并未解决等,CVQKD 在理论研究和实验实现层面均落后于 DVQKD。但是,CVQKD 编码在光场正则分量上具有协议特性,使其具备如下 4 个方面的优势。

1)理论安全码率更高。CVQKD 协议中密钥编码在连续变量上,平均单个脉冲包含的原始信息量要高于基于单光子的离散变量协议,使协议在系统重复频率相同的情况下具备更高的理论码率[18]。

2)实际探测成本更低。CVQKD 协议实际实现使用的探测器为经典光通信中普遍采用的平衡探测器,生产成本低于单光子探测器。

3)实际更易集成化。CVQKD 协议实际实现使用的主要元器件,即调制器、光分束器、光衰减器和平衡探测器,均可通过硅基光子芯片集成,因此其系统更易集成化[19-20]。

4)实际兼容经典光通信系统。CVQKD 协议实际实现需要采用相干检测技术,经典光信号在与量子信号进行共纤传输后不会对量子信号的探测造成太大影响,因此可借助现有光通信网络实现 QKD,降低系统和网络的建设成本。

考虑到上述优势,近年来 CVQKD 协议受到研究人员的重视,并且得到深入研究。

1.3　连续变量量子密钥分发介绍

近年来,连续变量量子密钥分发技术在国内外发展迅速,取得了很多研究进展,具体包括高斯调制(Gaussian modulation,GM)相干态的 CVQKD 协议、离散调制相干态的 CVQKD 协议和测量设备无关 CVQKD 协议的理论研究进展和实验研究进展。

CVQKD 是指在整个密钥分发过程中,用于编码密钥信息的物理观测量所处的希尔伯特(Hilbert)空间是无限维且连续的(如光场的正则分量),而信息载体可以是各类光场量子态(如相干态、压缩态、纠缠态等)[21]。1999 年,利用连续变量进行 QKD 的概念由澳大利亚国立大学 Ralph[22-23] 首次提出,拉开了 CVQKD 研究的序幕。2000 年,Hillery[24] 提出利用压缩态作为信号载体的方案,同时 Reid[25] 提出基于连续变量纠缠态的量子密钥分发方案。2001 年,受 Hillery 压缩态方案的启发,Cerf 等[26]首次设计了基于压缩态的连续调制 CVQKD 协议。2002 年,著名的基于相干态的 CVQKD 协议由法国查尔斯·法布里实验室的 Grosshans 和 Grangier[27]共同提出,被称为 GG02 协议。GG02 协议的提出可以认为是连续变量类协议的一大突破,因为相干态的产生比其他高斯态都要简单,所以其实用化前景也更为广阔。

1.3.1　连续变量量子密钥分发理论研究进展

首先对 GG02 协议的相关发展进行介绍。GG02 协议由于对正则分量采取高斯调制,因此也可称为高斯调制相干态协议（Gaussian modulation coherent state，GMCS）。在 GG02 协议提出后，为了提升安全传输距离，容忍更高的信道衰减，Grosshans 和 Grangier[28]还提出了反向协商方案。在该方案中，Alice 通过 Bob 发送来的校验信息将手中的数据修正到与 Bob 一致，克服了正向协商中 3dB 传输极限。之后，为区别于最初的零差检测（homodyne detection）方式，澳大利亚国立大学 Weedbrook 等[29]提出了基于外差检测（heterodyne detection）的 GMCS-CVQKD 协议，即无开关（no-switching）协议，使合法通信方可以同时使用两个正则分量来产生密钥。由于不再需要在接收端进行测量基选择，简化了协议的实现，至此 GMCS-CVQKD 协议得到了完善。GMCS-CVQKD 协议的安全性证明也经历了漫长的过程，具体如下：2002 年，Grosshans 和 Grangier[27]证明在零差检测和正向协商下，GMCS-CVQKD 协议在个体攻击下具有安全性。2004 年，Grosshans 和 Cerf[30]给出在零差检测和反向协商下，CVQKD 协议在个体攻击下的安全性证明。同年，Weedbrook 等[29]证明在外差检测和反向协商下，GMCS-CVQKD 协议在个体攻击下具有安全性。该证明随后又由 Sudjana 等[31]、Lodewyck 和 Grangier[32]分别进行了完善，至此协议在个体攻击下的安全性被彻底证明。2006 年，Garcia 和 Cerf[33]、Navascués 等[34]分别采用不同方法证明 GMCS-CVQKD 协议的最优集体攻击是高斯攻击。之后，Leverrier 和 Grangier[35]又利用协议在相空间的对称性简化了高斯集体攻击最优性的证明，至此协议在集体攻击下也得到了安全性证明。2009 年，Renner 和 Cirac[36]提出利用量子 de Finetti 定理进行相干攻击下的安全性证明，通过该方法可以将相干攻击化简为集体攻击，使大多数 CVQKD 协议在更简单的高斯集体攻击下进行安全性分析。在相干攻击得到证明后，可以说协议完成了任意攻击下的安全性证明，即具有无条件安全性。上述安全性证明都是建立在渐近条件下，也就是假定在分发数据无限长的情况下。2009 年，Christandl 等[37]采用后选择技术证明在有限码长下 CVQKD 在任意攻击下的安全性。随后，Leverrier 等[38]在 2010 年分析了 CVQKD 协议中的有限长效应。2017 年，Leverrier[39]又借助高斯 de Finetti 定理进一步完善了该协议的无条件安全性。至此，GMCS-CVQKD 协议的安全性被彻底证明。

与高斯调制协议相对应的是离散调制协议（discrete modulation coherent state，DMCS），离散调制具有两个方面的优点：在硬件层面，该调制格式广泛用于经典通信中，并且更易实现；在软件层面，它能够简化纠错码的实现，提升协商效率。2009 年，为了进一步提高 CVQKD 的传输距离，Leverrier 和 Grangier[40]提出了基于四态调制的相干态协议，后续又提出二态调制、三态调制等。在安全性分析方面，二态调制协议[41]和三态调制协议[42]在无限码长集体攻击下的安全性已经得到证明，但它们的安全性证明方法不具有一般性，很难推广到其他离散调制方案中，并且所得安全密钥率界限对线路衰减较为敏感，成码能力较差。对于更为常见的四态调制协议，Leverrier 和 Grangier[40,43]分别在假设信道线性的情况下和借助诱骗态证明了该协议在集体攻击下的安全性。但前者并不具备安全性证明的一般性，而后者仍需要实施高斯调制，完全失去了离散调制的特有优势。2019 年，法国学者 Ghorai 等[44]针对四态调制方案，利用半定规划（semidefinite program，SDP）得到了在渐近条件下窃听者所能获取信息量上界的数值解。与上述证明不同的是，Ghorai 等[44]在证明中放松对信道的假设，使该安全性分析更具一般性。总体而言，DMCS-CVQKD 协议的安全性分析具有一定进展，但无条件的安全性证明仍需进一步研究。

为了解决由探测器引入的安全性漏洞问题，Pirandola 等[45]、Ma 等[46]及 Li 等[47]分别独立提出了测量设备无关 CVQKD 协议（continuous-variable measurement-device-independent quantum key distvibution，CV-MDI-QKD），该方案能够防御所有针对探测器的侧信道攻击。在协议安全性方面，Pirandola 等[45]、Ottaviani 等[48]首先分析了 CV-MDI-QKD 协议在对称信道设置下的渐近安全性，并指出双模相干攻击是最优攻击。2017 年，约克大学研究团队和北京邮电大学研究团队分别独立分析了有限码长下码率特性[49-50]。随后，上海交通大学研究团队又分析了在减光子和离散调制下 CV-MDI-QKD 协议的安全性[51-52]。

除了上述协议外，2008 年，Pirandola 等[53]提出连续变量双路协议，该协议能够容忍更多的过噪声。2015 年，法国学者 Usenko 和 Grosshans[54]提出一维高斯调制协议，该协议仅对一个光场正则分量进行调制，将协议的实现复杂度进行简化。表 1-1 中总结了各类相干态协议的安全性证明情况，可以看到目前各协议的理论安全性证明均有一定进展，但仍存在进一步完善的空间。

表 1-1　基于相干态 CVQKD 协议安全性证明进展

协议	渐近条件			非渐近条件	
	个体攻击	集体攻击	相干攻击	集体攻击	相干攻击
GMCS-CVQKD 协议	已证明	已证明	已证明	已证明	已证明
DMCS-CVQKD 协议	已证明	已证明	—	—	—
CV-MDI-QKD 协议	已证明	已证明	已证明	已证明	已证明
双路协议	已证明	已证明	已证明	—	—
一维调制协议	已证明	已证明	—	已证明	—

当然，除了理论安全性证明需要完善外，相干态 CVQKD 协议在实际实施中也存在与理论协议之间的偏差，窃听者可以利用该偏差进行攻击，这就是实际安全性问题。在 CVQKD 协议中，目前已经被研究的实际安全性问题包括本振光（local oscillator，LO）抖动攻击[55]、标定攻击[56]、波长攻击[57-58]、饱和攻击[59]等，而研究者也针对不同的攻击方式提出了相应的解决方案。表 1-2 列举出针对 CVQKD 协议的实际攻击方式，并说明了漏洞位置和相应的解决机制。基于相干态的协议在迈向实用化的过程中，需要不断地发现和排除实际安全漏洞，进而保障系统的安全性。

表 1-2　CVQKD 协议中实际安全性问题

攻击方式	漏洞位置	解决机制	相关文献
本振光抖动攻击	接收端	监控接收端本振光强度	[55]
散粒噪声标定攻击	接收端	监控散粒噪声	[56]
波长攻击	接收端	监控波长	[57]、[58]
饱和攻击	接收端	高斯后选择（监控数据）	[59]
有限采样攻击	接收端	双采样探测	[60]

续表

攻击方式	漏洞位置	解决机制	相关文献
探测致盲攻击	接收端	高斯后选择（监控数据）	[61]
偏振攻击	接收端	监控散粒噪声	[62]
特洛伊木马攻击	发送端	添加光隔离器	[63]
光衰减器攻击	发送端	添加光保险丝	[64]
激光播种攻击	发送端	监控发送端本振光强度	[65]

1.3.2 连续变量量子密钥分发实验研究进展

随着 CVQKD 协议的提出和安全性证明的推进，CVQKD 相关实验验证也在同步开展。评价 CVQKD 实验最终性能的主要指标是安全传输距离和安全密钥率（又称安全码率）。安全传输距离与其所能容忍的损耗正相关，安全密钥率与过噪声、协商效率等参数相关。安全密钥率又分为每秒安全密钥率（单位：bit/s）和每脉冲安全密钥率（单位：bit/pulse），其中每秒安全密钥率由系统重复频率（又称系统主频或符号速率）和每脉冲安全密钥率共同决定。本节以时间顺序叙述，主要介绍基于相干态 CVQKD 实验进展中具有代表性的成果。

2003 年，法国查尔斯·法布里实验室和比利时布鲁塞尔自由大学（Universite libre de Bruxelles，ULB）的研究小组联合完成 GMCS-CVQKD 实验验证。实验采用了相干态作为光源，配合零差探测器，以及反向协商算法，最后在个体攻击下无衰减时获得 1.7Mbit/s 的安全码率，在 3.1dB 衰减时生成安全码率为 75Kbit/s。至此，基于相干态的 CVQKD 实验可行性得到初步验证[66]。

2005 年，澳大利亚国立大学研究小组基于连续相干光和宽带高斯调制，实现了在 0dB/10dB 的信道衰减，个体攻击下获得 25Mbit/s/1Kbit/s 的安全密钥[67]。同年，Lodewyck 等[68]报道了首个基于光纤的 CVQKD 实验，系统中脉冲重复频率达到了 1MHz，并最终获得安全码率。2007 年，Qi 等[69]对本振光和信号光采用频分复用，实现了个体攻击下 5km 传输距离内 0.3bit/pulse 的码率。同年，Lodewyck 等[70]对本振光和信号光采用时分复用和偏振复用，实现了通信距离长达 25km、密钥率为 2Kbit/s 的 CVQKD 实验。2009 年，Xuan 等[71]的研究小组实现了 24.2km 传输距离下 3.45Kbit/s 的安全码率，该实验采用了 DMCS-CVQKD 协议。2010 年，Shen 等[72]详细研究了 DMCS-CVQKD 协议并完成了基于自由空间的实验验证。2011 年，上海交通大学曾贵华教授课题组的 Dai 等[73]研发了实验室环境下的 GMCS-CVQKD 实验系统，其传输距离超过 25km，最终在集体攻击下安全密钥率达到 3.9Kbit/s。可以看出，该阶段的 CVQKD 实验取得一定进展，但是存在重复频率较低、传输距离受限、安全码率较低等问题。

2012 年后，CVQKD 实验在突破安全距离上取得如下重要进展：2013 年，Jouguet 等[74]设计出高效的数据协商算法，使 CVQKD 的安全传输距离实现了突破，安全传输距离达到 80km。2016 年，上海交通大学曾贵华教授课题组的 Huang 等[75]在安全传输距离上取得进一步的突破，使 CVQKD 在实验室环境内组合安全性下达到 100km，有限长效应下达到 150km。为进一步发挥 CVQKD 高码率的优势，该课题组在 25km 传输距离下完成了 1Mbit/s 安全码率的 CVQKD 实验[76]，并构建了传输距离 50km、时钟频率 25MHz 的高速 CVQKD 实验系统，最终获得了 52Kbit/s 的安全码率[77]。此外，在实地验证方面，2016 年该课题组依托上海交通大学校园网进行了国际上第一个 CVQKD 网络验证实验[78]。2017 年，北京大学的郭弘教授课题组和北京邮电大学的喻松教授课题组合作实现基于多种自动控制模块的 CVQKD 系统，并分别在西安和广州进行了实地验证，最终在 49.85km 商用光纤信道中获得 7.43Kbit/s 的安全码率[79]。

1.4 连续变量量子密钥分发特点及待解决的问题

以连续变量编码的 CVQKD 有区别于 DVQKD 的优势与特色，但也面临着许多实用化方面的挑战和待解决的问题，本节主要介绍 CVQKD 的特点，讨论其尚存的一些实用化问题。

1.4.1 连续变量量子密钥分发特点

与 DVQKD 相比，CVQKD 虽然起步较晚，但是其具有一些无法替代的优势与特色，主要总结为以下几个方面。

1. 量子信号制备过程简单

与 DVQKD 中使用单光子量子态不同，CVQKD 技术以相干态为密钥信息的载体。制备相干态可以通过将普通相干激光器发出的经典强光（约 10^9 光子/脉冲）进行衰减而得到。此外，相干态中本身存在多个光子，协议的安全性并不需要满足光源为单个光子的条件，因此不存在受到光子数分离攻击的风险。

2. 信号的探测技术成熟

CVQKD 系统使用平衡零差探测技术对信号的振幅或相位进行直接探测，是经典光通信中的常用技术，目前已经发展得非常成熟，探测效率较高。此外，零差探测具有良好的滤波性能，能够抑制与经典信号进行复用时引入的大部分噪声[80]，使 CVQKD 系统能方便地与现有经典光通信网络相结合，而不需要铺设专门的量子密钥网络。

3. 信息传输效率高

连续变量的编码方式使系统中一个脉冲可以包含多比特信息，而 DVQKD 中一个单光子脉冲只能携带一比特信息，因此 CVQKD 具有更高的通信容量和通信效率。此外，DVQKD 需要随机选择测量基，而 CVQKD 技术不需要更换测量基，也可以使用一对平衡零差探测器同时测量正则振幅和正则相位，理论上可以获得更高的密钥率。

1.4.2 连续变量量子密钥分发待解决的问题

近年来，在国内外研究者的努力下，CVQKD 技术经历了不断的突破与发展，但要实现完全实用化还存在着一些问题，具体如下。

1. 密钥率不高

在现有 CVQKD 系统中，受到系统时钟频率和探测效率的限制，距离超过 25km 时的密钥率通常只有几百 bit/s 到几百 Kbit/s，远远不能满足目前大数据流量传输的需求。因此，要将 CVQKD 系统与经典通信网络相融合，提高传输速率是需要解决的一个关键问题。

2. 实际系统存在安全性漏洞

虽然 CVQKD 技术解决了 DVQKD 中的光子数分离攻击问题，但是大部分 CVQKD 方案都需要将信号光和本振光同时传输来保证 Alice 和 Bob 的相位及时钟同步。本振光是经典强光，虽然其本身不携带任何密钥相关的信息，但它在平衡零差探测过程中起着重要作用。这一点容易被攻击者 Eve 利用并发起攻击，损害系统的安全性。此外，协议的理论无条件安全性建立在完美器件的假设上，而实际系统中用到的器件都不可避免地存在缺点。因此，如何保证实际 CVQKD 系统的安全性非常重要。

3. 系统稳定性不够

CVQKD 系统中传输的是微弱的量子态，因此在传输过程中非常容易受到外界环境的干扰。尤其是在长时间运行时，光源的不稳定、偏置电压的抖动、光纤的双折射效应，以及脉冲的相位漂移等因素都会对系统产生影响。要实现 CVQKD 技术的实用化，提高系统的抗干扰能力是一个重要研究方向。

目前，对于 CVQKD 的各类方案在理论、技术及实验等方面的研究在不断地发展，但仍然面临着许多的挑战和问题，想要设计稳定、安全的 CVQKD 系统以确保信息的安全性，可以进一步挖掘量子信息和经典通信的潜力，甚至可以将机器学习的知识应用于量子密钥共享系统，以丰富 CVQKD 的多样性和实用性。

1.5 研究内容和主要贡献

通过现有的 CVQKD 方案的分析可以发现，其仍有许多问题待解决，如系统的设计存在安全漏洞、稳定性差等。本书从以上方面入手，以量子信息为基础，对 CVQKD 进行研究分析，追求探索更安全、稳定、高密钥率的 CVQKD 方案，主要研究内容如下。

1）为了进一步提升本地本振系统的安全码率，本书提出了具备更高量子信号探测效率的零差检测导频偏振复用方案，并通过动态时延线调节波前达到时间及二次相位补偿算法实现收发端高精度相位同步，同时对量子信号的调制方差等关键参数进行优化。利用分立器件搭建实验平台，证实了其在 25km 标准单模光纤传输下可达 3.14Mbit/s 的安全码率。

2）为了提升 CVQKD 系统的密钥率，本书设计出一种基于光学频率梳的多路并行 CVQKD 方案。该方案以光梳为光源代替多个独立激光器，能降低系统的复杂度和运行成本，光梳稳定的重复率和宽频带的相位相干性，使系统能实现更密集的多路传输和更简单的相位估计；本振光在接收端产生消除了传输本振光打开的安全性漏洞，使系统具有更高的安全性；基于光梳的相位相干性，选择最外两根梳线传输相位参考来实现对其他支路的相位漂移补偿。结果显示，与单路 CVQKD 方案相比，在传输距离为 35km 时，使用一对有 35 根梳线的光梳可以使密钥率至少提升 20 倍。

3）以提升密钥率为目的，本书设计了一种基于采样值补偿的 CVQKD 方案，使系统可以以较高的重复频率进行密钥分发。该方案利用一个脉冲周期内的 3 个不同采样值，实现对脉冲峰值的准确估计，从而消除接收端模数转换器的有限采样带宽带来的不良影响。数值仿真实验结果表明，经采样值补偿后，系统的密钥率和传输距离都得到大幅增长。

4）本书提出一种通过适当的减光子操作来提升纠缠源置于信道中间的 CVQKD 系统性能的方案。该方案能够在现有技术条件下进行部署实现；同时，本书给出了用于执行减光子操作的分束器透射率的性能表现，为调整该参数使实际系统达到最优性能提供了参考。该方案可以在窃听者控制信号源的情况下提升 CVQKD 系统的最大传输距离，同时能够有效抵御纠缠源不可信时的一种特殊的攻击，即内部源攻击。

5）本书提出了一个新颖的远距离 CVQKD 方案，该方案基于非高斯态区分检测器，这也是国内外首次将态区分检测器应用于量子密钥分发领域的研究。该方案采用离散调制的四态 CVQKD 协议作为基础通信协议，在发送端引入非高斯操作进行信号的分离，在接收端部署一个态区分检测器，让其与相干检测器共同决定信号光的测量结果。态区分检测器可以被视为对接收到的非正交相干态的最优量子测量，以突破标准量子极限。因此，在态区分检测器的帮助下，Bob 可以获得来自发送端 QPSK 调制信号的更精确的测量结果。该方案能够显著增加 CVQKD 的传输距离，并且优于其他现有 CVQKD 方案。

6）本书提出数个基于参量放大器（parametric amplifier，PA）和分束器（beam splitter，BS）的之间分束与重组操作的中继 CVQKD 方案。这些方案扩展了测量设备无关的 CVQKD 协议，使其适用于在复杂的网络中进行数据传输。本书详细分析并考察了这些方案对 CVQKD 系统性能的影响，其中 PA-BS 和 PA-PA 中继方案能够同时提升 MDI-CVQKD 系统的密钥率及传输距离。

7）本书从理论上着重分析了量子催化操作对传统 CVQKD 系统的性能影响。此外，利用有序算符内积分（integration within an ordered product，IWOP）技术，不仅导出了量子催化和单光子扣除的等效算符形式，还为计算量子态的协方差矩阵元提供了一种新方法。在考虑高斯最优性的条件下，对于集体攻击和逆向协商，基于量子催化 CVQKD 和单光子扣除 CVQKD 的渐近密钥率下界进行性能分析和比较。数值仿真结果表明，单光子催化的 CVQKD 系统采用双边对称的量子催化操作在密钥率、最远传输距离和最大可容忍过噪声方面要优于单边量子催化操作的情况。此外，在诸多量子催化操作中，零光子催化的 CVQKD 性能表现最佳。特别是，采用零光子（或单光子）量子催化的 CVQKD 在密钥率、最远传输距离和最大可容忍过噪声方面都要优于单光子扣除 CVQKD，主要是因为量子催化操作的成功概率可以远远高于单光子扣除的情况，而单光子扣除方案的成功概率局限在 0.25 以内。

8）本书从实际操作的层面上提出了一种量子催化自参考 CVQKD 方案。根据高斯攻击的最优性，得出了基于零光子催化的自参考 CVQKD 系统在集体攻击和逆向协商场景下的渐近密钥率的结论。数值仿真结果表明,与原始方案相比,基于零光子催化的自参考 CVQKD 协议在提高密钥率的同时,具有延长最大传输距离的优点。本书还考虑实际探测情况对自参考 CVQKD 系统的影响。研究结果表明,在相同参数下,随着探测器的非完美性增加,所提方案和原始方案的密钥率、传输距离和可容忍过噪声等性能指标都在降低,尤其是所提方案的性能下降最为显著。另外,为进一步突出零光子催化在自参考 CVQKD 系统中的应用优势,本书还比较了零光子催化自参考 CVQKD 和单光子扣除自参考 CVQKD 两种方案的性能状况。研究表明,在相同参数条件下,零光子催化自参考 CVQKD 在密钥率、传输距离和可容忍过噪声方面都优于单光子扣除自参考 CVQKD。特别是,量子催化自参考 CVQKD 系统允许较低的量子探测效率和较高的电子噪声以实现相同的性能。

9)本书将量子催化运用到测量设备无关高斯调制 CVQKD 系统中,试图进一步改善测量设备无关 GMCS-CVQKD 的性能。此外,本书还指出了零光子催化不仅具有较高的成功概率,还能保持维格纳(Wigner)函数的高斯特性,从而不引入额外的噪声。在获得集体攻击和逆向协商场景下的渐近密钥率后,数值仿真结果表明,与原始测量设备无关方案相比,量子催化测量设备无关 GMCS-CVQKD 的密钥率下降缓慢,这在某种程度上反映了采用零光子催化操作可以使 CVQKD 系统表现出更大的灵活性和稳定性。因此,在最大可容忍过噪声和可实现的传输距离方面,所提的量子催化测量设备无关 GMCS-CVQKD 方案都要优于原始测量设备无关方案。为了进一步突出零光子催化在测量设备无关 GMCS-CVQKD 中的优势,本书还考虑了光子扣除的测量设备无关 GMCS-CVQKD 方案。研究结果表明,在相同参数下,量子催化测量设备无关 GMCS-CVQKD 方案在传输距离、密钥率和可容忍过噪声方面也优越于光子扣除方案。研究发现,量子催化的自参考 GMCS-CVQKD 在传输距离方面可以优越于量子催化的测量设备无关 GMCS-CVQKD,原因之一是自参考 GMCS-CVQKD 系统的传输距离过度地依赖于参考脉冲的振幅 $\sqrt{V_R}$。另外,测量设备无关 GMCS-CVQKD 系统对过噪声极度敏感。

10)本书研究了一种基于量子催化离散调制 CVQKD 方案,并给出了零光子催化对离散调制协议的协方差矩阵的贡献度。研究结果发现,这种量子催化实际就是一种无噪声衰减,它使传输给 Bob 的相干态振幅 α 衰减成 $\sqrt{T}\alpha$,其中 T 为透射率相关参数。随后,本书对所提的量子催化离散调制方案进行了渐近安全性分析。仿真结果表明,当固定参数 $\beta = 0.95$ 和 $\xi = 0.005\text{SNU}$ 时,对于不同的调制方差 $V = 1.3$、$V = 1.4$,所提方案能够进一步提高离散调制 CVQKD 协议的性能。当 $V = 1.2$ 时,所提方案在性能改善方面不能显示出量子催化的优势。此外,当选取合理的固定参数 $\beta = 0.95$、$V = 1.3$ 时,对于不同可容忍过噪声 $\xi = 0.002\text{SNU}, 0.005\text{SNU}$,所提方案在较小的可容忍过噪声中性能改善表现比较明显;而对于较大可容忍过噪声 SNU,$\xi = 0.008$ 较与原始四态协议方案相比性能改善却是不明显的。对于不同的协商效率 $\beta = 0.90, 0.95, 1.0$,当给定参数 $V = 1.3$ 和 $\xi = 0.005\text{SNU}$ 时,协商效率越高,则 QKD 的性能表现就越好。特别是,对于更为实际的协商效率 0.90,利用量子催化操作能够进一步提升原始方案的传输距离,约为 210km,密钥率为 10^{-8}bit/pulse。

11）本书提出了一个全新且没有额外性能损失的、基于双相位调制的往返式测量设备无关的连续变量量子密钥分发（PP DPM-based MDI-CVQKD）方案，在该方案中本振光不再需要通过不安全的量子信道进行传输。本振光能够在本地由 Charlie 从产生量子信号的激光器中分离产生，因此该方案避免了不同激光器之间信号的同步问题，也进一步防御了针对本振光的多种攻击。本书采用偏振不敏感的双相位调制策略来代替传统 LiNbO3 幅度调制，在实验制备相干态方面显示了其可行性。本书证明了 PP DPM-based MDI-CVQKD 方案的安全性与基于对称调制高斯态的 MDI-CVQKD 协议的等价性。本书提出一种可将全部原始密钥用来产生最终安全密钥的计算方法，基于该方法可以提升 MDI-CVQKD 系统的有限长安全密钥率。最后给出一个实验概念设计，其可作为 MDI-CVQKD 系统的实现指导。

12）本书针对实际安全性问题中的校准攻击问题，设计出一种基于隐马尔可夫模型（hidden Markov model，HMM）的校准攻击识别方案，在不增加额外设备的前提下，实现对校准攻击的自动防御。该方案利用隐马尔可夫模型对系统隐藏状态的推断能力，基于 Bob 测量的正则分量值识别校准攻击，提升了系统的实际安全性。

13）本书以提升系统实际安全性为目标，针对高斯调制相干态 CVQKD 系统的安全性漏洞，设计出一种基于人工神经网络的攻击检测与分类方案。该方案利用人工神经网络强大的信息处理与信息挖掘能力，建立一种能抵抗大部分已有攻击策略的通用攻击防御模型，将系统的实际安全性提升到一个新的高度。

14）本书提出了一种基于热态的被动连续变量量子秘密共享（quantum secret sharing，QSS）方案，在该方案中，每个用户不再使用高斯调制从相干态中制备热态，只是简单地使用一个热源，然后在本地将热源的输出分成两种空间模式，每个用户测量一种相关的热态，并利用分束器将其他热态注入循环光模式，从而有效防范特洛伊木马攻击。该方案放弃了高消光比调制器的必要性，在 QSS 框架中提供了更方便的实现，更有利于 QSS 研究的推广。

15）本书以延长 QSS 协议的安全传输距离为目标，凭借着离散调制在远距离通信的优势，提出了一种基于离散调制相干态的连续变量量子秘密共享方案，通过巧妙地利用离散调制 CVQKD 的安全分析技术，证明了所提出的基于 DMCS 的 QSS 协议对窃听者（集体高斯攻击）和不诚实用户的理论安全性。数值仿真证明，基于 DMCS 的 QSS 协议在渐近极限下的最大传输距离超过了 100km。

1.6 本书的组织架构

本书共 7 章，具体内容如下。

第 1 章为绪论。本章主要介绍本书的研究背景及研究意义，阐述量子密码的主要概念，并且分析 CVQKD 的国内外理论和实验的研究进展，同时介绍本书的主要研究内容和主要贡献，最后介绍本书的组织结构。

第 2 章为连续变量量子密钥分发基础知识。本章简要介绍与本书相关的量子光学的基础知识和信息论基础知识。然后在上述知识的基础上，对 3 种常见的相干态 CVQKD

协议进行介绍并推导出安全密钥率的计算表达式。

第 3 章为高速连续变量量子密钥分发方案。本章设计并提出了本地本振 CVQKD 方案、基于光学频率梳的多路并行 CVQKD 方案和基于采样值补偿的高速率 CVQKD 方案。这些方案提供了更长的安全传输距离和更高的密钥率，其中本地本振 CVQKD 方案更是为城域网范围内实现高安全码率提供了解决方案。

第 4 章为远距离连续变量量子密钥分发方案。本章设计并提出基于减光子和非高斯态区分检测的连续变量量子密钥分发方案，显著增加 CVQKD 的安全传输距离，提升系统的密钥率。为扩展 QKD 系统在复杂网络中的应用，本书还提出连续变量量子密钥分发中继方案。

第 5 章为基于量子催化的连续变量量子密钥分发方案。本章首先从理论上注重分析了量子催化操作对传统 CVQKD 系统的性能影响；然后从实际操作角度提出了量子催化自参考连续变量量子密钥分发方案；接着将量子催化运用到测量设备无关 GMCS-CVQKD 系统中，进一步改善测量设备无关 GMCS-CVQKD 的性能；最后结合量子催化的优势，运用量子催化到离散调制 CVQKD 系统，以达到超远距离安全通信的目的。

第 6 章为连续变量量子密钥分发方案的实际攻击防御。本章提出基于双相位调制和双相位调制的往返式测量设备无关的连续变量量子密钥分发方案，以及基于人工神经网络的攻击检测与分类方案，这些方案可以有效地提升系统的实际安全性，将系统的实际安全性提升到一个新的高度。

第 7 章为连续变量量子秘密共享方案。本章对连续变量量子秘密共享系统进行研究，提出基于热态的被动量子秘密共享方案和基于离散相干态的连续变量量子秘密共享方案，并且证明两种方案对窃听者和不诚实用户的理论安全性，提高安全传输距离，进一步促进 QSS 的研究发展路程。

第 2 章   连续变量量子密钥分发基础知识

CVQKD 可以保证信息在通信过程中的安全性，其原理主要基于量子力学的基本法则，即在物理层上保证密钥分发的无条件安全。CVQKD 涉及信息科学和物理学两门学科的相关知识，是两者的交叉研究方向之一，在实际应用中具有很多优点，如量子信号容易产生、很方便测量及通信容量高等，并且克服了早期 CVQKD 的一些不可避免的缺陷，因而受到广泛关注。本章主要介绍 CVQKD 的一些基本原理和概念。

2.1   量子光学基础

本节主要介绍 CVQKD 协议的物理基础——量子光学相关基础知识。

2.1.1   光场量子化

在经典物理学中，通常利用麦克斯韦方程组来研究光场性质。在真空中，麦克斯韦方程为

$$
\begin{cases}
\nabla \times E = -\mu_0 \dfrac{\partial H}{\partial t} \\[2mm]
\nabla \times E = \epsilon_0 \dfrac{\partial E}{\partial t} \\[2mm]
\nabla \times E = 0 \\[2mm]
\nabla \times H = 0
\end{cases}
\tag{2-1}
$$

其中，ϵ_0 和 μ_0 分别是真空中的介电常数和磁导率，其与真空中光速关系为 $\epsilon_0 \mu_0 = 1/c^2$；∇ 是对矢量求偏导；E 是电场强度；t 是时间；H 是磁场强度。通过对第一项取旋度，并将第二项代入得

$$
\nabla \times (\nabla \times E) = -\mu_0 \frac{\partial}{\partial t} \nabla \times H = -\epsilon_0 \mu_0 \frac{\partial^2 E}{\partial t^2}
\tag{2-2}
$$

由相关矢量分析知识可得

$$
\nabla \times (\nabla \times E) = \nabla (\nabla \times E) - \nabla^2 E = -\nabla^2 E
\tag{2-3}
$$

因而可得到电场波动方程为

$$
\nabla^2 E - \frac{1}{c^2} \frac{\partial^2 E}{\partial t^2} = 0
\tag{2-4}
$$

该波动方程所对应的单一偏振方向上的平面波解为

$$
E_k(\boldsymbol{r}, t) = E_0 \left[\alpha_k \mathrm{e}^{\mathrm{i}(\boldsymbol{k} \cdot \boldsymbol{r} - \omega_k t) + \alpha_k^* \mathrm{e}^{-\mathrm{i}(\boldsymbol{k} \cdot \boldsymbol{r} - \omega_k t)}} \right]
\tag{2-5}
$$

其中，E_0 为电场的振幅常数；k 为光场模指数；ω_k 为光场模指数 k 的角频率；$\boldsymbol{k}$ 为波矢量；α_k 和 α_k^* 分别为无量纲的复常数。

另外，对于单一光场模 k，其对应的量子谐振子的哈密顿量[81]可表示为

$$\hat{H}_k = \hbar\omega_k\left(\hat{\alpha}_k\hat{\alpha}_k^\dagger + \frac{1}{2}\right) \tag{2-6}$$

其中，$\hat{\alpha}_k^\dagger$ 和 $\hat{\alpha}_k$ 分别为谐振子的产生算符和湮灭算符，它们满足如下玻色子互易关系：

$$\begin{cases} \left[\hat{\alpha}_k, \hat{\alpha}_{k'}\right] = 0 \\ \left[\hat{\alpha}_k^\dagger, \hat{\alpha}_{k'}^\dagger\right] = 0 \end{cases} \tag{2-7}$$

谐振子的产生算符和湮灭算符又可由位置算符和动量算符得到：

$$\begin{cases} \hat{\alpha}_k^\dagger = \dfrac{1}{\sqrt{2\hbar\omega_k}}(\omega_k\hat{x}_k - i\hat{p}_k), \left[\hat{\alpha}_k, \hat{\alpha}_{k'}^\dagger\right] = \delta_{kk'} \\ \hat{\alpha}_k = \dfrac{1}{\sqrt{2\hbar\omega_k}}(\omega_k\hat{x}_k + i\hat{p}_k) \end{cases} \tag{2-8}$$

其中，$\hat{x}_k$ 和 $\hat{p}_k$ 分别为谐振子的位置算符和动量算符；$\delta_{kk'}$ 为克罗内克符号。从式（2-8）中可以看到，位置算符和动量算符分别对应湮灭算符的实部和虚部，因此可以定义无限维希尔伯特（Hilbert）空间中的两个正则分量算符 $\hat{X}$ 和 $\hat{P}$：

$$\begin{cases} \hat{X}_k = \sqrt{\dfrac{\omega_k}{2\hbar}}\hat{x}_k = Re\{\hat{\alpha}_k\} \\ \hat{P}_k = \sqrt{\dfrac{1}{2\hbar\omega_k}}\hat{p}_k = Im\{\hat{\alpha}_k\} \end{cases} \tag{2-9}$$

它们满足关系 $\hat{X}_k = \dfrac{\hat{\alpha}_k^\dagger + \hat{\alpha}_k}{2}$ 和 $\hat{P}_k = \dfrac{\hat{\alpha}_k^\dagger - \hat{\alpha}_k}{2i}$。接下来为使光场量子化，将谐振子的产生算符 $\hat{\alpha}_k^\dagger$ 和湮灭算符 $\hat{\alpha}_k$ 替换式（2-5）中无量纲的复常数 α_k^* 和 α_k，得到量子化的电场为

$$E_k(\boldsymbol{r},t) = E_0\left[\hat{\alpha}_k e^{i(\boldsymbol{k}\cdot\boldsymbol{r}-\omega_k t)} + \hat{\alpha}_k^\dagger e^{-i(\boldsymbol{k}\cdot\boldsymbol{r}-\omega_k t)}\right] \tag{2-10}$$

将式（2-9）中的算符关系代入式（2-10）可得

$$E_k(\boldsymbol{r},t) = 2E_0\left[\hat{X}_k\cos(\omega_k t - \boldsymbol{k}\boldsymbol{r}) + \hat{P}_k\sin(\omega_k t - \boldsymbol{k}\boldsymbol{r})\right] \tag{2-11}$$

接下来推导正则分量间的不确定关系。根据式（2-7）可得到对易关系为 $[\hat{X}_k, \hat{P}_k] = i\hbar\delta_{kk'}$，因此正则分量满足对易关系 $[\hat{X}_k, \hat{P}_k] = \dfrac{i}{2}\delta_{kk'}$。然后引入海森伯不确定性原理：对于任意非对易的两个物理观测量 $\hat{A}$ 和 $\hat{B}$，它们方差间的关系式为

$$\langle(\Delta\hat{A})^2\rangle\langle(\Delta\hat{B})^2\rangle \geqslant \frac{1}{4}\left|\langle\hat{A},\hat{B}\rangle\right|^2 \tag{2-12}$$

其中，有

$$\begin{cases} \langle(\Delta\hat{A})^2\rangle = \langle(\hat{A}-\langle\hat{A}\rangle)^2\rangle = \langle\hat{A}^2\rangle - \langle\hat{A}\rangle^2 \\ \langle\Delta(\hat{B})^2\rangle = \langle(\hat{B}-\langle\hat{B}\rangle)^2\rangle = \langle\hat{B}^2\rangle - \langle\hat{B}\rangle^2 \end{cases} \tag{2-13}$$

基于该原理，可以得到光场模正则分量间的不确定关系，即

$$\langle(\hat{X}_k)^2\rangle\langle(\hat{P}_k)^2\rangle \geqslant \frac{1}{4}\left|\langle\hat{X}_k,\hat{P}_k\rangle\right|^2 = \frac{1}{16} \tag{2-14}$$

式（2-14）表明，在任意量子态下，两个正则分量均不能被同时准确测量。若在某

一量子态下，分量 X 的测量越精确，则必然导致分量 P 的测量方差越大。基于这一量子力学基本原理，CVQKD 协议保障了其密钥分发的理论安全性。此外，可以看到在上述正则分量定义下，正则分量不确定度之积为 1/4。但如果该定义发生改变，就能够得到表 2-1 中不同单位下的算符关系，其中 $\hat{n}$ 为光子数算符。表 2-1 第一列为常用散粒噪声单位下的正则分量定义，在后续内容中提到以散粒噪声为单位均指该定义。此外，算符 $\hat{x}$、$\hat{p}$ 分别同样用以表示正则分量算符。

表 2-1　不同单位下算符关系比较[82]

单位	散粒噪声单位	自然单位	国际单位
$\hat{x}$	$\hat{\alpha} + \hat{\alpha}^{\dagger}$	$\frac{1}{\sqrt{2}}\left(\hat{\alpha} + \hat{\alpha}^{\dagger}\right)$	$\sqrt{\frac{\hbar}{2\omega}}\left(\hat{\alpha} + \hat{\alpha}^{\dagger}\right)$
$\hat{p}$	$-i\left(\hat{\alpha} - \hat{\alpha}^{\dagger}\right)$	$\frac{1}{\sqrt{2}}\left(\hat{\alpha} - \hat{\alpha}^{\dagger}\right)$	$-i\sqrt{\frac{\omega\hbar}{2}}\left(\hat{\alpha} - \hat{\alpha}^{\dagger}\right)$
$[\hat{x}, \hat{p}]$	$2i$	i	$i\hbar$
$\hat{n}$	$\frac{1}{4}\left(\hat{x}^2 + \hat{p}^2\right) - \frac{1}{2}$	$\frac{1}{2}\left(\hat{x}^2 + \hat{p}^2\right) - \frac{1}{2}$	$\frac{1}{2\hbar\omega}\left(\omega^2\hat{x}^2 + \hat{p}^2\right) - \frac{1}{2}$
$\hat{x}\hat{p} \geqslant$	1	$\frac{1}{2}$	$\frac{\hbar}{2}$

2.1.2　高斯态

在介绍高斯态之前，首先需要介绍相空间表象。如绪论所述，一个量子系统被称为连续变量量子系统是指其观测量所描述的希尔伯特空间是无限维的，并且具有连续的本征值。对于一个具有 N 个模式的光学系统，即 N 个量子谐振子，可以定义其观测量为一个 $2N$ 的算符向量，它由每个模的正则分量构成，即

$$\hat{\boldsymbol{r}} = (\hat{r}_1, \hat{r}_2, \cdots, \hat{r}_{2N})^{\mathrm{T}} = (\hat{x}_1, \hat{p}_1, \cdots, \hat{x}_N, \hat{p}_N)^{\mathrm{T}} \tag{2-15}$$

不难发现，该向量中的元素满足如下关系：

$$[\hat{r}_i, \hat{r}_j] = i\hbar\boldsymbol{\Omega}_{ij} \tag{2-16}$$

其中，$\boldsymbol{\Omega}$ 是一个 $2N \times 2N$ 的矩阵，它具有辛矩阵形式，即

$$\boldsymbol{\Omega} = \oplus\boldsymbol{\omega}_{k=1}^{N} \tag{2-17}$$

其中，

$$\boldsymbol{\omega} = \begin{bmatrix} 0 & 1 \\ -1 & 0 \end{bmatrix} \tag{2-18}$$

观测量 $\hat{\boldsymbol{r}}$ 的本征值所展开的空间即为相空间。接下来，用 Wigner 函数描述对于某一量子态，观测量本征值在相空间上的分布特性。首先量子态的 Wigner 特征函数[83]为

$$\chi_p(\xi) = \mathrm{tr}\left[\hat{p}D(\xi)\right] \tag{2-19}$$

其中，tr[·]表示求迹符号；$\hat{p}$ 为量子态的密度算符；$D(\xi) = \mathrm{e}^{i\hat{r}^{\mathrm{T}}\boldsymbol{\Omega}\xi}$ 为外尔（Weyl）算符，ξ 为 $2N$ 维相空间中某一向量。通过傅里叶变换，可以得到不同量子态对应的 Winger 函数为

$$W_p(r) = \int_{R^{2N}} \frac{\mathrm{d}^{2N}\xi}{(2\pi)^{2N}} \mathrm{e}^{-ir^{\mathrm{T}}\boldsymbol{\Omega}\xi} \chi_p(\xi) \tag{2-20}$$

即对 ξ 在整个空间进行积分就可得到量子态对应的 Winger 函数。高斯态定义为在相空

间表象下，本征值的分布特性满足高斯分布的量子态，因此高斯态的 Wigner 函数同样为高斯型函数[83]，即

$$W_G(r) = \frac{1}{(2\pi)^N \sqrt{\det\gamma}} e^{-\frac{1}{2}(r-d)^{\mathrm{T}}\gamma^{-1}(r-d)} \tag{2-21}$$

可以发现，刻画高斯态依靠两个统计量：一阶矩位移向量 $\boldsymbol{d}$ 和二阶矩协方差矩阵 $\boldsymbol{\gamma}$。对于密度算符 ρ，其位移向量定义为

$$d = \langle \hat{r} \rangle = \mathrm{Tr}[\rho\hat{r}] \tag{2-22}$$

其中，$d \in R^{2N}$。$2N \times 2N$ 的协方差矩阵 $\boldsymbol{\gamma}$ 中的元素定义为

$$\gamma_{ij} = \frac{1}{2}\langle \{\Delta\hat{r}_i, \Delta\hat{r}_j\} \rangle \tag{2-23}$$

其中，$\Delta\hat{r}_i = \hat{r}_i - \langle\hat{r}_i\rangle$；$\{,\}$ 为反对易式。可以发现，该协方差矩阵是实矩阵且对称；同时由不确定性原理可知：满足 $\boldsymbol{\gamma} + \mathrm{i}\boldsymbol{\Omega} \geq 0$。任何高斯态均由一阶矩和二阶矩完全表征，即当一阶矩和二阶矩确定后，该高斯量子态也就完全确定。高斯态是 CVQKD 协议中普遍使用到的量子态，主要包括真空态、相干态、压缩态和热态等，下面逐一进行具体介绍。

1. 真空态

真空态位移向量 $\boldsymbol{d} = (0,0)$，协方差矩阵 $\boldsymbol{\gamma} = \boldsymbol{I}_2$（单位矩阵），是处于相空间中心的量子态。真空态也可表示为光子数态 $|0\rangle$，表明光子数为 0。真空态的正则分量涨落称为散粒噪声（shot noise）。在 CVQKD 协议中，标定散粒噪声大小可以评估协议的安全密钥率，因此可将真空态输入进接收端并进行正则分量的测量，最后通过数据统计得到散粒噪声的实际值。

2. 相干态

相干态位移向量 $\boldsymbol{d} = (d_x, d_y)$，协方差矩阵 $\boldsymbol{\gamma} = \boldsymbol{I}_2$，可以处在相空间的任意位置。相干态是实际操作中容易制备的高斯量子态，也是 CVQKD 协议中最常使用的信息载体。相干态 $|\alpha\rangle$ 定义为湮灭算符 $\hat{a}$ 的本征态：

$$\hat{a}|\alpha\rangle = \alpha|\alpha\rangle \tag{2-24}$$

其中，α 为复数。相干态同样可以表示为光子数态 $|n\rangle$ 的量子叠加：

$$|\alpha\rangle = e^{\frac{-|\alpha|^2}{2}} \sum_{n=0}^{\infty} \frac{\alpha^n}{\sqrt{n!}}|n\rangle \tag{2-25}$$

因此，可以求得相干态的光子数 n 满足泊松分布，即

$$P(n) = |\langle n|\alpha\rangle|^2 = \frac{\alpha^{2n}e^{-|\alpha|}}{n!} \tag{2-26}$$

同时可以得到相干态的平均光子数为 $\langle\overline{n}\rangle = \langle\alpha|n|\alpha\rangle = |\alpha|^2$。CVQKD 协议利用相干态的位移向量 $\boldsymbol{d} = (d_x, d_y)$ 进行密钥编码，也可以说是利用正则分量进行编码。但在接收端测量时，由于正则分量的涨落，无法得到准确的编码值，CVQKD 中相干态的检测是一种带噪检测。

3. 压缩态

压缩态按照光场模的数量可以分为单模压缩态和双模压缩态。单模压缩态位移向量 $d=(d_x,d_y)$，协方差矩阵为

$$
\gamma=\begin{bmatrix} e^{2r} & 0 \\ 0 & e^{-2r} \end{bmatrix} \tag{2-27}
$$

其中，r 为压缩参数。可以看到，当 $r<0$ 时，在压缩态下，正则分量 $\hat{a}$ 本征值的方差降低，但正则分量 $\hat{p}$ 本征值的方差增加，同样保障了海森伯不确定性原理；当 $r=0$ 时，压缩态转变成相干态。相较于本征态，压缩态在实际情况下较难获取，它需要经过非线性光学操作才能得到具有一定压缩度的压缩态，并不适合实际应用。在 CVQKD 协议中，更为常见的是双模压缩态。双模压缩态是基于连续变量的纠缠源，因此也称为 EPR 态。双模压缩态位移向量维数为 4，其协方差矩阵为

$$
\gamma=\begin{bmatrix} \cosh 2r \boldsymbol{I}_2 & \sin 2r \boldsymbol{\sigma}_z \\ \sinh 2r \boldsymbol{\sigma}_z & \cosh 2r \boldsymbol{I}_2 \end{bmatrix}=\begin{bmatrix} V\boldsymbol{I}_2 & \sqrt{V^2-1}\boldsymbol{\sigma}_z \\ \sqrt{V^2-1}\boldsymbol{\sigma}_z & V\boldsymbol{I}_2 \end{bmatrix} \tag{2-28}
$$

其中，$\boldsymbol{\sigma}_z=\mathrm{diag}(1,-1)$；$V$ 为双模压缩态方差，$V=\cosh 2r$；$\boldsymbol{I}$ 为单位矩阵。可以看到，两个光场模的正则分量之间具有一定的相关性，即对光场模进行正则分量测量时，测量结果会有一定的关联，即纠缠态的由来。若对双模压缩态的一个模取迹，即只观测其中一个模，可以发现它是方差为 $V=\cosh 2r=2\langle n\rangle+1$ 时的热态。双模压缩态被广泛应用在 CVQKD 安全性分析中，用于与它等效 CVQKD 协议的制备-测量模型可以简化安全性分析；同时，由于其一个模为热态，它可以用于等效系统中的加性高斯噪声。

4. 热态

热态与上述的高斯纯态不同，它是一种混态。热态可以被看成相干态的经典统计叠加。热态位移向量为 $d=(0,0)$，协方差矩阵为

$$
\gamma=\begin{bmatrix} V & 0 \\ 0 & V \end{bmatrix} \tag{2-29}
$$

其中，热态的方差与热态的平均光子数的关系为 $V=2\langle \overline{n}\rangle+1$。在 CVQKD 协议中，发送端对相干态脉冲进行高斯调制后，就可以将其整体看作一个热态，因此发送端的输出方差可表示为 $V=2\langle n\rangle+1$。

各类高斯态的相空间表示如图 2-1 所示。

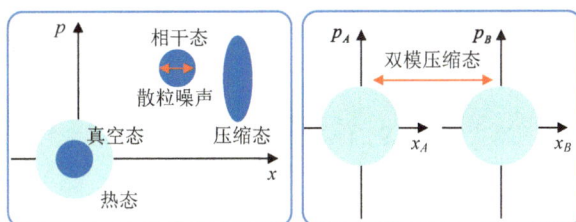

（a）相干态　　　　　　（b）双模压缩态

x、p——相空间中的两个正交分量。

图 2-1　各类高斯态的相空间表示

2.1.3 高斯操作

高斯操作是指将输入的高斯态经过变换之后输出同样为高斯态的操作过程。高斯操作可以通过对高斯态的位移向量 $\boldsymbol{d}$ 和协方差矩阵 $\boldsymbol{\gamma}$ 这两个参数进行变换来表征。具体来说，高斯操作可以表示为一个高斯酉变换，它对高斯态的位移向量和协方差矩阵的影响[83]为

$$\begin{cases} \boldsymbol{d}' = \boldsymbol{Sd} + \boldsymbol{l} \\ \boldsymbol{\gamma}' = \boldsymbol{S\gamma S}^{\mathrm{T}} \end{cases} \tag{2-30}$$

高斯态经过高斯操作后可产生特定的高斯态，利用该操作就可以在实际实现中产生所需的高斯态。常见的高斯操作包括相移操作、分束操作、压缩操作等，这些操作均可以实际实现，从而得到所需要的高斯态，下面分别进行介绍。

1. 相移操作

相移操作是一种被动高斯操作，此类操作既不会改变高斯态的光子数，也不会改变协方差矩阵的本征值。对于一个单模高斯量子态，相移操作是一种单模操作，它将对量子态在相空间中旋转 θ 角度。相移操作的辛矩阵可表示为

$$\boldsymbol{S}_{\mathrm{PR}}(\theta) = \begin{bmatrix} \cos\theta & \sin\theta \\ -\sin\theta & \cos\theta \end{bmatrix} \tag{2-31}$$

在实际实现中，该操作对应于对量子态通过相位调制器进行相位调制或者进行一定的时间延迟。

2. 分束操作

分束操作同样是一种被动高斯操作。透射率为 T 的分束操作是指对两个光场模进行干涉合成，因此它是一种双模操作，其 4×4 的辛矩阵可表示为

$$\boldsymbol{S}_{\mathrm{BS}}(T) = \begin{bmatrix} \sqrt{T}\boldsymbol{I}_2 & \sqrt{1-T}\boldsymbol{I}_2 \\ \sqrt{1-T}\boldsymbol{I}_2 & -\sqrt{T}\boldsymbol{I}_2 \end{bmatrix} \tag{2-32}$$

任意被动高斯操作都可以看作相移操作和分束操作的组合。在实际实现中，被动操作对应于两个光场分别通过分束器的两个输入口，并且在经过干涉后从两个输出口输出。

3. 压缩操作

压缩操作是一种主动高斯操作，该类操作会改变高斯态的光子数。单模压缩操作的辛矩阵表示为

$$\boldsymbol{S}_{\mathrm{SQ}}(r) = \begin{bmatrix} \mathrm{e}^{-r} & 0 \\ 0 & \mathrm{e}^{r} \end{bmatrix} \tag{2-33}$$

对于双模压缩操作，其辛矩阵为

$$\boldsymbol{S}_{\mathrm{SQ2}}(r) = \begin{bmatrix} \cosh r\boldsymbol{I}_2 & \sinh r\boldsymbol{\sigma}_z \\ \sinh r\boldsymbol{\sigma}_z & \cosh r\boldsymbol{I}_2 \end{bmatrix} \tag{2-34}$$

其中，r 为压缩参数；$\boldsymbol{\sigma}_z = \mathrm{diag}(1, -1)$；$\boldsymbol{I}_2$ 为单位矩阵。

目前，压缩操作主要在实验室进行实现，主要方式如下：通过四波混频过程实现压缩操作、通过非线性晶体参量下转换过程实现压缩操作及通过光动力学相互作用过程产生压缩态。

2.1.4　相干检测

在 CVQKD 协议中，对于光场正则分量的探测大多数采用相干检测。如图 2-2 所示，相干检测可分为零差检测和外差检测。在实际实现中，外差检测是将相干态分为两部分，然后再分别进行零差检测，因此下面重点介绍零差检测过程。在散粒噪声单位下，湮灭算符与正则分量之间的关系由表 2-1 可知为

$$\hat{\alpha} = \frac{1}{2}(\hat{x} + \mathrm{i}p) \tag{2-35}$$

而本振光是经典光场，因此可以表示为

$$\alpha_{\mathrm{LO}} = |\alpha_{\mathrm{LO}}| \mathrm{e}^{\mathrm{i}\theta} \tag{2-36}$$

接下来，本振光和相干态通过两个输入口进入透射率为 1/2 的分束器干涉，根据式（2-32）中的分束操作，其输出两个光场模为

$$S_{\mathrm{BS}}\left(\frac{1}{2}\right)\begin{bmatrix} \hat{\alpha} \\ \alpha_{\mathrm{LO}} \end{bmatrix} = \begin{bmatrix} \dfrac{1}{\sqrt{2}}(\hat{\alpha} + \alpha_{\mathrm{LO}}) \\ \dfrac{1}{\sqrt{2}}(\hat{\alpha} - \alpha_{\mathrm{LO}}) \end{bmatrix} = \begin{bmatrix} \hat{\alpha}_1 \\ \hat{\alpha}_2 \end{bmatrix} \tag{2-37}$$

其中，$\hat{\alpha}_1$、$\hat{\alpha}_2$ 分别为输出两个光场模的湮灭算符。输出口的光子数算符可计算为

$$\begin{cases} \hat{n}_1 = \hat{\alpha}_1^\dagger \hat{\alpha}_1 = \dfrac{1}{2}(\hat{\alpha}^\dagger + \hat{\alpha}_{\mathrm{LO}}^*)(\hat{\alpha} + \alpha_{\mathrm{LO}}) = \dfrac{1}{2}(\hat{\alpha}^\dagger \hat{\alpha} + \alpha_{\mathrm{LO}}\alpha_{\mathrm{LO}}^* + \alpha_{\mathrm{LO}}\hat{\alpha}^\dagger + \alpha_{\mathrm{LO}}^* \hat{\alpha}) \\ \hat{n}_2 = \hat{\alpha}_2^\dagger \hat{\alpha}_2 = \dfrac{1}{2}(\hat{\alpha}^\dagger - \hat{\alpha}_{\mathrm{LO}}^*)(\hat{\alpha} - \alpha_{\mathrm{LO}}) = \dfrac{1}{2}(\hat{\alpha}^\dagger \hat{\alpha} + \alpha_{\mathrm{LO}}\alpha_{\mathrm{LO}}^* - \alpha_{\mathrm{LO}}\hat{\alpha}^\dagger - \alpha_{\mathrm{LO}}^* \hat{\alpha}) \end{cases} \tag{2-38}$$

式（2-38）中两项相减，可得零差检测器输出光子数算符为

$$\Delta\hat{n} = \hat{n}_1 - \hat{n}_2 = \alpha_{\mathrm{LO}}\hat{\alpha}^\dagger + \hat{\alpha}_{\mathrm{LO}}^* \hat{\alpha} \tag{2-39}$$

将式（2-35）和式（2-36）代入式（2-39）得

$$\Delta\hat{n} = |\alpha_{\mathrm{LO}}|(\hat{x}\cos\theta + \hat{p}\sin\theta) \tag{2-40}$$

因此其测量值取决于本振光的相位，可以通过控制该相位使输出与正则分量成正比，则有

$$\begin{cases} \Delta\hat{n} = |\alpha_{\mathrm{LO}}|\hat{x} & \text{for } \theta = 0 \\ \Delta\hat{n} = |\alpha_{\mathrm{LO}}|\hat{p} & \text{for } \theta = \dfrac{\pi}{2} \end{cases} \tag{2-41}$$

进而实现正则分量的探测。需要说明的是，在实际情况中，零差检测不需要进行量子信号的分束，因此不会受到分束器的衰减，探测效率更高，但是其需要选择测量基，相较于外差检测其实际实现更为复杂。

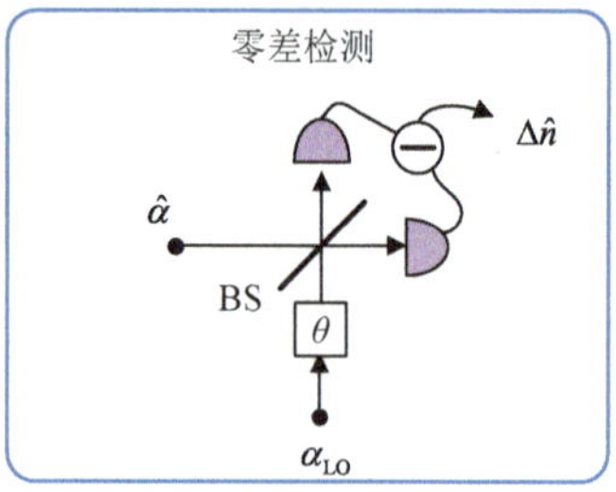

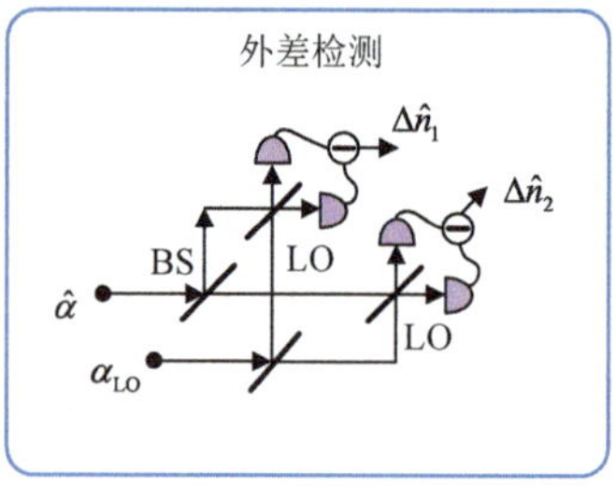

（a）零差检测　　　　　　　　　（b）外差检测

BS——分束器；LO——本振光。

图 2-2　相干检测示意图

2.2　信息论基础

信息论相关基础知识对于学习 CVQKD 协议十分重要。本节首先对经典信息论进行梳理，然后对量子信息论进行介绍，为后续安全密钥率推导奠定基础。

2.2.1　经典信息论

在信息论中，信息熵是一个基础而重要的概念，源于热力学中熵的概念。在热力学中，熵表征系统的混乱程度，系统熵量越小，说明系统越有序；反之，熵量越大，说明系统越混乱。受启发于熵能够度量有序性的特点，Shannon 在信息论领域引入了信息熵，也称 Shannon 熵。与热力学熵的含义类似，当信息源的 Shannon 熵越大时，说明信息不确定性越大，信息可表达的消息数量越多。Shannon 熵具体定义如下：对于给定的信息源，假设其发出信息可以用一个随机变量 X 描述，并且 X 的取值集合为 $\{x_1, x_2, \cdots, x_n\}$，则 Shannon 熵计算为

$$H_{\mathrm{d}}(X) = -\sum_i^n p_i \log_d p_i \qquad (2\text{-}42)$$

其中，p_i 为 X 取值为 x_i 的概率，$\log_d p_i$ 表示某一具体事件 $X = x_i$ 对应的信息量，记为 $I(x_i)$。因此 Shannon 熵又可计算为

$$H(X) = \sum_{I=1}^n E\big(I(x_i)\big) \qquad (2\text{-}43)$$

式（2-43）表明，当随机变量 X 取各数值的概率趋于平均时，Shannon 熵越大，表明系统不确定性越大，包含的信息量也越大；反之则越小。定义中，下标 d 表示取对数运算的底数，当 $d=2$ 时，Shannon 熵的单位为比特。基于该定义，可以得到衡量经典信息量的各类函数，下面进行具体介绍。

（1）互信息量

在实际的通信中，由于有噪声等，接收端获得的信息有可能与发送端的原始信息不一致，这时用信息源的 Shannon 熵来衡量传输的信息量就会存在差错。这种情况下，需要利用互信息量来表示收发端共享的信息量，其定义为

$$I(X:Y) = \sum_{x \in X} \sum_{y \in Y} p(x,y) \log_2 \frac{p(x,y)}{p(x)p(y)} \tag{2-44}$$

其中，$p(x,y)$ 为发送端发出的信号 X 与接收端接收到的信号 Y 的联合概率密度分布。互信息量既可以理解为接收端在有失真信息中包含多少发送方的原始信息，也可以理解为在接收端接收后，发送端的不确定性减小的程度。接收端总能通过接收到的信息来大致推测发送端的数据，这就意味着发送端不确定性总会减少，因此互信息量具有非负性。

（2）联合熵

联合熵表示将复合系统 $(X:Y)$ 看作一个整体信源时信息量的大小，其定义为

$$H(X:Y) = -\sum_{x \in X} \sum_{y \in Y} p(x,y) \log_2 p(x,y) \tag{2-45}$$

（3）条件熵

条件熵表示当接收方接收信息后，发送端发送信息仍存在的不确定度，定义为

$$H(X|Y) = -\sum_{x \in X} \sum_{y \in Y} p(x,y) \log_2 p(x|y) = -\sum_{x \in X} \sum_{y \in Y} p(x,y) \log_2 \frac{p(x,y)}{p(y)} \tag{2-46}$$

其中，$p(x|y)$ 为条件概率密度分布。当不确定度为 0 时，表示接收方可以完全知晓发送方所传达的消息，即此刻没有误码；当不确定度大于 0 时，意味着接收方并不能确定发送方的信息，会存在一定的误判。

（4）相对熵

相对熵用来衡量两个概率分布之间的差异，其定义为

$$H(X_1 \| X_2) = \sum_x p_1(x) \log_2 p_1(x) - \sum_x p_1(x) \log_2 p_2(x) \tag{2-47}$$

其中，$p_1(x)$ 和 $p_2(x)$ 分别表示两个信息源 X_1 和 X_2 的取值概率分布。

根据上述定义，可以得到如图 2-3 所示的关系图，它生动形象地反映各类熵与平均互信息量之间的关系，帮助人们深刻理解通信的含义：通信过程实际就是减少接收端对发送的不确定性的过程。发送端信源是未知的，因此接收端的不确定性即为信源熵 $H(X)$；通信后，对信源的不确定度减少，但由于存在噪声，并不能说是完全确定的，它还存在一定的不确定度 $H(X|Y)$，而它们的差就代表通信传递的信息量 $I(X:Y)$。

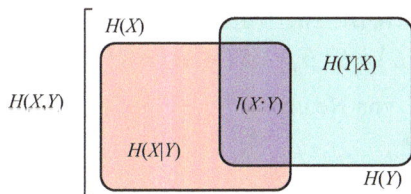

图 2-3　各类熵与互信息量的关系图

2.2.2　量子信息论

在量子信息中，所处理的对象量子态可为叠加态，因此建立在经典概率基础上的经典信息论需要进行扩展。类比 Shannon 熵的概念，人们引入冯·诺依曼（von Neumann）熵的概念。首先在量子信息中，信息源可看作一个量子系统，而信号源中的信号则可看

作按一定概率从该量子系统中随机发出，可以利用密度算符来表示该量子系统：

$$\hat{p} = \sum_i p_i \hat{\rho}_i \tag{2-48}$$

式（2-48）表明，每次从信号源以 p_i 的概率发出量子信号态 $\hat{\rho}_i$，其中信号按照 $\hat{\rho}$ 经典概率发出，而发出的信号为量子态。该信号源与经典信号源类似，其发出信息仍然具有不确定性，据此可以仿照 Shannon 熵得到量子信息中的 von Neumann 熵为

$$S(\hat{\rho}) = -\mathrm{tr}(\hat{\rho}\log_2\hat{\rho}) \tag{2-49}$$

其中，$\log_2$ 为以算符为变量的对数函数。若算符 $\hat{\rho}$ 的本征态 $\{\langle \varphi_i \rangle\}$ 构成一组完备正交基，对应的本征值为 λ_i，则可以推出

$$S(\hat{\rho}) = -\mathrm{tr}(\hat{\rho}\log_d\hat{\rho}) = -\sum_i \lambda_i \log_2 \lambda_i \tag{2-50}$$

由此可见，von Neumann 熵 $S(\hat{\rho})$ 和 Shannon 熵 $H(X)$ 具有相似的形式。其实，如果信息源包含的量子态为相互正交的纯态时，则 $\lambda_i = p_i$，此时 von Neumann 熵退化为 Shannon 熵。对单一纯态 ρ，其 von Neumann 熵等于 0。von Neumann 熵定义后，可以得出与之相关的量子信息量函数，具体如下。

（1）von Neumann 联合熵

一个双量子系统 ρ_{AB} 的 von Neumann 联合熵可以表示为

$$S(\hat{\rho}_{AB}) = -\mathrm{tr}[\hat{\rho}_{AB}\log\hat{\rho}_{AB}] \tag{2-51}$$

联合熵表示双量子系统的最大无损压缩率。

（2）von Neumann 条件熵

一个双量子系统 ρ_{AB} 的 von Neumann 条件熵不能像经典熵一样用条件概率密度函数来表示，因为量子系统不一定存在条件概率，所以用联合熵与 von Neumann 熵的差的形式来表示

$$S(A:B) = S(\hat{\rho}_{AB}) - S(\hat{\rho}_B) \tag{2-52}$$

（3）von Neumann 互信息量

一个双量子系统的互信息量定义为

$$S(A:B) = S(\hat{\rho}_A) + S(\hat{\rho}_B) - S(\hat{\rho}_{AB}) \tag{2-53}$$

根据经典信息论，同样可以得出互信息量的关系为

$$S(A:B) = S(\hat{\rho}_A) - S(A|B) = S(\hat{\rho}_B) - S(B|A) \tag{2-54}$$

从上面定义可以看出，von Neumann 熵、条件熵、联合熵与量子互信息量的关系与经典信息量之间的关系一致。

（4）霍列沃界（Holevo bound）

将经典比特通过编码方式加载在量子态上进行传输时，只需要选取两个相互正交的量子态即可，这样就可以通过投影测量区分所承载的比特信息。但如果选取的两个量子态并不正交，或者在环境的影响下其变得不再正交，甚至成为混态，此时就需要 Holevo 定理界定通过测量还能获取的初始编码中所含的信息量，下面对其进行介绍。首先，假设信息的发送方将原始信息 $X = x_i$ 编码成某个量子态 $\hat{\rho}_i$ 发送给接收方；其次，接收方需要通过对 $\hat{\rho}_i$ 的测量得到原始信息的估计 $Y = y_i$。不同的测量操作会得到不同的结果，因

此对于特定的信源编码方式，接收方存在一个最优的测量策略使其获取信息最多，即经典互信息量 $I(X:Y)$ 最大。此最大的互信息量即为该种量子编码方式下的最大可测得信息量，即

$$C_{\hat{\rho}} = \max_{\{\hat{F}_i\}} I(X:Y) \tag{2-55}$$

其中，$\{\hat{F}_i\}$ 为接收方采取的测量方案，即一组正定算子估值测量（positive operator valued measurement，POVM）。Holevo 定理如下：设发送方经典事件 X 的可能取值为 $\{x_1, x_2, \cdots, x_n\}$，对应概率分布为 $\{p_1, p_2, \cdots, p_n\}$，并且 x_1 对应编码量子态为 $\hat{\rho}_i$，则发送方所编码量子态可以表示为

$$\hat{\rho} = \sum_i p_i \hat{\rho}_i \tag{2-56}$$

此时，对于接收方的任意测量方式 $\{\hat{F}_i\}$ 都有

$$I(X:Y) \leqslant \chi_{\hat{\rho}} \equiv S(\hat{\rho}) - \sum P_i S(\hat{\rho}_i) \tag{2-57}$$

其中，$\chi_{\hat{\rho}}$ 即为 Holevo 信息，它刻画了在特定量子编码下的可访问的最大信息量。结合式（2-55）可得

$$C_{\hat{\rho}} = \max_{\{\hat{F}_i\}} I(X:Y) \leqslant \chi_{\hat{\rho}} \tag{2-58}$$

此时 $\chi_{\hat{\rho}}$ 给出了所获得信息量的上界，因此被称为 Holevo 界。Holevo 定理给出了信息源确定时，接收方通过任意方式可访问的最大信息量。因此，在实际处理量子通信等问题时，可以通过该界限估计对于某种信号源所能访问信息量的最大值，而并不需要知晓其具体的测量方式，这对排除窃听者所能窃取的最大信息量具有重要作用。需要说明的是，Holevo 界并不是一个紧的界，当且仅当对易时，这个边界才是紧的。但是，如果 $\hat{\rho}$ 不对易时，那么采用任意测量均是达不到 Holevo 界的。

2.3　连续变量量子密钥分发协议基础

在上述量子光学基础和信息论基础上，可以进行 CVQKD 类协议介绍及安全密钥率的计算推导。本节重点介绍 3 种常见的相干态 CVQKD 协议，分别为 GMCS-CVQKD，DMCS-CVQKD 及 CV-MDI-QKD。每种协议都将描述它的制备-测量（prepare-and-measure，PM）模型及纠缠等效（entanglement-based，EB）模型，其中，制备测量模型展示了协议实际实施中的具体流程，而纠缠等效模型则用于安全性证明及密钥率计算。需要明确的是，安全性证明实质上是指在某种攻击假设下（个体攻击、集体攻击、相干攻击）推导该协议的安全密钥率，如果得到的密钥率大于 0，表明该协议在该种攻击假设下是安全的，因此安全性证明和密钥率计算是同步进行的。

2.3.1　高斯调制连续变量量子密钥分发协议

本节从协议流程和安全性分析两个方面介绍高斯调制 CVQKD 协议。

1. 协议流程

标准的高斯调制相干态连续变量量子密钥分发协议的制备-测量模型如图2-4所示，其具体流程如下。

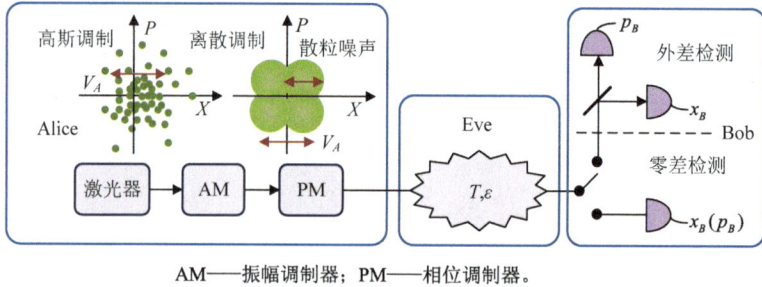

AM——振幅调制器；PM——相位调制器。

图2-4 高斯调制相干态连续变量量子密钥分发协议的制备-测量模型

1）Alice 选取长度为 n 的两组服从均值为零、方差为 V_A 的高斯分布随机序列 $\{x_A\}$ 和 $\{p_A\}$，并根据其制备 n 个相干态 $|x_A + \mathrm{i}p_A\rangle$，然后通过量子信道发送给 Bob。可以用透射率 T、过噪声 ε 表征该量子信道，则 Bob 输入端的信道噪声为 $1+T\varepsilon$，而从信道输入端来看，它可以表示为 $\chi_{\mathrm{line}} = 1/T - 1 + \varepsilon$。

2）Bob 收到相干态后，选择随机测量某一正则分量，即零差检测，或同时测量两个正则分量，即外差检测，测量结果记为 $\{x_B\}$ 和 $\{p_B\}$。可以用量子效率 η 和电噪声 v_{el} 表征一个实际的探测器，则 Bob 输入端的探测噪声为 χ_{det}，其中 $\chi_{\mathrm{hom}} = [(1-\eta) + v_{\mathrm{el}}]/\eta$，$\chi_{\mathrm{het}} = [1 + (1-\eta) + 2v_{\mathrm{el}}]/\eta$，从信道输入端来看总噪声可以表示为 $\chi_{\mathrm{tot}} = \chi_{\mathrm{line}} + \chi_{\mathrm{det}}/T$。

3）若采用零差检测，Bob 公布测量时的基选择，Alice 仅保留与 Bob 所测正则分量相对应的数据；若为外差检测，则 Alice 保留所有数据。

4）Alice 随机选取部分保留数据（如 $n/2$ 的数据）用于参数评估，并将这些数据公开。Bob 根据测量数据进行参数估计，包括信道透射率、信道过噪声及调制方差，然后根据这些参数评估安全密钥率。如果安全密钥率小于零，则终止本次密钥分发重新发送。

5）Alice 和 Bob 对剩余的数据进行数据后处理，包括数据协商和保密增强等步骤，最终得到 m 比特相同的安全密钥。

2. 安全密钥率分析

为了计算该协议的安全密钥率，需要首先建立与制备-测量模型等价的纠缠等效模型，其示意图如图2-5所示，其等效处具体如下。

1）Alice 相干态的制备被等效为对双模压缩（Einstein-Podolsky-Rosen，EPR）态的其中一模式 A 进行外差检测，而另一模式 B_0 被发送给 Bob，则双模压缩真空态的方差为 $V = V_A + 1$。

2）在 Bob 端，实际探测器的量子效率 η 等效为具有透射率 η 的分束器，而电噪声 v_{el} 则等效为方差为 v 时的 EPR 态的其中一模式 F_0 通过分束器后所引入的噪声。该方差 v

的选取要保证探测器的总噪声在这个模型中同样为 $\eta\chi_{\text{det}}$。因此，对于零差检测而言，$v = \eta\chi_{\text{hom}}/(1-\eta) = 1 + v_{\text{el}}/(1-\eta)$。对于外差检测，$v = (\eta\chi_{\text{het}} - 1)/(1-\eta) = 1 + 2v_{\text{el}}/(1-\eta)$，其中分子中减 1 是由于在外差检测中额外引入一个单位的散粒噪声。

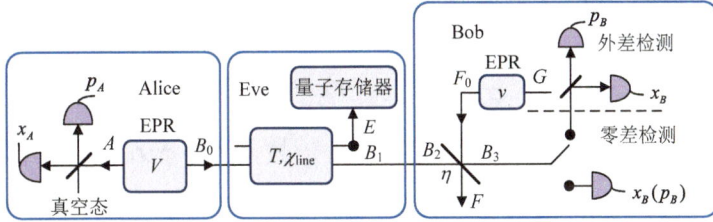

图 2-5　GMCS-CVQKD 协议的纠缠等效模型

建立上述纠缠等效模型后，便可在该模型下进行安全密钥率的推导。由于协议在相干攻击下的安全性分析是通过指数形式的量子 De Finetti 定理等手段将集体攻击下的安全性分析推广而来的[36]，在集体攻击下安全密钥率的推导就成为了基础。具体而言，在反向协商的情况下，安全密钥率可以写作如下形式：

$$R = \beta I_{AB} - \chi_{BE} \tag{2-59}$$

其中，$\beta \in (0,1)$ 是反向协商效率；I_{AB} 是 Alice 和 Bob 之间的互信息量；χ_{BE} 是 Eve 从 Bob 的密钥中所能获取的最大信息量。对于 I_{AB}，根据 Bob 的测量方差 $V_B = \eta T(v + \chi_{\text{tot}})$ 和条件方差 $V_{B|A} = \eta T(1 + \chi_{\text{tot}})$，它可以计算[84]为

$$\begin{cases} I_{AB}^{\text{hom}} = \dfrac{1}{2}\log_2 \dfrac{V + \chi_{\text{tot}}}{1 + \chi_{\text{tot}}} \\[3mm] I_{AB}^{\text{het}} = \log_2 \dfrac{V + \chi_{\text{tot}}}{1 + \chi_{\text{tot}}} \end{cases} \tag{2-60}$$

其中，$V = V_A + 1$。此处，外差检测同时测量两个正则分量，因此互信息量会乘以系数 2。

密钥率计算的核心在于评估 Eve 所窃取信息量的上界。在集体攻击下，人们采用 Holevo 界来限定 Eve 能够从 Bob 中获取的最大信息量，因此 χ_{BE} 为

$$\chi_{BE} = S(\rho_E) - \int dm_B\, p(m_B) S(\rho_E^{m_B}) \tag{2-61}$$

其中，m_B 表示 Bob 的测量结果；$p(m_B)$ 表示测量到该结果的概率密度；$\rho_E^{m_B}$ 表示 Eve 在 Bob 测量结果下的条件量子态；S 表示量子态 ρ 的 von Neumann 熵。Eve 的系统可纯化系统 AB_1，Bob 的测量可纯化系统 $AEFG$，并且 $S(\rho_{AFG}^{m_B})$ 是和 m_B 在高斯协议中相互独立的，因此 χ_{BE} 可以简化为[68]

$$\chi_{BE} = S(\rho_{AB_1}) - S(\rho_{AFG}^{m_B}) \tag{2-62}$$

连续变量协议在集体攻击下的理论安全性分析表明，在已知态 ρ_{AB_1} 的协方差矩阵 γ_{AB_1} 的条件下，如果 Eve 的窃听操作是一个高斯操作，则它可以得到最多的信息，这被称为"高斯攻击最优性定理[33-34]"。该定理表明，如果将 Alice 和 Bob 最终所共享的量子态 ρ_{AB_1} 看作高斯态，则计算出的 Eve 的窃取信息量是其真实窃取信息量的一个上界。高斯态的信息熵计算相对简单，它使式（2-62）简化为

$$\chi_{BE} = \sum_{i=1}^{2} G\left(\frac{\lambda_i - 1}{2}\right) - \sum_{i=3}^{5} G\left(\frac{\lambda_i - 1}{2}\right) \qquad (2\text{-}63)$$

其中，$G(x) = (x+1)\log_2(x+1) - x\log_2 x$；$\lambda_i$ 是协方差矩阵的辛本征值，其中 $\lambda_{1,2}$ 对应表征态 ρ_{AB_1} 的协方差矩阵 γ_{AB_1}，$\lambda_{3,4,5}$ 对应表征态 $\rho_{AFG}^{m_B}$ 的协方差矩阵 $\gamma_{AFG}^{m_B}$。一方面，γ_{AB_1} 仅取决于 Alice 端和信道，它与具体的探测方式无关，可以表示为

$$\gamma_{AB_1} = \begin{bmatrix} \gamma_A & \sigma_{AB_1}^{\mathrm{T}} \\ \sigma_{AB_1} & \gamma_{B_1} \end{bmatrix} = \begin{bmatrix} V I_2 & \sqrt{T(V^2-1)}\sigma_z \\ \sqrt{T(V^2-1)}\sigma_z & T(V+\chi_{\mathrm{line}})I_2 \end{bmatrix} \qquad (2\text{-}64)$$

其中，$I_2 = \mathrm{diag}(1,1)$，$\sigma_z = \mathrm{diag}(1,-1)$。上述矩阵的辛本征值可以计算为

$$\lambda_{1,2}^2 = \frac{1}{2}\left(A \pm \sqrt{A^2 - 4B}\right) \qquad (2\text{-}65)$$

其中

$$\begin{cases} A = V^2(1-2T) + 2T + T^2(V+\chi_{\mathrm{line}})^2 \\ B = T^2(V+\chi_{\mathrm{line}})^2 \end{cases} \qquad (2\text{-}66)$$

另一方面，矩阵 $\gamma_{AFG}^{m_B}$ 可以由以下计算式得到：

$$\gamma_{AFG}^{m_B} = \gamma_{AFG} - \sigma_{AFGB_3}^{\mathrm{T}} H \sigma_{AFGB_3} \qquad (2\text{-}67)$$

其中，辛矩阵 H 代表了在模式 B_3 上的测量方式。具体而言，对于零差检测，$H_{\mathrm{hom}} = (X\gamma_{B_3}X)^{\mathrm{MP}}$，其中 $X = \mathrm{diag}(1,0)$，MP 代表矩阵的摩尔-彭罗斯（Moore-Penrose）逆矩阵。对于外差检测，$H_{\mathrm{het}} = (\gamma_{B_3} + I_2)^{-1}$。其余的矩阵 γ_{B_3}、γ_{AFG}、σ_{AFGB_3} 可以通过分解下面的协方差矩阵得到：

$$\gamma_{AFGB_3} = \begin{bmatrix} \gamma_{AFG} & \sigma_{AFGB_3}^{\mathrm{T}} \\ \sigma_{AFGB_3} & \gamma_{B_3} \end{bmatrix} \qquad (2\text{-}68)$$

该矩阵可以通过对描述系统 AB_3FG 的矩阵进行行列的变换得到，系统 AB_3FG 的矩阵为

$$\gamma_{AB_3FG} = \left(Y^{BS}\right)^{\mathrm{T}}\left[\gamma_{AB_1} \oplus \gamma_{F_0G}\right]\left(Y^{BS}\right) \qquad (2\text{-}69)$$

其中，γ_{AB_1} 在式（2-64）中给出，而 γ_{F_0G} 描述了方差为 v 的 EPR 态（用于等效探测器的电噪声），具体为

$$\gamma_{F_0G} = \begin{bmatrix} v I_2 & \sqrt{v^2-1}\sigma_z \\ \sqrt{v^2-1}\sigma_z & v I_2 \end{bmatrix} \qquad (2\text{-}70)$$

其中，v 值取决于具体的检测方式。最后，矩阵 Y^{BS} 描述了分束器（用于等效探测端的量子效率）对于模式 B_2 和 F_0 的作用，具体为

$$\begin{cases} Y_{B_2F_0}^{BS} = \begin{bmatrix} \sqrt{\eta}I_2 & \sqrt{1-\eta}I_2 \\ -\sqrt{1-\eta}I_2 & \sqrt{\eta}I_2 \end{bmatrix} \\ Y^{BS} = I_2 Y_{B_2F_0}^{BS} I_G \end{cases} \qquad (2\text{-}71)$$

根据上述矩阵，能求出矩阵 $\gamma_{AFG}^{m_B}$ 的辛本征值，其计算式为

$$\lambda_{3,4}^2 = \frac{1}{2}\left(C \pm \sqrt{C^2 - 4D}\right) \qquad (2\text{-}72)$$

其中，C、D 分别由具体的探测方式确定，零差检测的 C、D 为

$$\begin{cases} C_{\text{hom}} = \dfrac{V\sqrt{B} + T(V + \chi_{\text{line}}) + A\chi_{\text{hom}}}{T(V + \chi_{\text{tot}})} \\ D_{\text{hom}} = \sqrt{B}\dfrac{V + \sqrt{B}\chi_{\text{hom}}}{T(V + \chi_{\text{tot}})} \end{cases} \tag{2-73}$$

外差检测的 C、D 为

$$\begin{cases} C_{\text{het}} = \dfrac{1}{T(V + \chi_{\text{tot}})^2}\Big[A\chi_{\text{het}}^2 + B + 1 + 2\chi_{\text{het}}\big(V\sqrt{B} + T(V + \chi_{\text{line}})\big) + 2T(V^2 - 1)\Big] \\ D_{\text{het}} = \left(\dfrac{V + \sqrt{B}\chi_{\text{het}}}{T(V + \chi_{\text{tot}})}\right)^2 \end{cases} \tag{2-74}$$

并且最后一个辛本征值均为 $\lambda_5 = 1$。根据上述推导，可以评估 GMCS-CVQKD 的安全密钥率，该安全密钥率是渐近条件下的密钥率。

2.3.2　离散调制连续变量量子密钥分发协议

本节从协议流程和安全性分析两个方面介绍离散调制 CVQKD 协议。

1. 协议介绍

离散调制相干态协议是指发送端的调制态空间仅包含有限多个离散分布的相干态，这里以较为常见的四态调制为例介绍离散调制协议。图 2-4 所示为离散调制协议的制备-测量模型，它与高斯调制协议在流程上相比仅步骤 1）有区别，具体如下。

1）Alice 等概率地选取数字 $k \in \{0, 1, 2, 3\}$ 构成长度为 n 的随机序列，并根据其制备 n 个相干态 $|\alpha_k\rangle = |\alpha e^{i(2k+1)\pi/4}\rangle$，然后通过量子信道发送给 Bob。

2）其余步骤均与高斯调制协议一致，同样可以采用零差检测或外差检测方案，测量数据经过参数估计后进行数据后处理，最终获取 m 比特密钥。值得提及的是，该协议采用的是离散调制，因此即便在接收端信噪比接近 0 时，其协商效率 β 也可以很高，这对提升协议的安全传输距离有较大帮助。

2. 安全密钥率分析

为评估离散调制协议中 Eve 窃取信息量的上界，同样需要建立与制备-测量模型等价的纠缠等效模型，其模型与图 2-5 基本一致，区别如下。

Alice 相干态的制备被等效为 Alice 具备一个方差为 $V = V_A + 1$、纯双模纠缠态[40]，即

$$|\phi_4\rangle = \frac{1}{2}\big(|\phi_0\rangle|\alpha_0\rangle + |\Psi_1\rangle|\alpha_1\rangle + |\Psi_2\rangle|\alpha_2\rangle + |\Psi_3\rangle|\alpha_3\rangle\big) \tag{2-75}$$

其中，

$$|\Psi_k\rangle = \frac{1}{2}\sum_{m=0}^{3} e^{\frac{i(1+2k)m\pi}{4}}|\phi_m\rangle \tag{2-76}$$

其中，$|\phi_m\rangle$ 为

$$|\phi_m\rangle = \frac{e^{-\frac{\alpha^2}{2}}}{\sqrt{l_m}} \sum_{n=0}^{\infty} (-1)^n \frac{\alpha^{4n+m}}{\sqrt{(4n+m)!}} |4n+m\rangle \qquad (2\text{-}77)$$

其中，

$$\begin{cases} l_{0,2} = \dfrac{1}{2} e^{-\alpha^2} \left[\cosh \alpha^2 \pm \cos \alpha^2 \right] \\ l_{1,3} = \dfrac{1}{2} e^{-\alpha^2} \left[\sinh \alpha^2 \pm \sin \alpha^2 \right] \end{cases} \qquad (2\text{-}78)$$

Alice 对其中一模式保留并进行投影测量 $|\psi_k\rangle\langle\psi_k|$。若其测量结果为 k，就等同于制备出相干态 $|\alpha_k\rangle$，实现了离散调制。该纠缠态的另一模式通过量子信道发送给 Bob，其中 $V_A = 2\alpha^2$ 即为制备-测量模型中的调制方差。

接下来进行安全密钥率的推导，离散调制协议的密钥率计算式为式(2-59)，并且 I_{AB} 与高斯调制协议一致。对于 χ_{BE}，同样根据高斯攻击最优性定理，Eve 窃取信息量的上界可由表征态 ρ_{AB_1} 的协方差矩阵 γ_{AB_1} 进行计算，具体为

$$\gamma_{AB_1} = \begin{bmatrix} V I_2 & \sqrt{T} Z_4 \sigma_Z \\ \sqrt{T} Z_4 \sigma_Z & T(V + \chi_{\text{line}}) I_2 \end{bmatrix} \qquad (2\text{-}79)$$

其中，$Z_4 = 2\alpha^2 (l_0^{3/2} l_1^{-1/2} + l_1^{3/2} l_2^{-1/2} + l_2^{3/2} l_3^{-1/2} + l_3^{3/2} l_0^{-1/2})$，反映了模式 p 之间的相关性。可以发现，该矩阵与高斯调制协议中的协方差矩阵类似，区别仅在于高斯调制协议中的 EPR 相关性为 $Z_G = \sqrt{(V^2-1)}$。当 $V_A < 0.5$ 时，Z_4 非常接近 Z_G，因此在该条件下可以认为 Eve 所窃取的 Bob 信息量 χ_{BE} 在两个协议中是相等的。基于这个结论，密钥率可以按照高斯调制协议进行推导，并得到对应的 A、B 参量分别为

$$\begin{cases} A = V^2 + T^2 (V + \chi_{\text{line}})^2 - 2T Z_4^2 \\ B = (T V^2 + T V \chi_{\text{line}} - T Z_4^2)^2 \end{cases} \qquad (2\text{-}80)$$

C、D 同样由具体的探测方式确定，则有

$$\begin{cases} C_{\text{hom}} = V\sqrt{B} + T(V + \chi_{\text{line}}) + A\chi_{\text{hom}} \\ D_{\text{hom}} = \sqrt{B} T(V + \chi_{\text{line}}) + A\chi_{\text{hom}} \end{cases} \qquad (2\text{-}81)$$

2.3.3 测量设备无关的连续变量量子密钥分发协议

1. 协议介绍

CV-MDI-QKD 协议的主要思想是把 Alice 和 Bob 同时作为发送端，以一个不可信的第三方 Charlie 实现测量的功能，并公开测量结果辅助 Alice 和 Bob 产生密钥。CV-MDI-QKD 协议制备-测量模型如图 2-6 所示，其具体步骤如下。

1）Alice 选取长度为 n 的两组服从均值为零、方差为 V_{AM} 的高斯分布的随机序列 $\{x_A\}$ 和 $\{p_A\}$，并根据其制备 n 个相干态 $|ix_A + p_A\rangle$。Bob 同样选取长度为 n 的两组服从均值为零、方差为 V_{BM} 的高斯分布的随机序列 $\{x_A\}$ 和 $\{p_A\}$，并根据其制备 n 个相干态

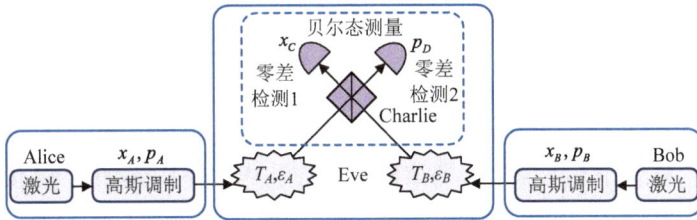

图 2-6　CV-MDI-QKD 协议制备–测量模型

$|x_B + ip_B\rangle$。Alice 和 Bob 将制备好的量子态通过量子信道发送给第三方 Charlie，信道的透射率分别为 T_A、T_B，过噪声分别为 ε_A、ε_B，而从信道输入端来看信道噪声 χ_{line} 分别为 $\chi_A = 1/T_A - 1 + \varepsilon_A$、$\chi_B = 1/T_B - 1 + \varepsilon_B$。

2）Charlie 对收到的两个相干态进行贝尔（Bell）态测量操作，即通过一个 50：50 分束器进行干涉，得到两个干涉输出模式 C 和 D，并利用零差检测分别测量模式 C 的正则分量 x 和模式 D 的正则分量 p，测量结果记为 $\{x_C\}$ 和 $\{p_D\}$。而后 Charlie 公开所有测量结果。

3）Alice 和 Bob 收到 Charlie 公布的测量结果后，Bob 对数据进行如下修正：$X_B = kx_C - x_B$，$P_B = kp_D + p_B$，其中参数 k 为与信道衰减相关的放大系数。Alice 不改变数据，即 $X_A = x_A$、$P_A = p_A$。

后续步骤与高斯调制协议一致，即通过公开一部分数据进行参数评估，再进行数据后处理，最终获取 m 比特密钥。该协议中由于执行测量操作的第三方 Charlie 是不可信的，因此该协议称为测量设备无关协议，可以排除所有针对探测端的漏洞攻击。

2. 安全密钥率分析

为评估 CV-MDI-QKD 协议的安全密钥率，同样需要建立与制备–测量模型等价的纠缠等效模型，其模型如图 2-7 所示，具体步骤如下。

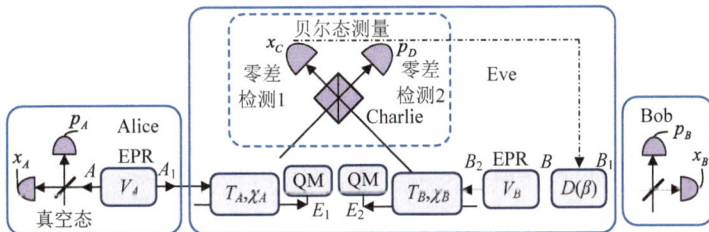

图 2-7　CV-MDI-QKD 协议纠缠等效模型

1）Alice 和 Bob 的相干态制备被等效为对双模压缩态的其中一模进行保留，而另一模式通过量子信道发送给 Charlie，其中双模压缩态的方差分别为 $V_A = V_{AM} + 1$、$V_B = V_{BM} + 1$。

2）Charlie 对接收到的 Alice 和 Bob 的模式进行 Bell 态测量操作，其与制备–测量模型一致，得到测量结果 $\{x_C\}$ 和 $\{p_D\}$ 并公开。

3）Bob 在接收到测量结果后，对其保留模式进行位移操作，位移操作算符可表示

为 $D(\beta)$，其中 $\beta = g(x_C + ip_D)$，式中 g 为位移操作的增益。随后，Bob 用外差检测对位移操作后的模式进行测量，得到结果 X_B、P_B，Alice 同样用外差检测对自己保留的模式进行测量，得到结果 X_A、P_A。

后续的操作与制备–测量模型一致。对于该纠缠等效模型，如果将 Bob 端的双模压缩态和位移操作都看作不可信的，则该协议等价于基于外差探测的 GMCS-CVQKD 协议。因此，根据高斯攻击最优性定理，可以利用类似于单路协议中的协方差矩阵来刻画 CV-MDI-QKD 协议中的量子态，进而求得在集体攻击下的安全密钥界限。具体而言，首先给出 CV-MDI-QKD 协议所等效的单路透射率 T 和过噪声 ε[47]，即

$$\begin{cases} T = \dfrac{1}{2}g^2 T_A \\ \varepsilon = \dfrac{T_B}{T_A}\left(\sqrt{\dfrac{2}{T_B g^2}}\sqrt{V_B - 1} - \sqrt{V_B + 1}\right)^2 + \dfrac{T_B}{T_A}(\chi_B - 1) + \chi_A + 1 \end{cases} \tag{2-82}$$

为使等效过噪声最小，需要取 $g^2 = [2(V_B - 1)]/[T_B(V_B + 1)]$，因此得

$$\begin{cases} T = \dfrac{T_A(V_B - 1)}{T_B(V_B + 1)} \\ \varepsilon = \dfrac{T_B}{T_A}(\varepsilon_B - 2) + \varepsilon_A + \dfrac{2}{T_A} \end{cases} \tag{2-83}$$

另外，由于在设备测量无关协议中，Charlie 端的探测器是不可信的，这里将两个零差检测引入的噪声归结为信道噪声，从信道输入端来看，信道噪声为

$$\chi_{\text{line}} = \frac{1}{T} - 1 + \varepsilon + \frac{2\chi_{\text{hom}}}{T_A}$$

根据上述基础参量进行密钥率的计算，密钥率的计算式为式（2-59），其中 I_{AB} 按照外差检测计算为

$$I_{AB} = \log_2 \frac{V_B}{V_{B|A}} = \log_2 \frac{T(V_A + \chi_{\text{line}}) + 1}{T(1 + \chi_{\text{line}}) + 1} \tag{2-84}$$

χ_{BE} 为

$$\chi_{BE} = S(\rho_{AB_1}) - S(\rho_A^{m_B}) = G\left(\frac{\lambda_1 - 1}{2}\right) + G\left(\frac{\lambda_2 - 1}{2}\right) - G\left(\frac{\lambda_3 - 1}{2}\right) \tag{2-85}$$

在 Bob 进行位移算符操作后，量子态 ρ_{AB_1} 的协方差矩阵具有如下形式：

$$\gamma_{AB_1} = \begin{bmatrix} \gamma_A & \sigma_{AB}^{\mathrm{T}} \\ \sigma_{AB} & \gamma_B \end{bmatrix} = \begin{bmatrix} aI_2 & c\sigma_z \\ c\sigma & bI_2 \end{bmatrix} = \begin{bmatrix} V_A I_2 & \sqrt{T(V_A^2 - 1)}\sigma_z \\ \sqrt{T(V_A^2 - 1)}\sigma_z & T(V_A + \chi_{\text{line}})I_2 \end{bmatrix} \tag{2-86}$$

该协方差矩阵的辛本征值的计算与式（2-65）和式（2-66）一致。量子态 $\rho_A^{m_B}$ 对应的协方差矩阵为

$$\gamma_A^{m_B} = \gamma_A - \sigma_{AB}^{\mathrm{T}} H \sigma_{AB} \tag{2-87}$$

其中，外差检测 $H = (\gamma_B + I_2)^{-1}$，因而式（2-87）可化简为

$$\gamma_A^{m_B} = \left[a - \frac{c^2}{b+1}\right]I_2 \tag{2-88}$$

因此，辛本征值 λ_3 可以计算为

$$\lambda_3 = a - \frac{c^2}{b+1} \tag{2-89}$$

根据以上计算公式，可以估算出 CV-MDI-QKD 在不同距离处的安全密钥率。

第 3 章　高速连续变量量子密钥分发方案

基于连续变量进行的 QKD 系统面临着生成的密钥率较低的问题，为提升系统总体性能，促进 CVQKD 技术的实用化发展，本章对高速的 CVQKD 进行了研究，提出了 3 种 CVQKD 方案。

3.1　本地本振连续变量量子密钥分发方案

一般情况下，用于相干检测的本振光均是由发端激光器制备的，并随同量子信号一并发送给接收端，这种方案可称为随路本振方案（transmitted LO，TLO）。为保障 CVQKD 实际实现的安全性，同时进一步提高 CVQKD 实际性能，Huang 等[85]、Soh 等[86]、Qi 等[87]分别独立提出本地本振 CVQKD 方案（local LO，LLO）。在该方案中，本振光不再由发送端 Alice 提供，而是由接收端 Bob 直接产生，因此成功规避了针对系统本振光的所有攻击。具体而言，本地本振的 CVQKD 方案具有如下 3 个方面的优势。

1）在实际安全性方面，本地产生本振光弥补了传输本振光的安全性漏洞，保障了系统的实际安全性。

2）在实际性能方面，由于本振光在接收端本地制备，不论实际传输距离多远，本振光强度均可确保达到散粒噪声极限，满足 CVQKD 探测需求。

3）在系统复杂度和成本方面，由于不再需要同时传输本振光和信号光，即也不需要采用高隔离度的结构和器件来减轻本振光对信号光的干扰，收发端光路可进一步简化、器件成本可进一步控制，利于系统集成和大规模实施。

在实际实现中，现阶段本地本振方案存在几个需要解决的问题，如总体过噪声偏大导致实际性能受限、实际信道损伤导致密钥分发受阻及实际安全性问题并未完全解决等。本节提出一种基于零差检测的导频偏振复用方案，并通过本地本振实验检验其高安全码率特性。具体而言，首先，构建基于零差检测的光路结构，并设计相应的信号处理算法；其次，通过理论推导和实际测试两方面对量子信号的调制方差等关键参数进行优化，使安全码率在特定距离下达到最优；最后，搭建光学实验平台，并对其中的过噪声及安全码率进行了实际测试，证实该方案的高码率特性。

3.1.1　总体方案的介绍

1. 光路的设计

基于零差检测的导频偏振复用方案光路设计如图 3-1 所示。

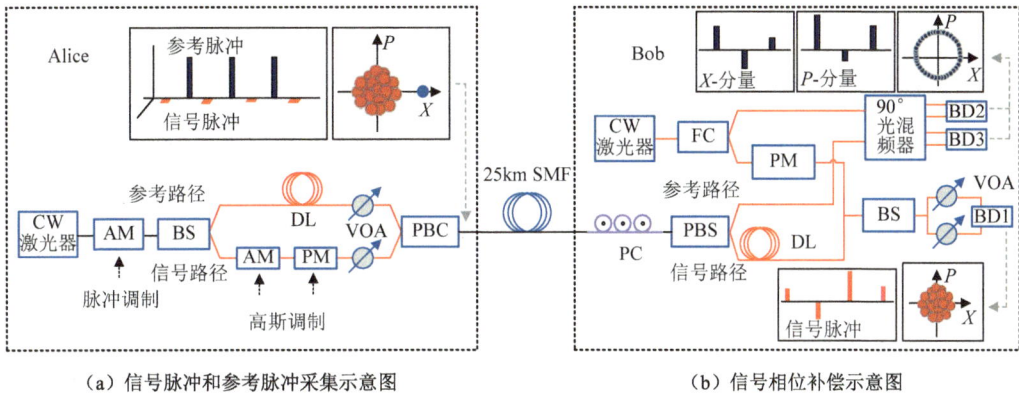

（a）信号脉冲和参考脉冲采集示意图　　　　　　（b）信号相位补偿示意图

图 3-1　Alice 端与 Bob 端工作示意图

在 Alice 端，首先利用一台商用的连续波（continuouswave，CW）激光器作为光源，其中心波长为 1542.3814nm，线宽约为 150kHz；同时，采用一个铌酸锂电控光振幅调制器（AM）进行斩波，生成脉冲宽度为 2ns、重复频率为 50MHz 的脉冲序列。然后，使用 50：50 分束器将光路分成信号路径和参考路径。在信号路径中，采用振幅调制器和相位调制器（phase modulator，PM）来实现高斯调制，然后使用可变光衰减器（variable optical attenuator，VOA）调整到所需调制方差 V_A。在参考路径中，导频脉冲经过时延线（delay line，DL）延迟，使其在时域中位于信号脉冲的中间，从而与信号进行隔离，并通过另一个光衰减器调节导频脉冲的强度。接下来，这两个脉冲由偏振合束器（polarization beam combiner，PBC）汇合，然后通过衰减系数为 0.2dB/km 的 25km SMF-28 光纤盘传输到接收端。

在 Bob 端，经过偏振控制器（polarization controller，PC）的调节，利用偏振分束器（polarization beam splitter，PBS）准确地分离出这两个脉冲；同时，本振光由另一台连续波激光器产生，其线宽同样约为 150kHz。然后通过光纤耦合器（fiber coupler，FC）分为两部分，分束比为 99：1。采用该分束比有以下两个优点：首先，为满足散粒噪声极限探测的要求，量子信号的检测本振光功率需要足够强，才能使散粒噪声大于电噪声，同时提高安全密钥率。其次，对于导频脉冲的检测，并不需要达到散粒噪声极限，并且相对较小的本振光功率可以减少散粒噪声，从而提高导频信噪比。最后，较强的本振光通过相位调制器随机选择测量基（X 或 P），然后通过分束器与信号脉冲进行干涉。使用两个具有相同长度的光衰减器来调节强度的平衡，然后采用一个 350MHz 平衡检测器（balanced detector，BD）来实现信号检测。另外，较弱的本振光与导频脉冲一起被送入商用 90° 光学混合器，然后通过两个 350MHz 平衡检测器（BD2 和 BD3）来检测导频脉冲的 X 和 P 正则分量。值得注意的是，可以将发射端激光器和接收端激光器直接相干检测来测量拍频，并通过示波器可以观测到拍频约为 20MHz，这意味着信号光和本振光之间的频率偏差约为 20MHz。该偏移量远远小于检测器的带宽，因此可以被准确检测到。所有调制信号及同步信号均由任意波形发生器（Tektronix，AWG7122C）产生。值得注意的是，信号路径上的动态时延线用于补偿由时分复用方案引起的导频信号延迟，以及由于相位调制器的固有器件长度而导致的本振光延迟。这样，导频脉冲和量子信号脉冲便可以精确地对准，然后与相同的本振光进行干涉。

2. 信号的采集和处理方案

信号检测后，使用采样率为 5GS/s 的示波器对 3 个平衡检测器的模拟输出进行过采样。在图 3-2 中，可以看到信号脉冲和导频脉冲的采集过程，脉冲 A_i 表示信号的相干检测结果，脉冲 B_i 和脉冲 C_i 表示导频脉冲的相干检测结果，脉冲 D_i 表示导频脉冲间隙中泄漏光子与本振光干涉的结果，T_s 表示符号时间（本次实验中为 20ns）。密钥分发的重复频率是 50MHz，因此在每 100 个采样点中将收集到一个脉冲的峰值或谷值。在通道 1(CH1)中，信号脉冲 A_i 的峰值被筛选出，作为 Bob 的量子信号测量序列，并表示为信号向量 $\boldsymbol{y} = (y_1, y_2, \cdots, y_N)$，其中 N 是一个数据块中的总脉冲数，在本次实验中为 10^6。此外，Alice 在正则分量上调制的原始数据分别表示为 $\boldsymbol{X}^S = (X_1^S, X_2^S, \cdots, X_N^S)$ 和 $\boldsymbol{P}^S = \{P_1^S, P_2^S, \cdots, P_N^S\}$。在通道 2 和通道 3(CH2,CH3)中，导频脉冲 B_i 和 C_i 的峰值被筛选出来，作为 Bob 导频信号测量序列，并表示为参考向量 $\boldsymbol{X}^R = (X_1^R, X_2^R, \cdots, X_N^R)$ 和 $\boldsymbol{P}^R = (P_1^R, P_2^R, \cdots, P_N^R)$。值得注意的是，在 CH1 中还可能观察到由强本振光和导频光泄漏的光子干涉形成的脉冲 D_i，这些脉冲的尾部能会对信号脉冲产生干扰，因此应尽可能限制导频脉冲强度。

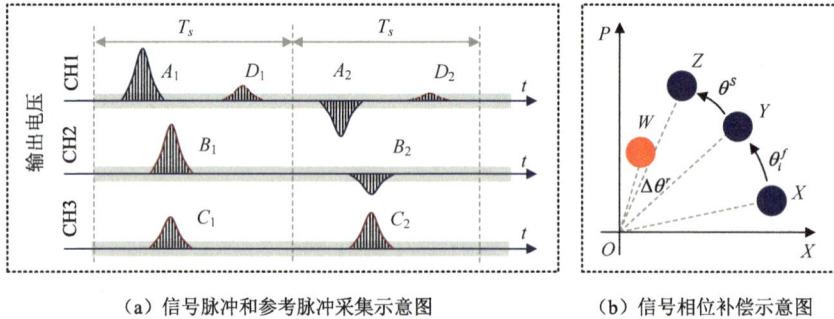

（a）信号脉冲和参考脉冲采集示意图　　（b）信号相位补偿示意图

图 3-2　脉冲采集与相位补偿图

在数据获取后，可以对整个块进行相位补偿。如图 3-2（b）所示，圆 X 表示 Alice 在相空间中的原始数据。Z 表示第一次旋转后的数据时，角度为 X；Z 表示第二次旋转后的数据时，角度为 θ^s。W 代表 Bob 的检测数据。具体来说，在本方案中，每个信号脉冲都伴随一个导频脉冲，该脉冲追踪了信号脉冲的相位漂移。因此，可以使用参考向量来计算每个相位漂移 θ_i^f，即

$$\theta_i^f = \arctan\left(\frac{P_i^R}{X_i^R}\right) \tag{3-1}$$

考虑到在零差检测中 Bob 仅测量一个正则分量，无法进行相位补偿，因此该角度值将通过已认证的经典信道传输给 Alice。也就是说，Alice 原始调制数据 $\boldsymbol{X}^S$ 和 $\boldsymbol{P}^S$ 将根据相应的 θ_i^f 进行旋转，则有

$$\begin{pmatrix} X_i^{S'} \\ P_i^{S'} \end{pmatrix} = \begin{pmatrix} \cos\theta_i^f & \sin\theta_i^f \\ -\sin\theta_i^f & \cos\theta_i^f \end{pmatrix} = \begin{pmatrix} X_i^S \\ P_i^S \end{pmatrix} \tag{3-2}$$

其中，$X_i^{S'}$ 和 $P_i^{S'}$ 分别构成了第一次修正向量 $\boldsymbol{X}^{S'}$ 和 $\boldsymbol{P}^{S'}$。接着，AMZI 结构的存在[75,88]，路径长度发生变化，导致额外的相位漂移 θ^s 发生。这里提出了一种遍历所有角度值并根据互相关值来估计 θ^s 的方案。具体来讲，Bob 首先从向量 y 中随机选择一个子集 y' 并进行公开；同时，Alice 从第一次修正向量 $\boldsymbol{X}^{S'}$ 和 $\boldsymbol{P}^{S'}$ 取出相应的子集 x^0 和 p^0。然后，Alice 根据角度 φ 构造两个旋转矢量 $\boldsymbol{x}^{\varphi}$ 和 $\boldsymbol{p}^{\varphi}$，即

$$\begin{pmatrix} \boldsymbol{x}^{\varphi} \\ \boldsymbol{p}^{\varphi} \end{pmatrix} = \begin{pmatrix} \cos\varphi & \sin\varphi \\ -\sin\varphi & \cos\varphi \end{pmatrix} = \begin{pmatrix} x^0 \\ p^0 \end{pmatrix} \tag{3-3}$$

接下来，由 Bob 公开 y' 中的测量基准，然后 Alice 从 $\boldsymbol{x}^{\varphi}$ 和 $\boldsymbol{p}^{\varphi}$ 中选择对应数据构成单个旋转矢量 $\boldsymbol{s}^{\varphi}$。最后 Alice 和 Bob 的数据进行互相关计算为

$$\mathrm{Cov}\left(y', \boldsymbol{s}^{\varphi}\right) = \sum_{i=1}^{m} y_i' s_i^{\varphi} \tag{3-4}$$

其中，m 是所选数据对的数量，在本次实验中设置为 10^4。根据式（3-3）和式（3-4）可以遍历 φ 在 $[0, 2\pi)$ 中的所有角度值来计算相应的互相关量。此处选取其中的最大值，并将相应的 φ 作为 θ^s 的估计。然后，Alice 使用 θ^s 执行第二次相位旋转，则有

$$\begin{pmatrix} \boldsymbol{X}'' \\ \boldsymbol{P}'' \end{pmatrix} = \begin{pmatrix} \cos\theta^s & \sin\theta^s \\ -\sin\theta^s & \cos\theta^s \end{pmatrix} = \begin{pmatrix} \boldsymbol{X}' \\ \boldsymbol{P}' \end{pmatrix} \tag{3-5}$$

其中，向量 $\boldsymbol{X}^{S'}$ 和 $\boldsymbol{P}^{S'}$ 构成了 Alice 的最终数据。需要注意的是，最终用于估计 θ^s 的数据将被丢弃，因此该过程的安全性也得到保证。首先经过两次相位补偿，Alice 和 Bob 的测量相位基准几乎对齐。但是，由于实际情况中的噪声，剩余相位偏差 $\Delta\theta^r$ 仍然存在，这将在 3.1.3 节中详细讨论。其次，公开整个块中所选的测量基，从而得到 $N-m$ 对 Alice 和 Bob 的关联数据 $\{(x_i, y_i) \mid i = 1, 2, \cdots, (N-m)\}$。再次，通过参数估计得到透射率 T 及过噪声 ε[82]。如果过噪声足够低，则可以计算相应的安全密钥率。最后，对关联数据进行数据后处理，便可得到最终的安全密钥。

3.1.2 参数设定分析

1. 过噪声模型

在 CVQKD 中，控制过噪声的大小是一个非常重要的过程，它直接决定了系统的性能[68,75]。在本地本振方案中，其噪声模型与常规模型有所区别。由于采用了两台不同的激光器，它们之间的不同步会发生快速的相位漂移。尽管这种漂移已经通过导频信号进行补偿，但相位偏差 $\Delta\theta^r$ 仍然存在，这将造成与调制方差 V_A 正相关的附加噪声[86-88]。值得注意的是，尽管此相位噪声源于 QKD 自身设备，但可从最悲观的角度考虑它是由窃听者 Eve 引入的，进而保障系统的安全性。因此，可以将本地本振方案中的过噪声建模为

$$\varepsilon = V_A \sigma_r + \varepsilon_{\mathrm{rest}} \tag{3-6}$$

其中，σ_r 表示服从高斯分布的剩余相位偏差 $\Delta\theta^r$ 的方差；$\varepsilon_{\mathrm{rest}}$ 表示与 V_A 无关的其余过噪声，如导频信号串扰噪声、本振光波动噪声等。本节将噪声分为与调制方差相关的项和与调制方差无关的项，便于分析调制方差所起的作用。

式（3-6）中的第一项是在小相位偏差情况下的相位噪声表达式[86-88]。在本方案中，

由于同时生成导频信号和量子信号及对应的本振光，相位噪声理论上仅来自相位参考信号的测量误差。在实际过程中，尽管采用时延线来调节光路，仍然难以实现本振光波前的精确对准。用于测量信号和导频的本振光波前不同就如同在短时间间隔内采用导频序列方案[85-87]，造成由错位产生的相位噪声 σ_{misal}。具体而言，导频序列方案的相位噪声[88]可以表示为

$$\sigma_{\mathrm{misal}} = \mathrm{Var}(\theta_{i+1} \mid \theta_i) = 2\pi(\Delta\nu_A + \Delta\nu_B)\Delta t \tag{3-7}$$

其中，$\Delta\nu_A$ 和 $\Delta\nu_B$ 分别是两台激光器的线宽；Δt 是时间间隔。式（3-7）给出了方案中对准精度的需求：考虑到两个激光器的线宽约为 150kHz，如果 σ_{misal} 需要小于 $10^{-2}\,\mathrm{rad}^2$ 或 $10^{-3}\,\mathrm{rad}^2$，则可以推断出 Δt 需要分别控制在 5.30ns 和 0.53ns 内。此外，考虑到导频信号的相位信息是在 Bob 端获得的，相应的测量噪声也应由 Bob 端输出参数表示。因此，剩余相位噪声可以表示为

$$\sigma_r = \frac{N_{\mathrm{ch}} + N_{\mathrm{shot}} + N_{\mathrm{ele}}}{I_{\mathrm{ref}}} + \sigma_{\mathrm{misal}} \tag{3-8}$$

其中，N_{ch}、N_{shot} 和 N_{ele} 分别表示导频脉冲传输过程中所引入的信道噪声、散粒噪声和探测中的电噪声；I_{ref} 表示信号强度。将式（3-8）代入式（3-7）中得

$$\varepsilon = V_A \times \left(\frac{N_{\mathrm{total}}}{I_{\mathrm{ref}}} + \sigma_{\mathrm{misal}} \right) + \varepsilon_{\mathrm{rest}} \tag{3-9}$$

其中，$N_{\mathrm{total}} = N_{\mathrm{ch}} + N_{\mathrm{shot}} + N_{\mathrm{ele}}$。

2. 最优调制方差分析

在常规 CVQKD 中，调制方差 V_A 将影响最终的安全密钥率。在本地本振方案中，由于相位噪声是主要噪声，V_A 的选择同样会影响过噪声，进而影响安全密钥率和安全传输距离。因此，根据式（3-6）的噪声模型，首先在不同的相位噪声 σ_r 条件下，仿真出安全密钥率随调制方差 V_A 的变化情况。在图 3-3（a）中，安全密钥界限在集体攻击下进行计算，具体计算方法详见 2.3 节相关内容。相位噪声分别取为 $\sigma_r = 0\,\mathrm{rad}^2$、$10^{-4}\,\mathrm{rad}^2$、$1.5\times10^{-3}\,\mathrm{rad}^2$、$2.2\times10^{-3}\,\mathrm{rad}^2$、$3\times10^{-3}\,\mathrm{rad}^2$、$5\times10^{-3}\,\mathrm{rad}^2$、$10^{-2}\,\mathrm{rad}^2$、$2\times10^{-2}\,\mathrm{rad}^2$。其余参数如下：传输距离 $L=25\mathrm{km}$、衰减系数 $\alpha=0.2\mathrm{dB/km}$、量子效率 $\eta=0.58$、电噪声 $\nu_{\mathrm{el}}=0.1$、协商效率 $\beta=95\%$，其余过噪声 $\varepsilon_{\mathrm{rest}}=0.03$。显然，$V_A$ 值的确会影响密钥率。更为重要的是，V_A 的可选范围及最优值都随着 σ_r 的增加而减小：当 σ_r 为 $10^{-4}\,\mathrm{rad}^2$，最大 V_A 可以大于 60，最优值约为 8；但是当 σ_r 为 $10^{-2}\,\mathrm{rad}^2$ 时，V_A 需要小于 12，才能实现 25km 内的密钥分发，最优值约为 3。因此，为选择合适的调制方差，必须首先得到相位噪声 σ_r，这在本地本振方案中是至关重要的。

为得到相位噪声，本节提出一种相位噪声测量方案，即利用式（3-6）中的线性关系来标定 σ_r。具体而言，首先在 Alice 端通过参考路径中的光衰减器阻断导频脉冲。然后仅发送量子信号；同时采集 Bob 端外差检测器输出的电信号，其方差为 N_{total}。最后发送导频脉冲，并将外差检测器输出电信号方差记为 I_{ref}。在保持导频脉冲强度一定的情况下，可以通过调节光衰减器选择几个调制方差值，并测量相应的过噪声。结果如图 3-3（b）所示，红色方块表示块大小为 10^{-6} 下的实测噪声，蓝色曲线表示基于实测数

据的拟合曲线，其斜率和截距分别为 2.2×10^3 和 0.03。该结果证实，ε 随着 V_A 的增加而增加。另外，根据式（3-6），可以知道过噪声的增加主要来自 V_A 增加时的相位噪声，因此拟合曲线的斜率即为相位噪声 σ_r，而截距即为其余过噪声 $\varepsilon_{\text{rest}}$。因此，由于 $\sigma_r = 2.2\times10^3\,\text{rad}^2$，再根据图 3-3（a），最优 V_A 可以确定为 5.5，此时可以达到 6.08×10^{-2} bit/pulse 的密钥率。此外，由于参数项 $N_{\text{total}}/I_{\text{ref}}$ 已预先标定为 1.0×10^{-3}，因此可以通过式（3-7）计算出 $\sigma_{\text{misal}} = 1.2\times10^{-3}\,\text{rad}^2$。该相位噪声是光路结构中固有的，但它足够小，可以满足 CVQKD 对过噪声的要求。需要注意的是，在图 3-3（b）中，存在测量噪声和拟合曲线之间的偏差，这可能由统计误差和本振光波动引起，而该偏差会导致相位噪声测量不准。鉴于此，本节还绘制了两条理论曲线，分别是 $\sigma_r = 1.5\times10^3\,\text{rad}^2$ 和 $\sigma_r = 3\times10^3\,\text{rad}^2$，它们中间区域包含了所有测量数据。再根据图 3-3（a）中的相应曲线，可以推断出最佳调制方差范围为 $[5,6]$。

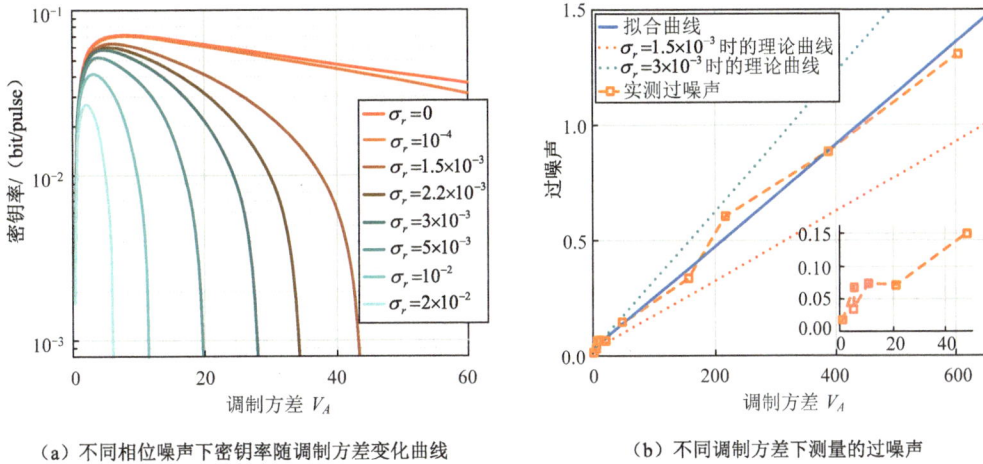

（a）不同相位噪声下密钥率随调制方差变化曲线　　　　（b）不同调制方差下测量的过噪声

图 3-3　过噪声与密钥率随方差变化图

3. 导频信号强度分析

　　除调制方差外，该方案中的导频信号强度也是一个重要参数。在本地本振方案中，导频信号被期望于不干扰量子信号，同时保证相位补偿的高精度。由于量子信号脉冲对干扰敏感，本节采用时分复用和偏振复用技术来隔离导频脉冲。即使如此，偏振串扰仍然存在，可以将其标记为导频信号重叠噪声。为抑制这种干扰，需要对导频信号强度进行限制，但是强度过小又会导致较大相位噪声，进而导致较大过噪声[见式（3-6）]。为此，通过实验验证过噪声与导频信号强度之间的关系，从而提供导频强度的最佳范围。具体而言，首先标定导频噪声 N_{total}。其次通过光衰减器缓慢调整导频脉冲强度，同时在 Bob 端记录输出值 I_{ref}。最后发送量子信号，并通过采集的数据估算相应的过噪声 ε。实验结果如图 3-4（a）所示，红色方块代表块大小为 10^6 时测得的过噪声，蓝色曲线为式（3-8）中的理论关系，其中参数为 $\varepsilon_{\text{rest}} = 0.03$、$V_A = 6$、$\sigma_{\text{misal}} = 1.2\times10^{-3}\,\text{rad}^2$。可以发现，测试数据确实证实了导频脉冲强度与过噪声的关系。但是，当 $N_{\text{total}}/I_{\text{ref}} > 10^3$ 时，过噪声会明显增加。该增量源自导频脉冲的重叠，并可以通过示波器观测到。灰色直线表示传输距离 25km 时过噪声上限，这意味着 N_{total}/I_{ref} 的范围应控制为 $[50,3\times10^3]$，而最优的强度范围应为 $[4\times10^2,8\times10^2]$。在实际系统运行时，可以控制导频信号的信噪比，使在保证补偿精度的情况下，减小对量子信号检测的干扰。

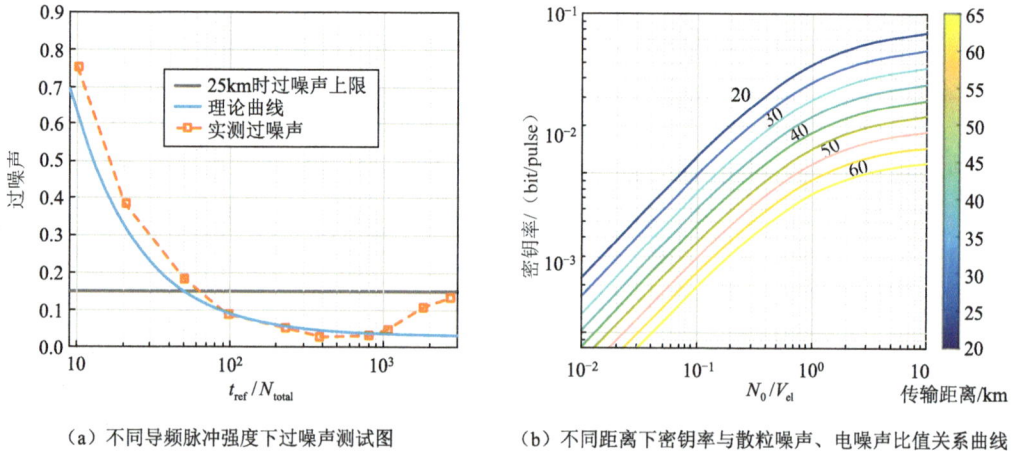

（a）不同导频脉冲强度下过噪声测试图　　　（b）不同距离下密钥率与散粒噪声、电噪声比值关系曲线

图 3-4　过噪声与密钥率受不同信噪比影像图

4. 散粒噪声与电噪声比值分析

在 CVQKD 协议中，散粒噪声极限检测是确保密钥安全的关键条件之一，特别是在长距离传输[74-75]中。因此，低带宽的平衡检测器被用于抑制电噪声，但是它会限制密钥分发的重复频率，降低最终的安全密钥率。考虑到散粒噪声和本振光强度之间的线性关系，可以通过增加本振光强度来提高散粒噪声。在本地本振方案中，不需要通过信道传输本振光，因此不会发生信道衰减。更重要的是，本振光不再需要时分复用，因此不需要转换为脉冲形式，这可避免切脉冲所造成的衰减。此外，由于零差检测不需要光混合器，其散粒噪声可以达到更高。图 3-4（b）展示了散粒噪声增强对不同距离下的安全密钥率的影响。从下到上，以距离 5km 为间隔，从 20km 增长到 60km，其中调制方差为 $V_A=6$，余下过噪声为 $\varepsilon=0.03$。可以注意到，安全密钥率将随着 N_0/V_{el} 的增加而增加。例如，在 25km 的传输距离内，如果比值从 1 提高到 10，则密钥率将从 4×10^{-2} bit/p 提高到 7×10^{-2} bit/p。在本次实验中，使用 350MHz 的平衡探测器及 10dbm 功率的连续本振光，使该比值可以达到 10，即在散粒噪声单位下电噪声为 $v_{el}=0.1$。但是，如果探测器带宽过小，则零差检测输出效率将降低[89]。为此，量子效率 η 被重新标定为 $\eta=0.58$。

3.1.3　原理实验验证

基于上述参数设定分析，调制方差 V_A 和导频脉冲强度 N_{total}/I_{ref} 分别设置为 6 和 6×10^2。结合预先标定参数 $\varepsilon_{rest}=0.03$ 和 $\sigma_{misal}=1.2\times10^3\text{rad}^2$，可以根据式（3-8）粗略估算出整体过噪声为 $\varepsilon=0.0472$。但是，这样的估算不足以作为评估安全密钥率的基础。因此，在确定上述参数后，通过实际光学系统测试过噪声。在图 3-5（a）中，每个红色方

块表示通过长度为 10^6 的数据块所测试的过噪声，蓝色直线表示平均值为 0.0408。可以注意到，该值低于原本的估算，这意味着原来高估了其余过噪声 $\varepsilon_{\text{rest}}$。实测噪声本质上来源于剩余相位噪声、调制噪声和量化噪声；而噪声的波动主要来自本振光强的波动及参数估计样本有限引起的统计噪声。基于实测噪声，结合标定量子效率 $\eta=0.58$，以及可实现的协商效率 $\beta=95\%$ [90-91] 和重复频率 $f_{\text{rep}}=50\text{MHz}$，可以估计最终可达密钥率。

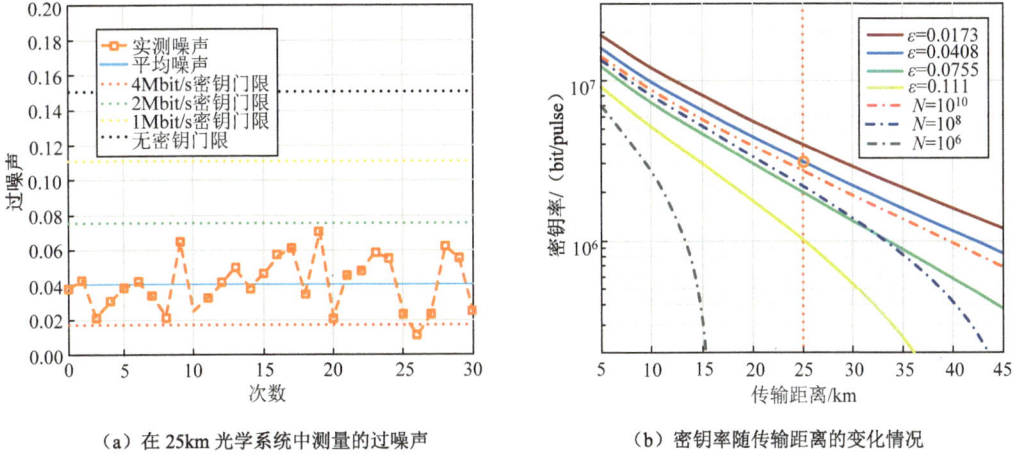

（a）在 25km 光学系统中测量的过噪声　　　　（b）密钥率随传输距离的变化情况

图 3-5　密钥率与过噪声

在渐近条件下，图 3-5（b）中用圆圈标记了在 25km 光纤传输系统中可以实现 3.14Mbit/s 的安全密钥率，具体参数设置如下：调制方差 $V_A=6$、量子效率 $\eta=0.58$、电噪声 $v_{\text{el}}=0.1$、协商效率 $\beta=95\%$。该安全码率与先前随路本振方案相比，在同等传输距离下提高了 3 倍以上 [76]。该方案能够实现如此高的安全密钥率主要是基于以下事实：相位噪声 σ_r 被抑制到 10^{-3}rad^2 数量级，这同样在文献 [92] 中实现。此外，在图 3-5（a）中用虚线绘制了不同密钥率的过噪声阈值，在图 3-5（b）中用相应颜色的实线展示了安全密钥界限。从上到下，实线所代表的 25km 范围内的密钥率分别为 4Mbit/s、3.14Mbit/s、2Mbit/s 和 1Mbit/s，对应到图 3-5（a）中的过噪声分别为 0.0173、0.0408、0.0755 和 0.111。可以注意到，为了在相同参数条件下达到更高的安全密钥率，如 4Mbit/s，过噪声需要进一步抑制到 0.0173，这就对过噪声控制和系统稳定性有更高的要求。考虑到本振光强度的波动，可以进一步引入实时散粒噪声测量，从而减轻波动带来的影响 [74,93]。此外，考虑到数据块的大小，本书实验分析了有限长效应下的密钥率。在图 3-5（b）中，按照 2.3 节中相关内容的计算，绘制出不同数据块 N 下的密钥率曲线，其中 90% 用于提取密钥，而 10% 用于评估参数。点划线表示 $N=10^{10}$、$N=10^8$ 和 $N=10^6$ 下的可达密钥率。可以看到，当块大小为 10^6 时，在 25km 处将没有密钥生成；但是当块大小增加到 10^8 和 10^{10} 时，可以实现 2.18Mbit/s 和 2.74Mbit/s 的安全密钥率。因此，为了进一步提升性能，具有大存储容量的三通道同步模数转换器被期望用来获得更大的数据块，从而减轻有限长效应的影响，获得非渐近条件下的安全密钥率。

3.2 基于光学频率梳的多路并行连续变量量子密钥分发方案

由于光纤损耗和信道中自然存在的过噪声的影响,大部分现有高斯调制相干态 CVQKD 协议的密钥率并不高[94-97],严重限制了协议的实际应用范围。目前,解决密钥率不高的问题主要有以下 3 种途径:其一是提升单个脉冲的密钥率,这种方法很容易受量子信道过噪声的限制,因此改善效果并不显著;其二是提升系统重复频率,使系统在单位时间内交换的脉冲数目增加,但这种方法会受到接收端零差探测器带宽和采样带宽的限制;其三是使用复用技术和并行传输提升系统的总体密钥率,本节内容基于这一思路展开。

现阶段,使用较为广泛的复用技术主要有正交频分复用技术和波分复用技术[98-100]。其中,正交频分复用技术能有效抵抗多径衰落效应且有较高的频谱效率,但目前大部分正交频分复用技术需要借助快速傅里叶变换或其等效函数来完成复用和解复用过程,使最终的密钥产生率受到数字信号处理器处理速度的限制。波分复用技术能在单模光纤中并行传输数百个具有不同波长的载波,但它需要大量光源和复杂的数字信号处理技术,以便进行频率和相位估计,大大增加了系统的运行成本。近年来,光梳因其频率稳定性高、频率分量间具有较强的相干性而受到研究者的广泛关注。如图 3-6 所示,光梳在频域上由一组等频率间隔的频率分量组成,可以由中心频率 f_c 和重复率 f_r 两个参数完全表示,它对应于时域上的一串超短光脉冲。不同于分离激光器之间的自由运行和相互独立,光梳的各频率成分之间相互锁相。稳定的重复率和宽频带的相位相干,使以光梳为光源的波分复用技术能实现更密集的子信道传输和更简单的载波恢复过程[101]。目前,实验上已经证明基于光梳的波分复用技术可以通过常规设备甚至芯片级设备来完成太比特每秒的超信道传输[102-104];使用一对同步光梳分别作为多波长光源和本振光来进行波分复用传输也得到了实验验证[105]。因此,本节提出利用一对光梳实现并行传输和相干接收的多信道并行 CVQKD 方案,以解决通用 CVQKD 协议中密钥率不高的问题。具体而言,利用光梳稳定的频率间隔和宽频带的相位相干性等优点,以光梳为光源代替多个独立运行的可调激光器,实现多路并行传输和相干接收,使协议的密钥率成倍增长。为解决发送端和接收端两个光梳之间的相位漂移问题,本方案选取第一条和最后一条梳线作为导频线,估计光梳不同频率成分梳线之间的相位差。此外,本节还讨论了方案中存在的几种过噪声、窃听者的可能攻击手段,以及系统关键参数对密钥率的影响,从多个角度对方案的性能做出全面阐述与分析。

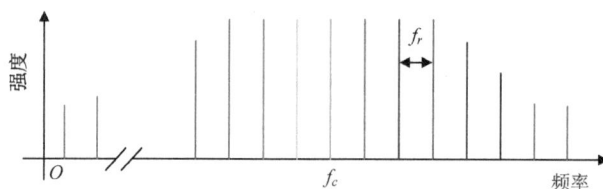

图 3-6　光梳的频域结构

3.2.1 基于光梳的 CVQKD 方案

如图 3-7 所示，在发送端，Alice 产生一个中心频率为 f_0^s、重复率为 f_r^s 的光梳作为多波长光源，表示为

$$\hat{s}(t) = \sum_{n=n_{\min}}^{n_{\max}} \hat{a}_n \exp\left\{ \mathrm{j}[-\varphi(t) + 2\pi f_n^s t] \right\} \tag{3-10}$$

其中，$\hat{a}_n$ 是无量纲复振幅算子，对应于频率为 $f_n^s = f_0^s + nf_r^s$ 的第 n 条梳线，它可以被拆分为正则分量的组合形式，即 $\hat{a}_n = X_n^A + \mathrm{i}P_n^A$；随机函数 $\varphi(t)$ 表示光梳的相位噪声；$n_{\min}$ 和 $n_{\max}$ 分别表示光梳最外边的两根梳线，并且有 $n_{\max}n_{\min} < 0$、$n_{\max} > 0$，$n_{\max} - n_{\min} = N - 1$，$N$ 为光梳的梳线数目。Alice 产生的光梳首先通过解复用器形成 N 条子信道，子信道的数目和梳线数目相等。其中，第 k 条子信道独立地被一组服从瑞利分布的随机数 A_k 和一组在 $[0, 2\pi]$ 上服从均匀分布的随机数 ϕ_k 分别进行振幅调制和相位调制，A_k 的概率密度函数为

$$A_k \sim Ra(x) = \frac{x}{\sigma^2} \mathrm{e}^{-\frac{x^2}{2\sigma^2}} \tag{3-11}$$

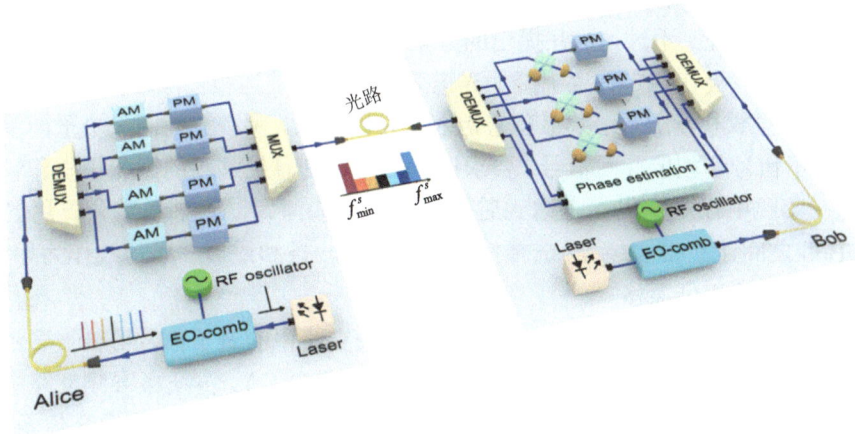

图 3-7　基于光梳的多路并行 CVQKD 方案

若以正则分量的形式表示，即第 k 条支路中脉冲的两个正则分量 X_k^A 和 P_k^A 分别服从均值为 0、方差为 V_a 的高斯分布，其中 $k \in \{n_{\min} + 1, n_{\min} + 2, \cdots, 0, n_{\max} - 2, n_{\max} - 1\}$ 且 $V_a = \sigma^2$（此处 A_k、ϕ_k 和 V_a 都以散粒噪声为单位）。对于剩余两条支路 $n_{\min}$ 和 $n_{\max}$ 中的脉冲，其正则分量分别被调制为 X_r^A 和 P_r^A，用于估计 Alice 和 Bob 之间的相位差，其中 $r = \{n_{\min}, n_{\max}\}$，随后所有的支路经由频率复用器组合发送给接收端 Bob。在接收端，Bob 首先产生一个中心频率为 f_0^L、重复率为 f_r^L 的本振光梳，然后用两个解复用器分别分离接收到的信号光梳和本振光梳。信号光梳的第一条和最后一条梳线及其对应的本振梳线都输入相位估计模块，用于估计传输过程中产生的相位漂移，剩余梳线则进入零差探测器进行独立的零差探测。在该过程中，Bob 产生的本振光梳和 Alice 产生的信号光梳拥有相同的中心频率和重复率；每一条支路 k 都随机选择不同的正则分量进行测量，因此

Bob 在零差探测前用相位调制器对本振梳线随机加载 0 或 π/2 相位。最后，Bob 将相位估计模块的输出结果公布给 Alice，Alice 对各支路进行对应的相位旋转，并和 Bob 一起完成对基、参数估计、协商纠错和保密放大等后处理步骤，得到最终密钥。

3.2.2 相位补偿

由 3.2.1 节的描述可知，不同于通用 CVQKD 协议，本方案的本振光在 Bob 端产生，也就是本地本振。采用本地产生的本振光进行量子密钥分发有很多优点，它不仅可以消除在公共信道中传输本振光引起的潜在安全性漏洞，也可以打破本振光强度与传输距离之间的依赖关系，这意味着无论传输距离有多远，都能保证探测时有足够的本振光功率。然而，本地本振的方式会使 Alice 和 Bob 之间缺乏可靠的相位参考，使 Bob 的测量结果与 Alice 调制的正则分量之间存在一个未知的相位差，给系统引入较大的相位噪声。例如，在提出的基于光梳的 CVQKD 方案中，虽然发送端和接收端两个光梳的中心频率及重复率相等，但传输过程中不可确定的相位漂移使通信双方的相位不再相关，而量子信号非常微弱，很难像经典通信中那样直接从信号中恢复载波相位，并且相比于经典通信，CVQKD 对相位噪声更加敏感。但是针对这些问题，研究者提出了传输相位参考来进行相位补偿的解决思路，基于传输相位参考的高斯调制相干态本地本振 CVQKD 方案的安全性也已经得到验证。不过，这些提出的方案都采用时分复用技术将量子信号与相位参考信号共同传输，会在一定程度上降低光谱效率，尤其是当相位漂移变化速度很快时，频繁地传输相位参考会使光谱效率和密钥率都大幅降低。另外，在同一个平衡零差探测器中测量量子信号和相位参考信号，要求探测器同时具有足够高的饱和极限和较低的电噪声，这在实践中很难实现。考虑到时分复用的这些问题，本节以波分复用的形式在 Alice 和 Bob 之间建立相位参考，选择信号光梳的第一条和最后一条梳线作为导频梳线，用于估计各支路的相位漂移。

具体而言，在每一轮密钥分发过程中，第 k 条支路中的量子信号可以被表示为相干态 $|\alpha_k\rangle = \left| X_k^A + iP_k^A \right\rangle$，其中 X_k^A 和 P_k^A 都服从高斯分布 $N(0, V_a)$。第 r 条导频支路中的相位参考信号可以表示为相干态 $|\alpha_r\rangle = \left| X_r^A + iP_r^A \right\rangle$，且相位参考信号的正则分量值是公开的，其振幅 $|\alpha_r|$ 为固定值，一般设置为量子信号振幅 $|\alpha_k|$ 的几倍或几十倍，但远远小于经典本振光的振幅。Bob 在接收到 Alice 发送的光梳后，对两条导频支路中的相位参考信号进行外差探测，得 X_k^B 和 P_k^B；对剩余支路中的量子信号进行零差探测，得到 X_r^B 和 P_r^B。基于公开的正则分量值 (X_r^A, P_r^A) 和自己的测量值 (X_r^B, P_r^B)，Bob 可以估计第 r 条导频支路中的相位参考信号与对应的本振光之间的相位差 θ_r，满足

$$\begin{pmatrix} X_r^B \\ P_r^B \end{pmatrix} = \begin{pmatrix} \cos\hat{\theta}_r & -\sin\hat{\theta}_r \\ \sin\hat{\theta}_r & \cos\hat{\theta}_r \end{pmatrix} \begin{pmatrix} X_r^A \\ P_r^A \end{pmatrix} \tag{3-12}$$

于是，θ_r 可由以下计算公式得到：

$$\hat{\theta}_r = \tan^{-1}\left(\frac{P_r^B X_r^A - X_r^B P_r^A}{X_r^B X_r^A + P_r^B X_r^A} \right) \tag{3-13}$$

第一条和最后一条支路都传输相位参考，因此可以由式（3-13）得到两个相位差 $\hat{\theta}_{n_{\min}}$

和 $\hat{\theta}_{n_{\max}}$。由于光梳各梳线之间的相位相干性，已知两条导频支路与对应本振光之间的相位差，可以得到剩余支路与对应本振光之间的相位差[101]，即

$$\hat{\theta}_k = \hat{\theta}_{n_{\min}} + \frac{k - n_{\min}}{n_{\max} - n_{\min}}\left(\hat{\theta}_{n_{\max}} - \hat{\theta}_{n_{\min}}\right) \tag{3-14}$$

最后，Alice 可以基于 $\hat{\theta}_k$ 调整自己的正则分量 (X_k^A, P_k^A)，来修正它和 Bob 之间的相位差，得

$$\begin{pmatrix} \hat{X}_k^B \\ P_k^B \end{pmatrix} = \begin{pmatrix} \cos\hat{\theta}_k & -\sin\hat{\theta}_k \\ \sin\hat{\theta}_k & \cos\hat{\theta}_k \end{pmatrix} \begin{pmatrix} X_k^A \\ P_k^A \end{pmatrix} \tag{3-15}$$

以上相位补偿过程在图 3-8 中给出了清晰的描述，其中，$f_{n_{\min}}^s$ 和 $f_{n_{\max}}^s$ 是 Alice 发送的信号光梳的最外两条梳线；$f_{n_{\min}}^L$ 和 $f_{n_{\max}}^L$ 是 Bob 生成的本振光梳的最外两条梳线。值得注意的是，要完成对各支路的相位补偿，也可以任选两条支路传输相位参考来估计其他支路的相位漂移，本节选择光梳的最外两根梳线，以尽可能减小导频信号对量子信号的影响。

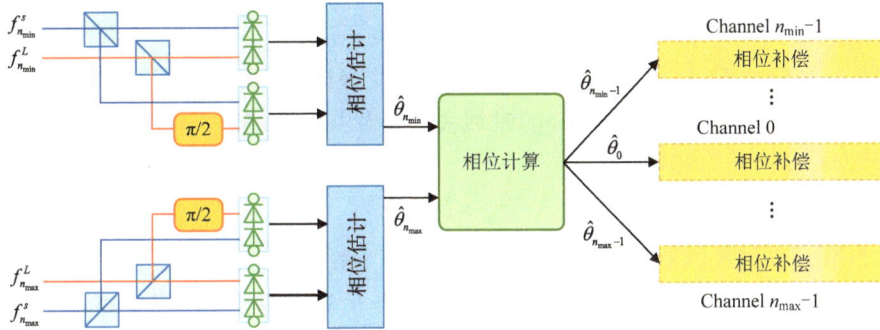

图 3-8　相位补偿过程示意图

3.2.3　过噪声分析

1. 估计失准噪声

由上述内容的分析可知，只有当 Bob 对第 k 条子信道中相位差的估计值 $\hat{\theta}_k$ 等于实际值 θ_k 时，才有可能进行准确的相位补偿。但量子不确定性和实际系统中的实验噪声会对导频支路相位差 $\theta_{n_{\min}}$ 和 $\theta_{n_{\max}}$ 的估计产生影响，其不可能完全准确，从而使量子信号支路产生了额外的相位噪声。若对导频支路相位差 $\theta_{n_{\min}}$ 和 $\theta_{n_{\max}}$ 的估计误差为

$$\Delta\theta_{n_{\min}} = \hat{\theta}_{n_{\min}} - \theta_{n_{\min}}, \quad \Delta\theta_{n_{\max}} = \hat{\theta}_{n_{\max}} - \theta_{n_{\max}} \tag{3-16}$$

根据式（3-14），可得第 k 条量子信号支路的相位估计误差为

$$\Delta\theta_k^{\text{error}} = \hat{\theta}_k - \theta_k = \frac{k - n_{\min}}{n_{\max} - n_{\min}}\left(\Delta\theta_{n_{\max}} - \Delta\theta_{n_{\min}}\right) + \Delta\theta_{n_{\min}} \tag{3-17}$$

因此，不准确相位估计导致的第 k 条支路的相位噪声方差为

$$V_k^{\text{error}} = V_{n_{\min}}^{\text{error}} + \left(\frac{k - n_{\min}}{n_{\max} - n_{\min}}\right)^2 \left(V_{n_{\max}}^{\text{error}} + V_{n_{\min}}^{\text{error}}\right) \tag{3-18}$$

其中，$V_{n_{max}}^{error}$ 和 $V_{n_{min}}^{error}$ 分别为 $\Delta\theta_{n_{max}}$ 和 $\Delta\theta_{n_{min}}$ 的方差，表示两个导频支路的计失准噪声，并且有[88]

$$V_{n_{max}}^{error} = \frac{\chi_{n_{max}} + 1}{|a_{n_{max}}|^2}, V_{n_{min}}^{error} = \frac{\chi_{n_{min}} + 1}{|a_{n_{min}}|^2} \qquad (3\text{-}19)$$

其中，$|a_{n_{max}}|$ 和 $|a_{n_{min}}|$ 分别表示导频支路 n_{max} 和 n_{min} 中相位参考信号的振；$\chi_{n_{max}}$ 和 $\chi_{n_{min}}$ 表示导频支路中的总噪声，并且有

$$\chi_{n_{max}} = \chi_{n_{min}} = \frac{2 - \eta T}{\eta T} + \frac{2v_{el}}{\eta T} + \varepsilon \qquad (3\text{-}20)$$

式（3-20）中，第一部分为损耗导致的真空噪声，第二部分为外差探测器的电噪声，第三部分为系统的技术噪声。为了简便，此处假设用于测量两条导频支路的探测器是完全相同的，并且各支路的透射比相等，因为所有支路中的脉冲都在同一根光纤中传输且波长相近，所以它们的损耗可以看作一个常数。

2. 色散走离噪声

在基于光梳的系统中，传输过程中的色散走离效应是影响各梳线间相位相干性的一个主要因素，这会导致各支路之间的时域去相关[101]。在本节方案中，由于色散导致的支路 i 和支路 j 之间的时域延迟为

$$\tau_{ij} = DL\Delta\lambda_{ij} \qquad (3\text{-}21)$$

其中，D 表示光纤色散参数，在标准单模光纤中一般取 16ps/(km·nm)；L 表示传输距离；$\Delta\lambda_{ij}$ 表示两条支路中脉冲的波长差。如图 3-9 所示，假设第 k 条支路中的量子信号 t 时刻到达 Bob 端，则导频支路 n_{max} 和 n_{min} 中的相位参考信号到达 Bob 端的时间分别为 $t - \tau_{kn_{max}}$ 和 $t + \tau_{kn_{min}}$，其中 $\tau_{kn_{max}}$ 和 $\tau_{kn_{min}}$ 为色散导致的延迟。在不考虑色散的理想情况下，量子信号和相位参考信号同时在 t 时刻到达 Bob 端，则两条导频支路与对应本振光之间的相位差为

$$\hat{\theta}_{n_{max}} = \varphi_{n_{max}}^B(t) - \varphi_{n_{max}}^A(t_A), \hat{\theta}_{n_{min}} = \varphi_{n_{min}}^B(t) - \varphi_{n_{min}}^A(t_A) \qquad (3\text{-}22)$$

其中，$\varphi_{n_{max}}^A(t_A)$ 和 $\varphi_{n_{min}}^A(t_A)$ 分别为导频支 n_{max} 和 n_{min} 中的参考脉冲在 Alice 端的相位；$\varphi_{n_{max}}^B(t)$ 和 $\varphi_{n_{max}}^B(t)$ 分别为它们在 t 时刻到达 Bob 端时的相位。当考虑色散对系统的影响时，支路 n_{max} 和 n_{min} 中的参考信号到达 Bob 端的时间由 t 变为 $t - \tau_{kn_{max}}$ 和 $t + \tau_{kn_{min}}$，则相位差 $\hat{\theta}_{n_{max}}$ 和 $\hat{\theta}_{n_{min}}$ 需要改写为

$$\begin{cases} \hat{\theta}'_{n_{max}} = \varphi_{n_{max}}^B(t - \tau_{kn_{max}}) - \varphi_{n_{max}}^A(t_A) \\ \hat{\theta}'_{n_{min}} = \varphi_{n_{min}}^B(t + \tau_{kn_{min}}) - \varphi_{n_{min}}^A(t_A) \end{cases} \qquad (3\text{-}23)$$

由于不同时刻参考信号的相位有以下关系[100]：

$$\begin{cases} \varphi_{n_{max}}^B(t) = \varphi_{n_{max}}^B(t - \tau_{kn_{max}}) + 2\pi fn_{max}\tau_{k_{max}} + N_{n_{max}} \\ \varphi_{n_{min}}^B(t + \tau_{kn_{min}}) = \varphi_{n_{min}}^B(t) + 2\pi fn_{min}\tau_{k_{min}} + N_{n_{min}} \end{cases} \qquad (3\text{-}24)$$

其中，fn_{max} 和 fn_{min} 分别为相位参考脉冲的中心频率；$N_{n_{max}}$ 和 $N_{n_{min}}$ 分别为独立的高斯噪声，因此第 k 条支路中量子信号的相位漂移实际由以下公式得到：

$$\hat{\theta}'_k = \varphi^B_{n_{\min}}(t+\tau_{kn_{\min}}) - \varphi^A_{n_{\min}}(t_A) + \frac{k-n_{\min}}{n_{\max}-n_{\min}}[\varphi^B_{n_{\max}}(t-\tau_{kn_{\max}}) - \varphi^B_{n_{\min}}(t+\tau_{kn_{\min}})] \quad （3-25）$$

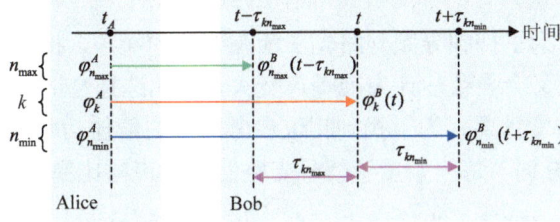

图 3-9　量子信号和导频信号之间的时域去相关

为了简便，假设 $\varphi^A_{n_{\max}}(t_A) = \varphi^A_{n_{\min}}(t_A) = \varphi^A_k(t_A)$，因为所有支路的脉冲都来自同一个光梳且它们在 Alice 端都经历了同样的过程。于是，可以得到色散导致的估计误差 $\hat{\theta}'_k - \theta_k$ 的方差为

$$V^{\mathrm{disp}}_k = \langle (\Delta\varphi(\tau_{kn_{\min}}))^2 \rangle + \left(\frac{k-n_{\min}}{n_{\max}-n_{\min}}\right)^2 (\langle (\Delta\varphi(\tau_{kn_{\max}}))^2 \rangle + \langle (\Delta\varphi(\tau_{kn_{\min}}))^2 \rangle) \quad （3-26）$$

其中，$\langle (\Delta\varphi(\tau_{kn_{\max}}))^2 \rangle$ 和 $\langle (\Delta\varphi(\tau_{kn_{\min}}))^2 \rangle$ 分别为 $N_{n_{\max}}$ 和 $N_{n_{\min}}$ 的方差，可以表示为

$$\langle (\Delta\varphi(\tau_{kn_{\max}}))^2 \rangle = \frac{2\tau_{kn_{\max}}}{t^c_{n_{\max}}}, \langle (\Delta\varphi(\tau_{kn_{\min}}))^2 \rangle = \frac{2\tau_{kn_{\min}}}{t^c_{n_{\min}}} \quad （3-27）$$

其中，$t^c_{n_{\max}}$ 和 $t^c_{n_{\min}}$ 分别表示相干时间，它们与光梳的线宽 Δv 相关，即

$$t^c_{n_{\max}} = t^c_{n_{\min}} = \frac{1}{\pi\Delta v} \quad （3-28）$$

避免色散走离噪声的一种可行方法是在探测前先估计量子信号支路与两个导频支路之间的时间差，然后用延迟线来补偿时间差，从而消除 $\varphi^B_r(t)$ 和 $\varphi^B_r(t\pm\tau_{kr})$ 之间的偏差。但这种方法需要精确估计各支路之间的延迟，并在每条支路上添加延迟线，增加接收端的复杂性。为分析系统在一般情况下可能产生的噪声，本节考虑的是无延迟线补偿的方案。

3. 导频信号光子泄漏噪声

在同时传输量子信号和高功率本振光的 CVQKD 系统中，从强本振光中泄露的光子可能会给量子信号引入额外噪声。虽然本节方案不需要传输本振光，但从导频支路泄露的光子仍然有可能对量子信号产生影响，因为在实际系统中，光梳的产生总是受到有限消光比 R_e 的限制。消光比 R_e 表示光脉冲的高电平与低电平之比，它的值由脉冲产生技术决定。由此，可以定义两条导频支路光子泄露导致的噪声[106]为

$$\varepsilon_{LE} = \frac{2\langle \hat{N}^{\mathrm{Alice}}_{n_{\max}} \rangle}{R_e} + \frac{2\langle \hat{N}^{\mathrm{Alice}}_{n_{\min}} \rangle}{R_e} \quad （3-29）$$

4. 总体过噪声

基于以上内容的分析，可以得到第 k 条支路中的总体过噪声 ε_k 为

$$\varepsilon_k = V_a(V^{\mathrm{error}}_k + V^{\mathrm{disp}}_k) + \varepsilon_{LE} \quad （3-30）$$

其中，第一部分为估计失准和色散走离导致的相位噪声，第二部分为导频支路光子泄漏导致的噪声。尽管这些噪声都是由设备不完美等因素导致，但为了安全起见，此处仍然考虑最悲观的情况，认为它们都能被窃听者 Eve 控制。

值得注意的是，为了抑制导频支路光子泄漏引入的噪声，相位参考信号的功率不能太高，但是功率过低又会导致估计失准噪声变大，因此选择合适功率的相位参考信号对于抑制系统过噪声非常重要。为了找到相位参考信号的最佳功率值，图 3-10 中比较了当 L=30km、Re=60dB 时，每一条量子信号支路的过噪声与比率 $\langle \hat{N}_{n_{\min}}^{\mathrm{Alice}} \rangle / V_a$ 之间的关系，其中 N=7，k 表示支路序号。为了便于分析，此处假定 $\langle \hat{N}_{n_{\min}}^{\mathrm{Alice}} \rangle = \langle \hat{N}_{n_{\max}}^{\mathrm{Alice}} \rangle$。从图 3-10 中发现，对于每一条支路而言，$\langle \hat{N}_{n_{\min}}^{\mathrm{Alice}} \rangle / V_a$ 的最佳范围为 500~700，当 $\langle \hat{N}_{n_{\min}}^{\mathrm{Alice}} \rangle / V_a$ 的值小于 500 或大于 700 时，每条支路的过噪声显著增加。图 3-11 给出了当消光比 R_e 分别为 40dB、50dB 和 60dB，支路数目 N=15 时，每一条支路的过噪声情况，可以发现较大的消光比能有效减小各支路的过噪声。图 3-10 和图 3-11 中用到的其他参数分别取值为 V_a=8、v_{el}=0.01、η=0.7、Δv=100kHz、f_r^S=10GHz，其中 V_a 和 v_{el} 以散粒噪声为单位。

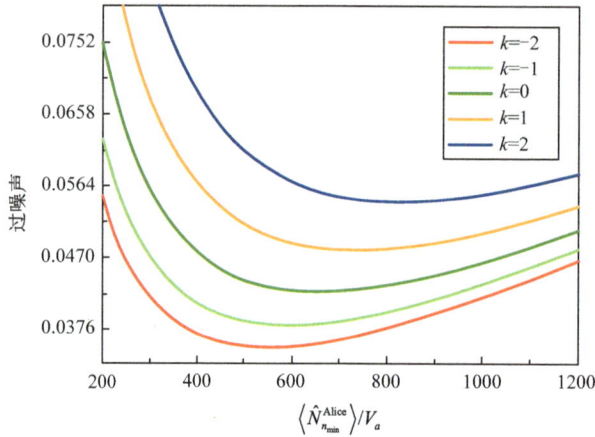

图 3-10　每一条量子信号支路的过噪声与比率 $\langle \hat{N}_{n_{\min}}^{\mathrm{Alice}} \rangle / V_a$ 之间的关系

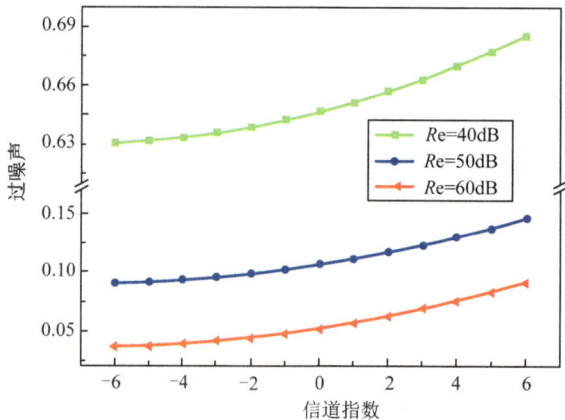

图 3-11　当 N=15 时，每一条量子信号支路的过噪声情况

3.2.4 安全性分析

1. 可能的攻击和对策

本节的过噪声分析以光梳的相位漂移相关性为基础,因此主要讨论 Eve 可能发起的与相位漂移相关的攻击,并分析在这种攻击下系统的安全性。

首先,考虑 Eve 对量子信号支路 k 进行高斯集体攻击,并将该支路的相位差 θ_k 改为 θ_k^{attack} 的情况,在这种攻击下,各支路间的相位漂移不再相关,但 Alice 和 Bob 不知道量子信号支路的相位差已经改变,仍然使用 $\hat{\theta}_k$ 来修正 Alice 的正则分量。于是,支路 k 的总体过噪声要被重写为

$$\varepsilon_k^{\text{attack}} = V_a(V_k^{\text{eroor}} + V_k^{\text{disp}}) + \varepsilon_{LE} + \varepsilon_{\text{Eve}} \tag{3-31}$$

其中,ε_{Eve} 为 Eve 攻击量子信号引入的噪声;$V_k^{\text{eroor}} = \text{Var}(\hat{\theta}_k - \theta_k^{\text{attack}})$ 为 Eve 攻击后的估计失准噪声。为了成功隐藏自己的攻击,Eve 需要通过减少估计失准声来补偿攻击量子信号增加的过噪声,只有在这种情况下该支路的总噪声才会保持不变,使得合法通信双方在参数估计过程中不会发现攻击者的存在。因此,可以得到:

$$V_a \tilde{V}_k^{\text{eroor}} + \varepsilon_{\text{Eve}} \leqslant V_a V_k^{\text{eroor}} \tag{3-32}$$

也就是说,Eve 改变的相位差 θ^{attack} 必须满足如下条件:

$$\text{Var}(\hat{\theta}_k - \theta_k^{\text{attack}}) < \text{Var}(\hat{\theta}_k - \theta_k) \tag{3-33}$$

式(3-33)不能通过简单地令 $\theta_k^{\text{attack}} < \theta_k$ 或 $\theta_k^{\text{attack}} > \theta_k$ 来实现,而是需要先计算 $\hat{\theta}_k$,并令 θ_k^{attack} 无限接近 $\hat{\theta}_k$。然而如式(3-14)中所示,$\hat{\theta}_k$ 的值是基于 $\hat{n}_{\text{max}}$ 和 $\hat{n}_{\text{min}}$ 的值而得到的,这意味着 Eve 必须先测量导频信号的正则分量值,但测量会增加导频信号的不确定度并给系统引入额外的过噪声[107]。因此,Eve 发起这种攻击的可能性不高。

其次,考虑 Eve 对量子信号支路 k 进行高斯集体攻击,并将导频支路的相位差 $\theta_{n_{\text{max}}}$ 和 $\theta_{n_{\text{min}}}$ 改为 $\theta_{n_{\text{max}}}^{\text{attack}}$ 和 $\theta_{n_{\text{miin}}}^{\text{attack}}$ 的情况,在这种攻击下,导频支路和剩余支路间的相位漂移不再相关,并且 Alice 和 Bob 对支路 k 中相位差的估计值为 $\hat{\theta}_k^{\text{attack}}$。此处认为 Eve 对 $\hat{\theta}_k^{\text{attack}}$。已知,因为 $\hat{\theta}_k^{\text{attack}}$ 可以由 $\theta_{n_{\text{max}}}^{\text{attack}}$ 和 $\theta_{n_{\text{miin}}}^{\text{attack}}$ 计算得到。在这种情况下,估计失准噪声应该表示为 $\tilde{V}_k^{\text{eroor}} = \text{Var}(\hat{\theta}_k^{\text{attack}} - \theta_k)$,并且满足如下条件:

$$\text{Var}(\hat{\theta}_k^{\text{attack}} - \theta_k) < \text{Var}(\hat{\theta}_k - \theta_k) \tag{3-34}$$

只有这样,Eve 才能成功隐藏自己的攻击。但要满足不等式(3-34)意味着 Eve 必须计算真实的相位差 θ_k,但微弱量子信号的相位漂移很难确定,只能在由发送端到接收端共同传输的脉冲之间共享[88]。因此,Eve 发起这种攻击的可能性也不高。

最后,考虑 Eve 对量子信号支路 k 进行高斯集体攻击,并将导频支路和剩余支路通过两条不同光纤发送给 Bob 的情况,其中发送量子信号的支路为标准单模光纤而发送导频信号的支路为低损耗光纤。这种攻击是最有可能不被合法方发现的攻击方式,它在 2019 年被提出,研究者对其进行了详细的分析[107],其目的是提高导频信号在 Bob 端的强度,以获得更小的测量误差噪声,而 Alice 和 Bob 只估计总体过噪声,却忽略了单个噪声的变化,因此 Eve 可以在不被发现的情况下从量子信号中获取信息。抵抗这种攻击

的对策是实时监测相位参考信号的瞬时振幅并校准相位噪声，使合法通信双方能对 Eve 获取的信息量进行更准确的估计。

2. 密钥率分析

本节讨论基于光梳的多路并行 CVQKD 方案在高斯集体攻击下的安全性，为简便起见，假设 Eve 对每条支路的攻击都是独立的，因为每一条支路的正则分量信息都相互独立。因此，系统的总体密钥率可以表示为各支路密钥率之和，即

$$R_{\text{tot}} = \sum_k R_k \tag{3-35}$$

其中，k 表示支路序号，变化范围为 $(n_{\min}+1) \sim (n_{\max}-1)$，因为第一条支路 $n_{\min}$ 和最后一条支路 $n_{\max}$ 用于传输相位参考，不包含任何密钥信息；$R_k = f_{\text{rep}} K_k$ 表示第 k 条支路在集体攻击下的密钥率，f_{rep} 表示系统重复率，K_k 表示第 k 条支路的密钥率，定义为

$$K_k = \beta I_{AB} - \chi_{BE} \tag{3-36}$$

其中，β 表示协商效率，在本方案中为了便于讨论和计算，假设每条支路的协商效率都相等；I_{AB} 表示第 k 条支路中 Alice 和 Bob 之间的互信息量；χ_{BE} 表示 Eve 可以从第 k 条支路中获取的信息量的 Holevo 界。

本方案使用表 3-1 中列出的参数进行数值仿真，其中所有方差、噪声都已经归一化为散粒噪声单位，并且这些参数的取值与目前的实验技术水平相对应。为研究关键参数对密钥率和传输距离的影响，图 3-12 和图 3-13 给出了方案的预期总体密钥率在不同线宽 Δv、不同光梳重复率 f_r^s 下随传输距离的变化情况，其中 $\langle \hat{N}_{n_{\min}}^{\text{Alice}} \rangle / V_a$ 取能使密钥率最大的最佳值（若无特殊说明，下述内容中涉及该参数的取值均与此处相同），支路数目和消光比分别为 $N=15$，$R_e=60\text{dB}$。从图 3-12 中可知，光梳线宽的增加会使安全传输距离显著下降，因为增加 Δv 会导致各支路的色散走离噪声增加，从而使系统总体过噪声增加并影响传输距离。此外，图 3-13 中的安全距离也会受到光梳重复率 f_r^s 的影响，因为当光梳中心频率保持不变时，重复率越小意味着光梳最外两条导频梳线与各支路之间的频率差越小，它们之间的波长差也越小。在这种情况下，色散引起的各支路间延迟时间会缩短，从而使色散走离噪声降低。在密钥分发过程中，为获得更高的传输距离和频谱效率，光梳的线宽和重复频率越低越好，但在实际系统中，光梳的线宽和重复率都受到光梳产生技术的限制。除光梳的线宽和重复频率外，本节综合考虑系统的总体密钥率与调制方差 V_a、安全传输距离 L 之间的关系，并绘制了三维图，如图 3-14 所示。图 3-14（a）中不同颜色代表不同的密钥率值，并且其他相关参数分别设置为 $f_r^s=10\text{GHz}$、$\Delta v=100\text{kHz}$、$R_e=60\text{dB}$（若无特殊说明，下述内容中这些参数的取值均与此处相同）。从图 3-14 中可知，当梳线数目 N 分别等于 7、15 和 35 时，取得最高密钥率时对应的最优调制方差是不同的，并且梳线数越多，最优调制方差的值越大。图 3-14（b）为 $N=35$ 时图 3-14（a）的顶视图，图中黑色实线表示正密钥率和负密钥率之间的界限，实线上的部分表示密钥率为负的非安全区域，实线下的部分表示密钥率为正的安全区域。图 3-14 中显示，$N=35$ 时，令安全传输距离最远的调制方差值在 4 左右，因此最高密钥率对应的调制方差并不等于最远传输距离对应的调制方差，在不同梳线数目情

况下，需要综合考虑调制方差对密钥率和传输距离的影响，以选择一个最适用于实际情况的结果。图 3-15 所示为当 N 分别等于 7、15 和 35 时，系统的总体密钥率与单路 CVQKD 的比较结果，其中从上至下的实线分别对应 $N=35$、$N=15$ 和 $N=7$ 的情况，虚线对应单路 CVQKD 的情况。结果表明，随着 N 的增加，系统的总体密钥率显著提高，但同时最大传输距离也略有缩短，这是支路数目的增加导致处于最外两条支路的导频信号与量子信号在到达 Bob 时的时间差变大，从而使色散走离噪声增加，并降低传输距离。

表 3-1　密钥率分析中使用的全局参数取值

参数	V_{el}	η	β	ε	f_{rep}/MHz	D/[ps/(km · nm)]
取值	0.01	0.7	0.95	0.01	50	16

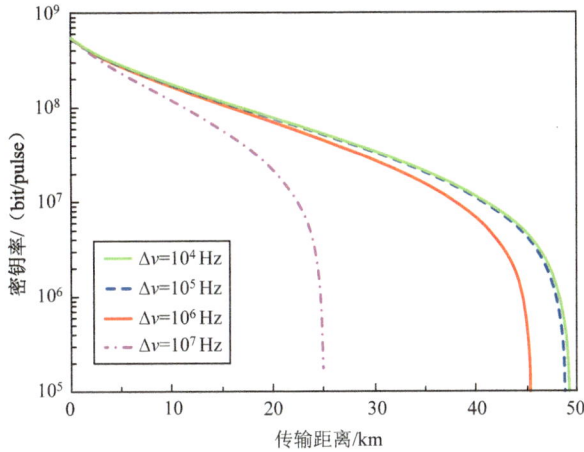

图 3-12　不同光梳线宽下系统总体密钥率与传输距离的关系

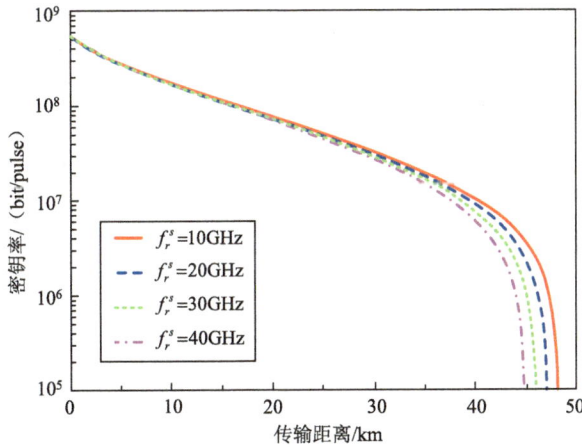

图 3-13　不同光梳重复率下系统总体密钥率与传输距离的关系

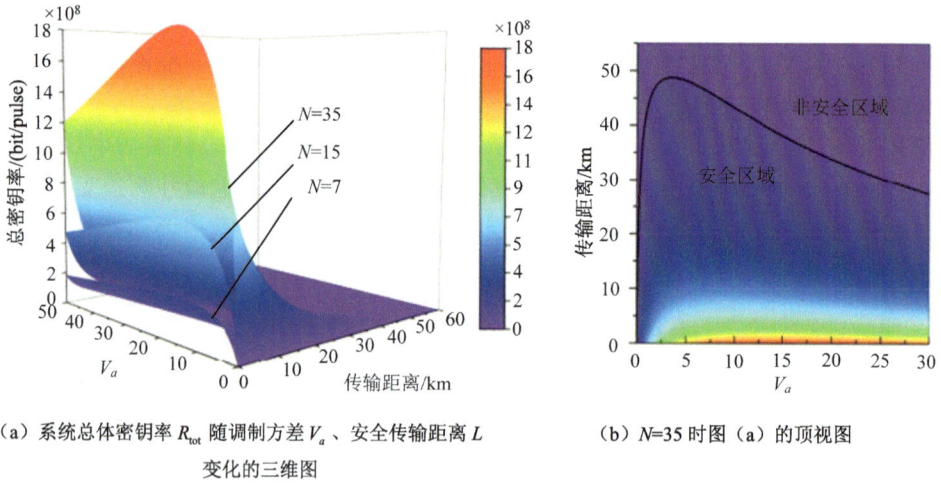

（a）系统总体密钥率 R_{tot} 随调制方差 V_a、安全传输距离 L 变化的三维图

（b）$N=35$ 时图（a）的顶视图

图 3-14　系统总体密钥率 R_{tot} 随调制方差 V_a、安全传输距离 L 变化的三维图及 $N=35$ 时图（a）的顶视图

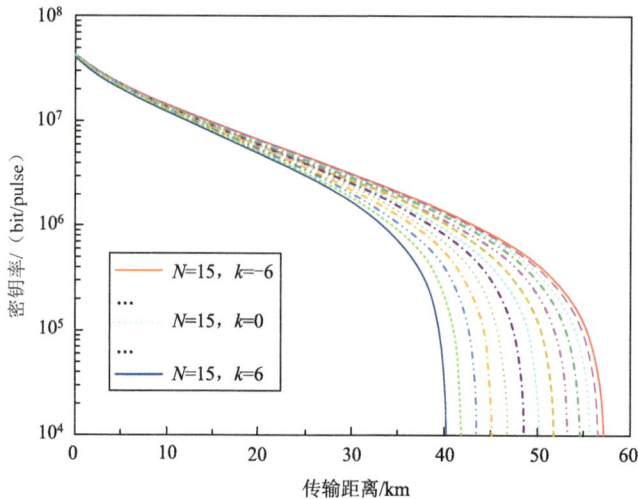

图 3-15　不同支路数目下系统的总体密钥率与单路 CVQKD 时的比较结果

　　除总体密钥率外，图 3-16 中也考虑了每一条量子信号支路的密钥率随传输距离 L 的变化情况，其中 $N=15$。从图 3-16 中发现，第一条和最后一条支路分别具有最长和最短的安全距离，并且随着支路序号的增加，安全距离逐渐缩短。这是因为每一条支路中的过噪声是不同的，并且支路序号 k 越大，过噪声越大，如图 3-11 所示。图 3-17 给出了当 $N=15$、$L=25$km 时，每一条量子信号支路的密钥率随调制方差 V_a 的变化情况。从图 3-16 中可知，对于各支路而言，取得最高密钥率时对应的调制方差取值范围是非常相近的，因此令各支路的调制方差相等并不会对系统性能造成太大影响，可以简化系统的实现过程。第一条和最后一条支路分别拥有最大和最小的密钥率，因此各支路的分析可以简化为对第一条和最后一条支路的分析，并由此推测其余支路的大致结果。图 3-18 中给出了 N 分别等于 7、15 和 35 时，第一条和最后一条量子信号支路的密钥比特率随

传输距离的变化情况。可以看到，在每种情况下，第一条支路的安全距离都是最远的，并且随着 N 的增加，第一条支路的安全距离略有增加，而最后一条支路的安全距离则显著减小。为定量分析本节所提出的方案在密钥率方面的提升效果，定义多路增益 G 来进行具体描述，即

$$G = \frac{R_{\mathrm{tot}}}{R_s} \tag{3-37}$$

其中，R_s 表示同样条件下单路 CVQKD 的密钥率。图 3-19 显示了当 N 分别等于 7、15 和 35 时多路增益 G 随安全传输距离 L 的变化情况。从图 3-19 中发现，随着传输距离 L 的增加，3 种情况下的多路增益值都越来越小，并在 L 接近最大传输距离时趋于零。但在传输距离为 35km 时，使用一对有 35 根梳线的光梳仍然可以使密钥率至少提升 20 倍。在距离为 30km 以内时，通过提升密钥率可以使方案的实际性能更接近理想值。

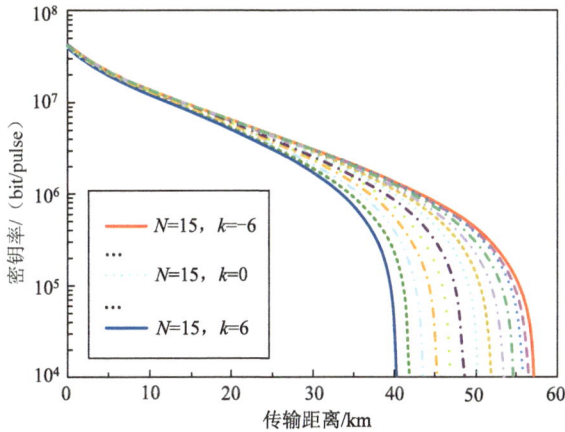

图 3-16　当 N=15 时，每一条量子信号支路的密钥率与传输距离的关系

注：图例从上到下顺序为图中从上到下顺序。

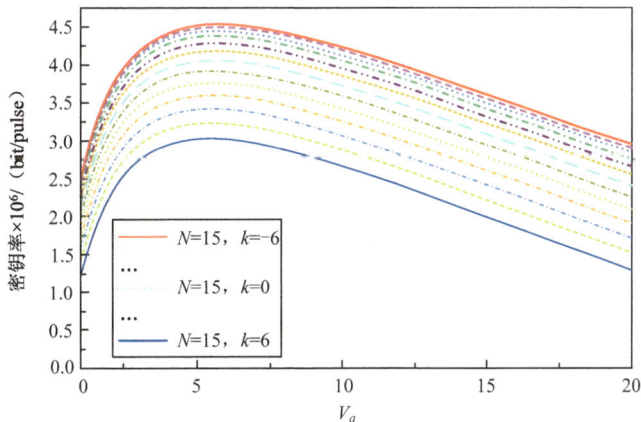

图 3-17　当 N=15 时，每一条量子信号支路的密钥率与调制方差 V_a 的关系

注：图例从上到下顺序为图中从上到下顺序。

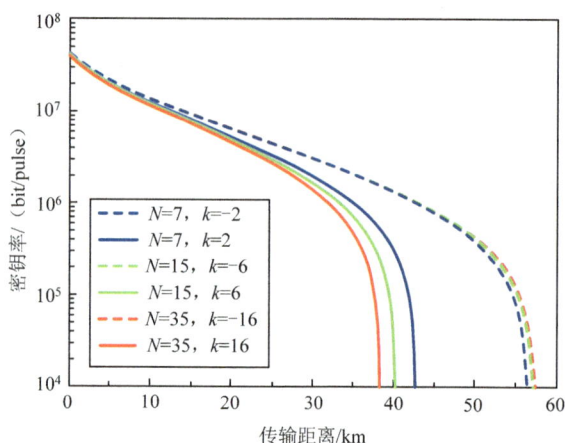

图 3-18 不同支路数目下第一条和最后一条量子信号支路的密钥率

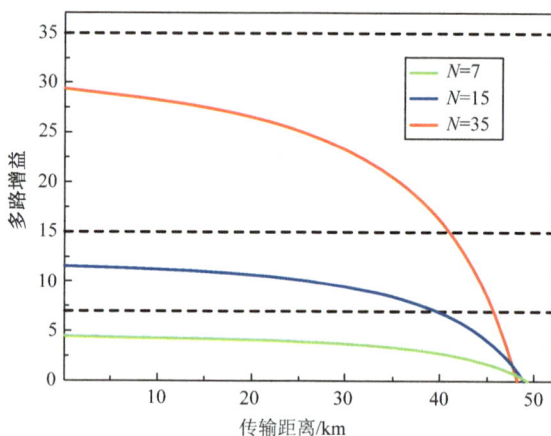

图 3-19 多路增益 G 随安全传输距离的变化情况

3.3 基于采样值补偿的高速率连续变量量子密钥分发方案

在高斯调制相干态 CVQKD 协议中，密钥率 R 通常由系统重复频率 f_{rep} 和单个脉冲的密钥率 K 来决定，因此提高密钥率的一个有效途径是提高系统重复频率。然而在实际系统中，接收端进行数据采集时用到的模数转换器（analog-to-digital converter，ADC）的采样带宽有限，使采样结果与实际的正则分量之间存在较大误差，不可避免地给系统引入额外过噪声。尤其是在系统重复频率较高时，这种误差会使密钥率不会随重复频率的增加持续增加，而是达到一个极大值后迅速下降。因此，模数转换器的有限采样带宽会严重降低系统的密钥率和传输距离，给系统带来难以预料的安全隐患。为解决该问题，Wang 等[60]提出一种双采样探测方案，用两个由同一电路触发的模数转换器同时对零差探测器的输出和本振光进行采样，使散粒噪声方差的实时测量结果与零差探测输出的采样结果相对应，从而保证 Bob 能估计到正确的信道参数。但是光电二极管和其他的光电元素之间存在差异，这种方法可能会使一个模数转换器的峰值与非峰值之比与另一个之间存在非线性效应，最终对参数估计结果产生影响。此外，Li 等[108]提出利用动态时延调节模块和统计功率反馈控制算法来解决有限采样带宽问题，统计采样数据功率生成相应的时延控制信号，使 Bob 在经过多步时延调节后能准确采集到每个脉冲的峰值。但是，这种方法需要进行多步时延调节才能取得较好的效果，可能会导致大量密钥的浪费，也会增加系统运行的时间成本。此外，这两种解决方案都需要在接收端增加额外器件，不可避免地增加系统的复杂性。针对这些问题，本节提出一种基于采样值补偿的 CVQKD 方案，通过对接收端采样结果的分析来判断采样值是否为峰值，并在未采到峰值时对采样结果进行补偿，使通信双方在后处理过程中能够正确估计信道参数，消除由有限采样带宽效应导致的安全性漏洞，也使密钥率与系统重复频率之间的线性关系不再受到不准确采样结果的限制。此外，这种方法可以直接在采样后的数据处理阶段完成，不需要增加任何额外设备，因此具有更高的可行性。本节详细叙述了采样值补偿的具体步骤，分析了在采样值补偿前后系统过噪声的差别，并讨论了方案在高斯集体攻击下的渐近安全性及有限长效应安全性。

3.3.1　有限采样带宽影响

在量子通信过程中，发送方 Alice 选择两组均值为 0、方差为 $V_X = V_A N_0$ 的、服从高斯分布的随机数，用振幅调制器和相位调制器将这两组数据分别编码在信号光脉冲的正则分量 X_A 和 P_A 上，得到相干态 $|X_A + iP_A\rangle$，并将它们同本振光一起通过偏振复用和时分复用发送给接收方 Bob。在接收端，偏振分束器将接收到的信号光和本振光分离，本振光接着被一个 $10\!:\!90$ 的分束器分离成两部分，一部分连接光电二极管用于监测本振光强度，另一部分与信号光干涉进行零差探测。本振光路上的相位调制器用于随机将相位调整 0 或 $\pi/2$ 来选择测量基。模数转换器以频率 f_{samp} 对零差探测器输出的模拟信号进行过采样，采样后的结果被送入数据后处理模块，以提炼最终的安全密钥。上述接收端设备结构如图 3-20 所示，图 3-20 中 PBS 表示偏振分束器，BS 表示光分束器，PM 表示相位调制器，PIN 表示光电二极管，ADC 表示模数转换器。

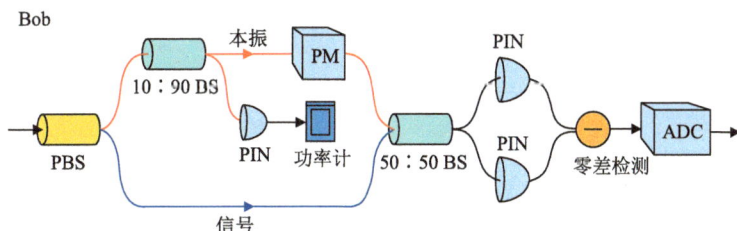

图 3-20　CVQKD 系统的接收端设备结构图

通常情况下，若光脉冲的持续时间大于零差探测器中光电二极管的响应时间，则量子态真正的正则分量值为探测器输出电脉冲的时域积分[109]，这需要对每个脉冲进行大量采样，以得到足够多的值进行积分，使后期的数据处理过程变得非常复杂。为简化系统实现过程，此处假设一种更简单的情况，即零差探测器的带宽远远高于脉冲重复频率，这时信号光场的正则分量值对应零差探测器输出模拟信号的峰值，并且探测前后的脉冲信号一般为高斯分布，波形函数如下：

$$r(t) = U_\mathrm{p}\mathrm{e}^{-\frac{(t-\mu)^2}{2\sigma^2}} \tag{3-38}$$

其中，U_p 表示脉冲峰值；μ 和 σ^2 分别代表均值和方差。值得注意的是，目前 CVQKD 领域探测器带宽可以达到吉赫兹水平，而脉冲重复频率在兆赫兹水平，因此这种假设是符合实际情况的。

理论分析中，通常认为接收端模数转换器的采样带宽是无限的，因此 Bob 总是可以准确采集到零差探测器输出脉冲的峰值，得到正确的正则分量结果。在这种情况下，系统的密钥率会随脉冲重复频率的增加呈线性增加，通过提高系统重复频率就能有效提升密钥率。然而在实际系统中，模数转换器的采样带宽是有限的，这会导致采样结果可能与真正的脉冲峰值之间存在偏差，如图 3-21 所示。

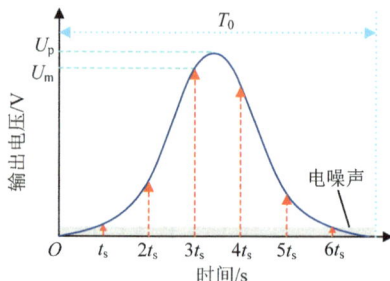

图 3-21 零差探测器输出脉冲的时域波形

在图 3-21 中，蓝色实线表示脉冲波形，红色带箭头的虚线表示采样位置，$T_0 = 1/f_\mathrm{rep}$ 表示脉冲持续时间，$t_\mathrm{s} = 1/f_\mathrm{samp}$ 表示采样间隔，U_p 和 U_m 分别表示单个脉冲时间内的实际脉冲峰值和最大采样值。从图 3-21 中可知，尽管在一个脉冲时间 T_0 内进行了多次采样，最大采样值 U_m 与脉冲峰值 U_p 之间仍然存在偏差。这种偏差会直接影响参数估计过程的准确性，进而降低密钥率和传输距离，并给系统带来一系列安全性问题。为了便于分析，令 $\mu = T_0/2$。当 $\mu = T_0/2$ 时，脉冲峰值和最大采样值之间的偏差 ΔU 满足如下不等式：

$$0 \leqslant \Delta U \leqslant U_\mathrm{p}\left[1 - \exp\left(-\frac{t_\mathrm{s}^2}{8\sigma^2}\right)\right] \tag{3-39}$$

可以得到 U_m 和 U_p 之比为

$$\exp\left(-\frac{8f_\mathrm{rep}^2}{f_\mathrm{samp}^2}\right) \leqslant \frac{U_\mathrm{m}}{U_\mathrm{p}} \leqslant 1 \tag{3-40}$$

其中，$\Delta U = U_\mathrm{p} - U_\mathrm{m}$。在这种情况下，Alice 和 Bob 对信道透射比和过噪声的估计值分别为

$$T_\mathrm{est} = k^2 T_\mathrm{act}, \varepsilon_\mathrm{est} = \varepsilon_\mathrm{act} - \frac{1-k^2}{\eta k^2 T_\mathrm{act}} \tag{3-41}$$

其中，$k = U_m/U_p$；η 为 Bob 端零差探测器的探测效率；T_{act} 和 ε_{act} 分别表示透射比和过噪声的实际值。式（3-41）说明，在没有采集到脉冲峰值时，Alice 和 Bob 会低估系统过噪声，且估计值与实际值之间的误差与系统重复频率 f_{rep} 和采样频率 f_{samp} 有关。

3.3.2　基于采样值补偿的 CVQKD 方案

3.3.1 节中讨论了有限采样带宽导致的不能准确采到脉冲峰值的问题，本节阐述解决这个问题的具体思路。在采样值补偿方案中，在接收端的模数转换器后引入一个数据处理模块，以实现对采样结果的实时监测与补偿。该模块在整个探测和采样过程结束后才开始工作，因此不会对微弱的量子信号产生任何影响。以往的方案中通常保留每个脉冲周期内的最大绝对值点，作为 Bob 测量的正则分量值来进行参数估计和密钥生成。在本节中，以图 3-21 为例，对于一个脉冲时间 T_0 内的所有采样值 $\{U_1, U_2, U_3, U_4, U_5, U_6\}$，不仅保留其最大值点 $U_m = U$，还保留与 U_3 相邻的两个采样值 U_2 和 U_4。由于采样时间间隔 t_s 是恒定不变的，根据高斯脉冲的对称性，当 U_m 为脉冲峰值时，其相邻两个采样值一定相等。因此可以得出：当 $U_2 = U_4$ 时，U_3 等于脉冲峰值 U_p；当 $U_2 = U_4$ 时，U_3 小于脉冲峰值 U_p。根据式（3-38），可以推导出如下关系式：

$$U_p - U_3 = U_p \left\{ \exp\left[-\frac{(t_3 + \Delta t - \mu)^2}{2\sigma^2} \right] - \exp\left[-\frac{(t_3 - \mu)^2}{2\sigma^2} \right] \right\} \tag{3-42}$$

其中，$\Delta t = t_p - t_3$，t_p 为脉冲峰值对应的采样时间，$t_3 = 3t$ 为最大采样值 U_3 对应的采样时间。将式（3-42）展开，可以进一步得到：

$$\Delta U = U_3 \left\{ \exp\left[-\frac{\Delta t^2 + 2t_3\Delta t - 2\Delta tu}{2\sigma^2} \right] - 1 \right\} \tag{3-43}$$

采样时间 t_3 延迟 Δt 后，刚好达到 t_p，这意味着 t_2 和 t_4 在同时延迟 Δt 后，得到的采样值一定相等。因此可得

$$U_p \exp\left[-\frac{(t_2 + \Delta t - \mu)^2}{2\sigma^2} \right] = U_p \exp\left[-\frac{(t_4 + \Delta t - \mu)^2}{2\sigma^2} \right] \tag{3-44}$$

展开式（3-44），并将 $t_4 = 4t_s$ 和 $t_2 = 2t_s$ 代入，可得

$$\Delta t = \frac{\sigma^2}{2t_s} \ln\frac{U_4}{U_2} \tag{3-45}$$

将式（3-45）代入式（3-43），可得最大采样值与脉冲峰值之间的偏差 ΔU。然后令

$$U_p^{est} = U_3 + \Delta U \tag{3-46}$$

即可得到对脉冲峰值 U_p 的估计值。

为证明方案的有效性，图 3-22 中对采样值补偿前和补偿后的采样位置进行了比较，其中蓝色曲线表示脉冲时域波形，红色圆点代表采样值。图 3-22（a）表示在不进行采样值补偿时，系统重复率为 120MHz、采样频率为 1GHz 情况下一串高斯脉冲的被采样情况。从图 3-22 中发现，尽管采样时间间隔 t_s 不变，但不同脉冲周期内采样点的位置是不同的，并且每个脉冲的最大采样值与脉冲峰值之间的差也不同。图 3-22（b）表示在进行采样值补偿后的采样情况。从图 3-22 中可以看到，在采样值补偿后每个脉冲的峰

值都能被准确获取。值得注意的是，在通用 CVQKD 方案中，系统重复频率 f_{rep} 通常在 50MHz 左右，此处为了使每个脉冲中最大采样值与脉冲峰值之间的差异更明显，取了一个较高的结果。此外，该方案基于每个脉冲周期内的 3 个采样值来实施采样值补偿，因此接收端模数转换器的采样频率必须大于 3 倍系统重复率。对目前的 CVQKD 系统而言，模数转换器的采样频率通常在吉赫兹级别，这完全能满足重复率为几十兆赫兹级别系统的采样要求。

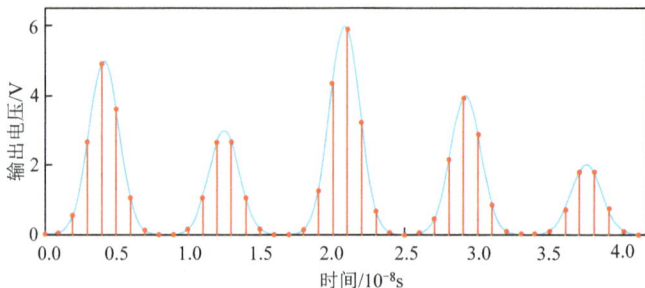

（a）有限采样带宽影响下的高斯脉冲时域采样情况

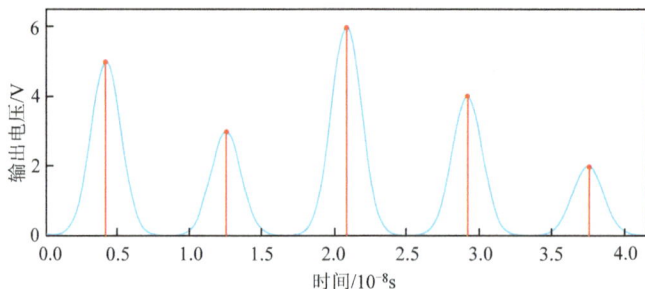

（b）经过采样值补偿后的高斯脉冲时域采样情况

图 3-22　高斯脉冲时域采样情况

3.3.3　过噪声分析

考虑到信道过噪声对系统的重要影响，本节分析采样值补偿前后系统的过噪声情况。在量子传输过程结束后，Alice 和 Bob 共享两个相关变量 x 和 y，其中 $x = \{x_1, x_2, \cdots, x_N\}$，$y = \{y_1, y_2, \cdots, y_N\}$，$N$ 表示传输的有效脉冲数目，并且 $N = m + n$。其中，m 表示这 N 对脉冲中有 m 对被随机选择用于估计信道参数，剩余的 n 对则用于生成最终密钥。变量 x 和 y 之间的关系[110]可以表示为

$$y = tx + z \tag{3-47}$$

其中，$t = \sqrt{\eta T}$；变量 z 表示系统的总噪声，服从均值为 0、方差为 $\sigma_z^2 = t^2 \xi + N_0 + V_{el}$ 的高斯分布，N_0 表示系统的散粒噪声方差，$V_{el} = v_{el} N_0$ 表示零差探测器的电噪声，$\xi = \varepsilon N_0$ 表示信道过噪声，这些参数都以它们各自的单位表示。在不考虑有限采样带宽影响的情况下，一般认为 Bob 总是能准确测量到脉冲峰值，则 x、y 与系统参数之间的关系可以表示为

$$\begin{cases} \langle x^2 \rangle = V_X, \langle xy \rangle = tV_X \\ \langle x^2 \rangle = t^2(V_X + \xi) + N_0 + V_{el} \end{cases} \tag{3-48}$$

最大似然估计量 $\hat{t}$、σ_z^2 可以表示为

$$\hat{t} = \frac{\sum_{i=1}^{m} x_i y_i}{\sum_{i=1}^{m} x_i^2}, \sigma_z^2 = \frac{1}{m} \sum_{i=1}^{m} (y_i - \hat{t} x_i)^2 \tag{3-49}$$

它们是相互独立的估计量, 并且满足如下分布:

$$\begin{cases} \hat{t} \sim N\left(t, \dfrac{\sigma_z^2}{\sum_{i=1}^{m} x_i^2} \right) \\ \dfrac{m\hat{\sigma}_z^2}{\sigma_z^2} \sim \chi^2(m-1) \end{cases} \tag{3-50}$$

其中, t 和 σ_z^2 分别表示 $\hat{t}$ 和 $\hat{\sigma}_z^2$ 的真实值, 当 N 足够大时, 可以得到它们的置信区间为

$$\begin{cases} t \in \left[\hat{t} - \Delta T, \hat{t} + \Delta T \right] \\ \sigma_z^2 \in \left[\hat{\sigma}_z^2 - \Delta \sigma_z^2, \hat{\sigma}_z^2 + \Delta \sigma_z^2 \right] \end{cases} \tag{3-51}$$

其中, $\Delta T = z_{\varepsilon_{PE}/2} \sqrt{\dfrac{\hat{\sigma}_z^2}{m V_A}}$, $\Delta \sigma_z^2 = z_{\varepsilon_{PE}/2} \dfrac{\hat{\sigma}_z^2}{\sqrt{m}}$, 且 $z_{\varepsilon_{PE}/2}$ 满足 $1 - \mathrm{erf}(z_{\varepsilon_{PE}/2}/\sqrt{2}) = \varepsilon_{PE}/2$, ε_{PE} 表示参数估计环节的失败概率; $\mathrm{erf}(x)$ 为误差函数。基于式 (3-49) 中的估计量, 可以得到信道透射比和过噪声分别为

$$T = \frac{\hat{t}^2}{\eta}, \xi = \frac{\hat{\sigma}_z^2 - N_0 - V_{el}}{\hat{t}^2} \tag{3-52}$$

然而, 当考虑有限采样带宽影响时, 式 (3-48) 需要被改写[60]为

$$\begin{cases} \langle x^2 \rangle = V_X, \langle xy_{f_{sb}} \rangle = kt_{f_{sb}} V_X \\ \langle y^2_{f_{sb}} \rangle = k^2 t^2_{f_{sb}} (V_X + \xi_{f_{sb}}) + k^2 N_0 + V_{el} \end{cases} \tag{3-53}$$

其中, $y_{f_{sb}}$、$t_{f_{sb}}$ 和 $\xi_{f_{sb}}$ 分别表示在有限采样带宽影响下对应参数的实际值。结合式 (3-53) 和式 (3-48), 可得有限采样带宽影响下的信道透射比和过噪声为

$$T_{f_{sb}} = \frac{1}{k_2} T, \varepsilon_{f_{sb}} = \varepsilon + \frac{1-k^2}{k^2 t^2} \tag{3-54}$$

其中, T 和 ε 分别表示不受有限采样带宽影响时的信道参数。若基于本节提出的方案进行采样值补偿, 由于补偿后的最大采样值 $U'_m = U_p$, 即 $k = U'_m/U_p = 1$, 可得此时信道参数应为

$$T_{svc} = T, \varepsilon_{svc} = \varepsilon \tag{3-55}$$

图 3-23 所示为当 ε 分别为 0.01、0.02 和 0.04 时, 系统的实际过噪声在采样值补偿前和采样值补偿后随重复频率的变化情况。图中 SVC 表示采样值补偿 (sampling value compensation, SVC), 实线表示采样值补偿前的过噪声 $\varepsilon_{f_{sb}}$, 虚线表示采样值补偿后的

过噪声 ε_{svc}。在计算 $\varepsilon_{f_{sb}}$ 时，令 $k = \exp(-8f_{rep}^2/f_{samp}^2)$（若无特殊说明，下述内容中 k 的取值与此处相同）。从图 3-23 中可以发现，在采样值补偿前，系统的过噪声会随重复频率的增加而显著增加，这会严重限制重复频率的取值上界，从而限制密钥率和传输距离的提升；在进行采样值补偿后，系统过噪声不再受重复频率的影响，并且在不同重复率取值下都保持恒定。

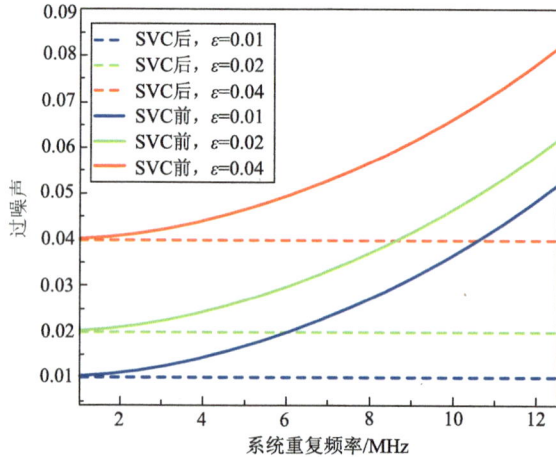

图 3-23　采样值补偿前的过噪声 $\varepsilon_{f_{sb}}$ 和采样值补偿后的过噪声 ε_{svc} 随系统重复频率的变化

3.3.4　安全性分析

本节讨论系统在采样值补偿前后两种情况下的密钥率，包括渐近密钥率与有限长密钥率。其中，渐近密钥率是最常用的密钥率，能比较直观地反映方案效果，它得到的只是理想情况下的最佳值，而有限长密钥率则进一步考虑了参数估计程的不确定性，对密钥率的估计更切合实际情况。在计算密钥率的过程中，涉及的全局仿真参数如表 3-2 所示，其中所有方差、噪声都已经归一化为散粒噪声单位。

表 3-2　安全性分析中涉及的全局参数取值

参数	V_A	V_{el}	η	β	f_{samp} /GHz	ε	m
数值	20	0.01	0.6	0.95	1	0.01	$N/2$

首先，分析渐近密钥率的情况。图 3-24 所示为在系统重复频率 f_{rep} 分别为 10MHz、20MHz 和 30MHz 时，系统的渐近密钥率随传输距离的变化情况。其中，实线表示采样值补偿后的结果，虚线表示采样值补偿前的结果。从图 3-24 中发现，在同样的重复频率下，采样值补偿后方案的安全传输距离远远高于采样值补偿前的距离，并且重复频率越高，这种差异越明显。在不同的重复频率下，采样值补偿后系统的密钥率随着重复频率的增加而显著增加，并且传输距离不受影响；采样值补偿前系统的密钥率虽然也会随着重复频率的增加而增加，但安全传输距离却大幅缩短。这是因为，在不进行采样值补偿时，系统重复频率的提高会导致系统过噪声增加，从而降低安全传输距离。图 3-25 所示为在不同传输距离 L=30km、40km 和 50km 时，渐近密钥率随系统重复频率的变化

情况。显然，在采样值补偿前，系统的密钥率随重复频率的增加呈先增加后减小的趋势，在达到一个最大值后迅速下降，这说明系统重复频率越高，有限采样带宽对系统的影响越严重，并且采样值补偿前传输距离越近，密钥率的下界越高，其到达最大密钥率时对应的系统重复频率也越高，这是因为距离越近时系统对过噪声的容忍度越大，受有限采样带宽的影响较小。在采样值补偿后，系统的密钥率随着重复频率的增加成正比持续增加，这说明提出的采样值补偿方案消除了有限采样带宽对密钥率和系统重复频率之间线性关系的限制。从理论角度而言，在采样值补偿方案中，只要提高系统重复频率就能使密钥率无限增长，但在实际情况中，系统重复频率、零差探测器带宽及模数转换器的采样能力等都会受到现有实验技术水平的限制。

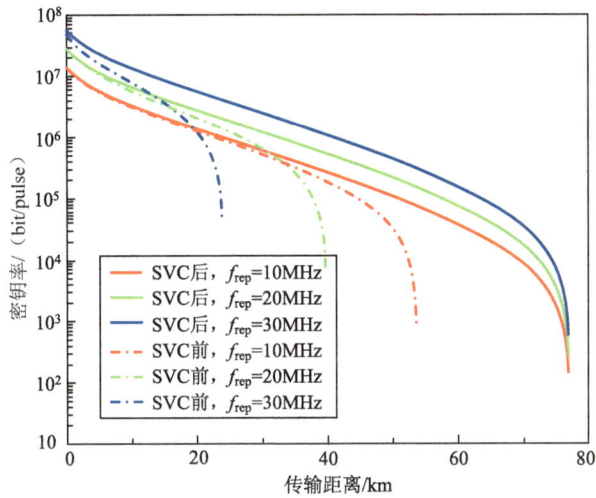

图 3-24　不同系统重复频率下密钥率随传输距离的变化

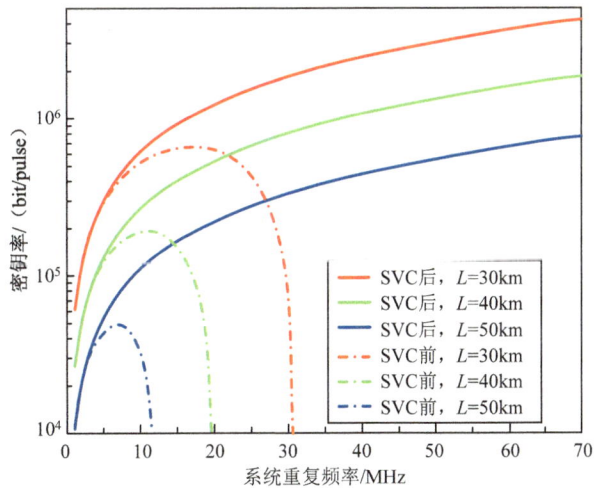

图 3-25　不同传输距离下密钥率随系统重复频率的变化

为了综合分析方案性能，本节也考虑了有限长效应下的密钥率随传输距离的变化趋势，如图 3-26 所示，其中从左至右不同颜色的实线分别对应采样值补偿后 N 为 10^8、10^{10}

和 10^{12} 的情况，相应颜色的虚线则对应采样值补偿前的情况。从图 3-26 中发现，在进行采样值补偿和不进行采样值补偿两种情况下，方案的安全传输距离都会随着脉冲数目 N 的增加而增加，较大的脉冲数目使可以用于估计信道过噪声和透射比的数据量多，从而 Alice 和 Bob 对它们的估计误差更小，传输距离也有所提升。在不同的 N 取值下，采样值补偿方案对传输距离的提升效果不同，当 N 越大时，方案的提升效果越好。

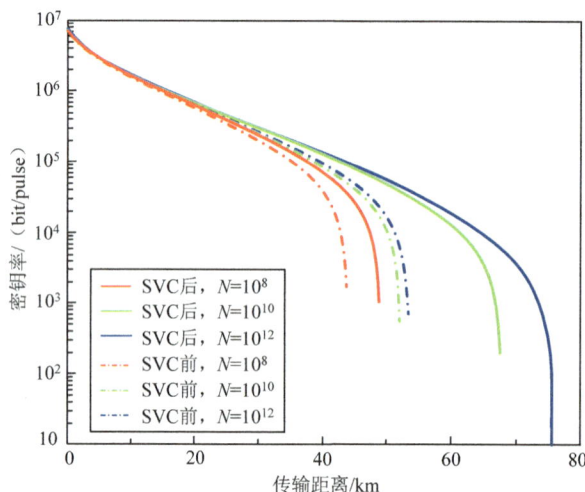

图 3-26 有限长效应下的密钥率随传输距离的变化

这是因为 N 越大参数估计误差越小，则由参数估计误差导致的过噪声越小，此时系统中有限采样带宽引起的过噪声占比更多，基于采样值补偿可以消除有限采样带宽影响，使传输距离提升更大。为了进一步证明本节方案在提升密钥率方面的有效性，定义密钥率增益 G，表示为

$$G = \frac{R_{svc}}{R_{fsb}} \tag{3-56}$$

其中，R_{svc} 表示采样值补偿后系统的密钥率；R_{fsb} 表示采样值补偿前受有限采样带宽影响的密钥率。图 3-27 所示为在系统重复频率 f_{rep} 分别为 10MHz、20MHz 和 40MHz 时，密钥率增益 G 随传输距离的变化情况。从图 3-27 中可知，在重复频率较小的近距离传输中，密钥率增益并不明显。这是因为，当近距离通信中系统对过噪声的容忍度比较高，并且 Bob 的模数转换器在重复频率较小时更易采到脉冲的峰值，因此在这种情况下是否进行采样值补偿差别并不大。随着重复频率和传输距离的增加，有限采样带宽对系统的影响变大，密钥率增益也更加显著。尤其，当重复频率为 40MHz 时，密钥率增益在传输距离为 20km 时接近 5，这说明此时采样值补偿方案使密钥率提升了将近 5 倍。图 3-28 所示为在传输距离分别为 30km、40km 和 50km 时，密钥率增益 G 随系统重复频率的变化情况。从图 3-28 中可知，当传输距离越远时，密钥率增益越显著。在系统重复频率为 10MHz、传输距离为 50km 的条件下，密钥率增益可以达到 4 左右。值得注意的是，为使密钥率增益的变化趋势更清晰，图 3-27 和 3-28 给出了取值在 0～15 的增益情况，实际中该增益可以达到几十，甚至更高。

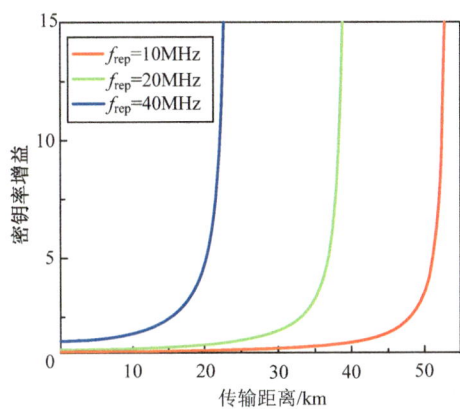

图 3-27 采样补偿后的密钥率增益随
传输距离的变化

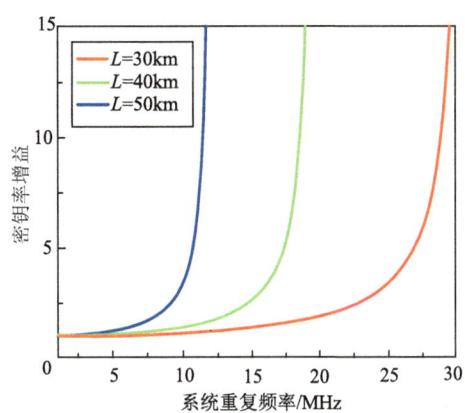

图 3-28 采样补偿后的密钥率增益随系统
重复频率的变化

第 4 章　远距离连续变量量子密钥分发方案

基于连续变量进行的 QKD 系统，以及传输距离较短的问题，为提升系统总体性能，促进 CVQKD 技术的实用化发展，本章对远距离的 CVQKD 进行研究并提出 3 个 CVQKD 方案。

4.1　基于减光子的连续变量量子密钥分发方案

适当的减光子操作能被用来提升在点对点的量子通信中 CVQKD 的传输距离。然而，在实际量子网络中，纠缠源有可能置于第三方不可信方，并且由恶意的窃听者操作和控制，减光子操作需要解决在这一网络下提高传输距离的问题。本节给出了一个解决方案，即利用减光子的非高斯操作来增强基于纠缠模型的 CVQKD 性能。通过增加信噪比，减光子不仅能够延长最大通信距离，而且在现有的技术条件下能够轻松部署。安全性分析表明，在纠缠源置于信道中的（entanglement source in the middle，ESIM-based）CVQKD 中应用减光子操作，在无论是正向协商或是反向协商的情形下，都能有效地增加安全传输距离，即使纠缠源是由不受信任的第三方攻击者产生。此外，该方案能够抵御 ESIM 框架下所特有的内部源攻击。

根据第 1 章内容可知，目前主要有两种实现 QKD 的方法，即 DVQKD 和 CVQKD。在第一种方法中，一般用单光子的偏振态来传输密钥比特的信息[111]。不同于 DVQKD，CVQKD 中的 Alice 将密钥比特信息编码在光场相空间的两个正交分量（x 和 p）上，同时接收者 Bob 通过高速高效率零差检测器或者外差检测器恢复 Alice 所传输的密钥比特信息[27]。CVQKD 技术能被目前大部分标准通信技术兼容，并且采用高斯调制的相干态协议在防御任意形式的集体攻击的情况下已经被证明是安全的[29,33,66]，其安全性在有限长效应的影响下和渐近密钥率场景下都是最优的。以上提到的优点使 CVQKD 系统更加有潜力应用到实际中。然而，CVQKD 的最大传输距离远不如 DVQKD。原因在于，在高斯调制下，Alice 和 Bob 在非常低的信噪比条件下维持一个由连续变量调制的密钥是非常困难的，特别是在传输距离越来越长的情况下。目前，有两种解决方案可以考虑：一种是设计合适且高效的可以工作在低信噪比环境下的密钥协商算法，并且优化各种实验参数[90]；另一种是提出一种性能更优秀的 CVQKD 算法来进行量子密钥的分发[112]。目前，已经有许多研究致力于解决 CVQKD 技术传输距离过短的缺点，从而提升它的性能。例如，人们已经从理论和实验上证明了非高斯操作，如减光子操作[113]可以提升 CVQKD 系统的传输距离[114]。更吸引研究者的地方是，减光子操作能够在现有的技术条件下实现。另外，与传统 DVQKD 协议一样，CVQKD 将纠缠源置于信道中间也可以提升系统的性能[115-116]。受到上述这些优点的启发，本节提出了一种利用合适的减光子操作来提高纠缠源置于信道中间的 ESIM-based CVQKD 系统性能的方案。通过本节方案，不仅能够在保证比传统高斯调制的 CVQKD 系统具有更高密钥率的前提下增大传输距离，而且能够有效地防御来自窃听者 Eve 的攻击。即使纠缠源完全被 Eve 控制，本节提出的方案仍然能够在合法通信双方 Alice 和 Bob 的两端产生安全密钥。此外，安全性分析揭示了在某些特定场景下协议之间的等价关系。例如，当用零差检测来测量双模压缩态时，将减光子操作置于 Alice 端的正向协商协议的性能等价于将减光子操作置于 Bob 端的反向协商协议的性能。这说明，即使纠缠源由窃听者控制和产生，ESIM-based CVQKD 协议下的减光子操作无论是在正向协商还是在反向协商中都能提高量子密钥的最大传输距离。

4.1.1　ESIM-based CVQKD 系统中的减光子操作

在将纠缠源置于传输信道中间甚至由 Eve 所控制[116]的网络模型中时，双模压缩真空态的纠缠度能够通过执行合适的减光子操作来增强，从而增加 CVQKD 系统的最大传输距离。为保持推导过程的完整性，首先描述高斯调制 ESIM-based CVQKD 协议模型，然后再将非高斯减光子操作加入模型中。

1. 纠缠源置于信道中间

如图 4-1 所示（除去图中绿色方块），双模压缩态（EPR 纠缠对）用于制备量子密钥[117]。通常，EPR 纠缠对由发送者 Alice 或者可信任的第三方 Charlie 制备。然而，从窃听者的角度来看，假设 Eve 也可以控制和制备任意的 EPR 纠缠源。因为高斯攻击可以最大化窃听者可以取得的信息量[118]，所以进一步假设纠缠源是高斯的。Eve 可以将 Alice 和 Bob 之间的信道替换成他自己的量子信道，并且通过两个透射比分别为 T_1 和 T_2 的分束器来模拟信道损耗。需要注意的是，当 $T_1 = T_2$ 时，纠缠源置于信道的正中间即对称信道；当 $T_1 = 1$ 时，该模型变成传统的由 Alice 制备 EPR 对的 CVQKD 模型。

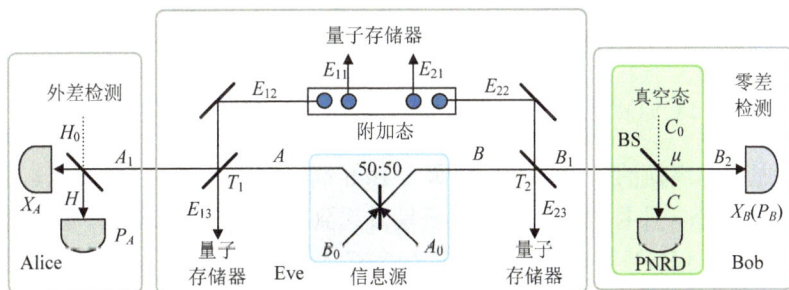

图 4-1　ESIM-based CVQKD 协议中的非高斯操作

注：Alice 利用外差检测器测量 EPR 纠缠对中的一个模，同时 Bob 利用零差检测器测量 EPR 纠缠对的另一个模。Eve 在纠缠源两边的传输信道上发起纠缠克隆攻击。图中蓝色方块表示 ERP 纠缠源、绿色方块表示减光子模块、PNRD 表示光子数量检测器。

图 4-1 中蓝色方块表示 Eve 所控制的 EPR 态 $|\psi\rangle_{AB}$，它由两个单模压缩真空态 $|z\rangle$ 和 $|-z\rangle$ 混合产生，即

$$|z_i\rangle = \hat{S}_i(z)|0\rangle \tag{4-1}$$

其中，$S_i(z)$ 为压缩算符，则有

$$\hat{S}_i(z) = \exp\left[-\frac{z(\hat{\alpha}_i^2 - \hat{\alpha}_i^{\dagger 2})}{2}\right] \tag{4-2}$$

其中，z 是压缩参数；$\hat{\alpha}$ 和 $\hat{\alpha}_i^\dagger$ 分别表示作用于模 i 上的湮灭和产生算符。两个单模压缩真空态通过一个平衡分束器干涉可以看作一个双模压缩算符作用在两个真空态上，即

$$|\Psi_{AB}\rangle = \hat{S}_{AB}(-z)|0_A\rangle|0_B\rangle = \delta\sum_{n=0}^{\infty}\lambda^n|n,n\rangle \tag{4-3}$$

其中，$\hat{S}_{AB}(-z) = \exp\left[-z(\hat{\alpha}_A^\dagger\hat{\alpha}_{iB}^\dagger - \hat{\alpha}_A\hat{\alpha}_B)\right]$，$\delta = \sqrt{1-\lambda^2}$，$\lambda = \sqrt{\dfrac{V-1}{V+1}}$，$|m,n\rangle = |m_A\rangle \otimes |n_B\rangle$，$\{|n_{neN}\rangle\}$ 表示光子数态（fock state），V 为纠缠态中每个模的对称方差，即 $V = V(A) = V(B)$。

假设 Eve 进行集体高斯攻击，该攻击已经被证明是在正向协商和反向协商下的最优攻击。Eve 在信道两边制备其辅助态，两边的每一个辅助模都独立地与发送给 Alice 和 Bob 的单个脉冲进行干涉，干涉后的混合态为

$$\rho_{AE_1BE_2} = \sum_{a,b}[P(a)|a\rangle\langle a|\otimes\Psi_{AE_1}^a \oplus \sum_{a,b}P(b)|b\rangle\langle b|\otimes\Psi_{BE_1}^b]^{\otimes n} \tag{4-4}$$

Eve 利用一种称为纠缠克隆的攻击[118-119]来发动集体高斯攻击。具体而言，Eve 通过制备方差为 $W_i(i=1,2)$ 的辅助态 $|E_i\rangle$ 将信道替换成透射率为 T 过噪声为 ε 与输入 χ 有关的攻击信道，其中 W_i 的值根据真实的信道噪声 $\chi = 1/T - 1 + \varepsilon$ 进行调整和匹配。需要注意的是，对于纠缠源置于信道中间的模型，这两个相关的分束器攻击是对称的，即 $T = T_1 = T_2$。然后，Eve 保留 $|E_i\rangle$ 中的一个模 E_{i1}，并将另一个模 E_{i2} 发送到各自分束器未使用的一端，由此 Eve 可以获得输出模 E_{i3}。在对每一个脉冲重复上述过程后，Eve 将其辅助模 E_{i1} 和 E_{i3} 存储到量子寄存器中。最后，若 Alice 和 Bob 公布经典通信信息，Eve 即可在准确的正交分量上测量模 E_{i1} 和 E_{i3}，并且 E_{i3} 所引入的噪声可以被 E_{i1} 的测量结果降低。

2. ESIM-based CVQKD 的减光子操作

首先考虑将非高斯的减光子操作部署在 Bob 端的方案。如图 4-1 所示，在 Eve 制备了一个 EPR 纠缠态，并且把它的两个模分别发送到 Alice 和 Bob 端后，Bob 利用一个透射比为 μ 的分束器（BS）将进入模 B_1 和真空态 C_0 分离成模 B_2 和模 C。对于整个系统的输出态 $|\Psi_{A_1B_1}\rangle$ 而言，它可以看作一个经过转换 EPR 态。因此，由此而得的三体态 $\rho_{A_1CB_2}$ 可以表示为

$$\rho_{A_1CB_2} = U_{BS}\left[|\Psi\rangle_{A_1B_1}\langle\Psi|_{A_1B_1}\otimes|0\rangle\langle 0|\right]U_{BS}^{\mathrm{T}} \tag{4-5}$$

其中，U_{BS} 代表与分束器（BS）相关的幺正算符。

光子数量检测器（PNRD）通过应用 POVM 算符 $\hat{\Pi}_0\hat{\Pi}_1$ 来测量模 C。减光子数 k 由 $\hat{\Pi}_1 = |k\rangle\langle k|$ 来决定。只有当 POVM 元素 $\hat{\Pi}_1$ 命中（click）时，Alice 和 Bob 才保留 A_1 和 B_2。所得到的减光子态 $\rho_{A_1B_1}^{\hat{\Pi}_1}$ 的计算公式如下所示：

$$\rho_{A_1 B_2}^{\hat{\Pi}_1} = \frac{\text{tr}_C \left(\hat{\Pi}_1 \rho_{A_1 CB_2} \right)}{\text{tr}_{A_1 CB_2} \left(\hat{\Pi}_1 \rho_{A_1 CB_2} \right)} \tag{4-6}$$

其中，$\text{tr}_X(\cdot)$ 为多模量子态的部分迹；$\text{tr}_{A_1 CB_2} \left(\hat{\Pi}_1 \rho_{A_1 CB_2} \right)$ 为成功减掉 k 个光子的概率，它的计算公式如下：

$$\rho^{\hat{\Pi}_1}(k) = \text{tr}_{A_1 CB_2} \left(\hat{\Pi}_1 \rho_{A_1 CB_2} \right) = \delta^2 \frac{\lambda^2 \left[(1-\mu) \right]^k}{\left(1 - \mu \lambda^2 \right)^{k+1}} \tag{4-7}$$

通过分束器后，减光子态可由 $\rho_{A_1 CB_2} = |\phi\rangle\langle\phi|$ 表示，其中

$$|\varphi\rangle = U_{BS} |\Psi\rangle_{A_1 B_1} \otimes |0\rangle = \delta \sum_{N=0}^{\infty} \sum_{m=0}^{n} \lambda^n \sqrt{C_n^m \mu^{n-m} (1-\mu)^m} |n, m, n-m\rangle \tag{4-8}$$

值得注意的是，态 $\rho_{A_1 B_2}^{\hat{\Pi}_1}$ 已经不再服从高斯分布，其纠缠度随着减光子操作的引入而增加[120]。

对 EPR 纠缠态中的一个模进行外差检测会使 EPR 纠缠态中的另一个模转变为相干态，而相干态的制备在实验中是比较方便实现的[121]，因此本节仅考察发送端采用外差检测，接收端采用零差检测的情形。假设 x_A 和 p_B 是模 A_1 通过外差检测的结果，x 是模 B_2 通过零差检测的结果，则 $\rho_{A_1 B_2}^{\hat{\Pi}_k}$ 态的协方差矩阵 $\Pi_{A_1 B_2}^{(k)}$ 如下

$$\Pi_{A_1 B_2}^{(k)} = \begin{bmatrix} a\boldsymbol{I}_2 & c\boldsymbol{\sigma}_z \\ c\boldsymbol{\sigma}_z & b\boldsymbol{I}_2 \end{bmatrix} \tag{4-9}$$

其中，

$$\begin{cases} a = \dfrac{\mu\lambda^2 + 2k + 1}{1 - \mu\lambda^2} \\[2mm] b = \dfrac{\mu\lambda^2 (2k+1) + 1}{1 - \mu\lambda^2} \\[2mm] c = \dfrac{\sqrt{\mu}\lambda(k+1)}{1 - \mu\lambda^2} \end{cases} \tag{4-10}$$

需要注意的是，减光子操作模块（图 4-1 中绿色方块）也可以部署在 Alice 端，得到不同的协方差矩阵。由于 ESIM-based CVQKD 的对称性，因此能够通过转换公式[式（4-10）]中的 $a \leftrightarrow b$ 来获得不同的协方差矩阵。

4.1.2　方案的渐近密钥率计算

以 Alice 端进行外差检测、Bob 端进行零差检测为例，给出 ESIM-based CVQKD 渐近密钥率的计算方法。非高斯操作后所得到的态 $\rho_{A_1 B_1}^{\hat{\Pi}_1}$ 不再服从高斯分布，因此不能直接利用传统的高斯分布 CVQKD 计算非高斯系统的渐近密钥率。根据高斯量子态的极限[122]，非高斯态 $\rho_{A_1 B_2}^{\hat{\Pi}_1}$ 的渐近密钥率小于高斯态 $\rho_{A_1 B_2}^{G}$ 的渐近密钥率，并且二者拥有相同的协方差矩阵。因此，集体攻击下渐近密钥率的下界的计算公式为

$$K = P^{\hat{\Pi}_1} \left[\beta I(A_1 : B_2) - \chi_E \right] \tag{4-11}$$

其中，β 为协商效率；$I(A_1 : B_2)$ 为 Alice 和 Bob 之间的 Shannon 互信息量；χ_E 为 Eve 的信息量，在正向协商中是 Alice 和 Eve 之间的互信息量的 Holevo 限 $S(A_1 : E)$[102]，在反向协商中是 Bob 和 Eve 之间的互信息量的 Holevo 界限 $S(B_2 : E)$，并假设 Alice 和 Bob

的检测器是完美的。首先，考虑 ESIM-based CVQKD 不加减光子操作的情形。假设 $\rho_{A_1B_1}^G$ 为 ESIM 模型下的高斯态，其协方差矩阵为

$$\Pi_{A_1B_1}^G = \begin{bmatrix} (T_1V + (1-T_1)W_1)I_2 & \sqrt{T_1T_2(V^2-1)}\sigma_z \\ \sqrt{T_1T_2(V^2-1)}\sigma_z & (T_2V + (1-T_2)W_2)I_2 \end{bmatrix} \quad (4\text{-}12)$$

其中，$W_i = T_i\chi_i/(1-T_i)$ 为关于输入 $\chi_i = 1/T_i - 1 + \varepsilon$ 的加性噪声。经过减光子操作后，可以得到式（4-9）给出的非高斯协方差矩阵。此时，Alice 和 Bob 之间的互信息量的计算公式如下：

$$I(A_1:B_2) = \frac{1}{2}\log_2\left(\frac{a+1}{a+1-\frac{c^2}{b}}\right) \quad (4\text{-}13)$$

下面详细说明在正向和反向协商下 χ_E 的分别计算过程。

1. 正向协商情形下的渐近密钥率计算

对于给定的 Alice 的测量结果，Eve 和 Alice 之间的互信息量可以表示为

$$S(A_1:E) = S(E) - S(E|A_1) \quad (4\text{-}14)$$

由于 Eve 可以纯化 Alice 和 Bob 的密度矩阵，得到 $S(E) = S(A_1B_2)$，该等式是矩阵 $\Gamma_{A_1B_2}^{(k)}$ 的辛特征值 $v_{1,2}$ 的函数，其计算公式为

$$S(A_1B_2) = G\left(\frac{v_1-1}{2}\right) + G\left(\frac{v_2-1}{2}\right) \quad (4\text{-}15)$$

其中，

$$G(x) = (x+1)\log_2(x+1) - x\log_2 x \quad (4\text{-}16)$$

为 Von Neumann 熵，辛特征值 $v_{1,2}$ 的计算公式如下：

$$v_{1,2}^2 = \frac{1}{2}\left(\Delta \pm \sqrt{\Delta^2 - 4D^2}\right) \quad (4\text{-}17)$$

其中，$\Delta = a^2 + b^2 - 2c^2$；$D = ab - c^2$。随后，在 Alice 对 x_A（同样对 p_B）进行投影测量后，态 B_2HE 是纯态，因此有 $S(E|x_A) = S(B_2H|x_A)$，其中 H 是 Alice 的辅助模用来进行外差检测。条件 von Neumann 熵的计算公式如下：

$$S(B_2H|x_A) = G\left(\frac{v_3-1}{2}\right) + G\left(\frac{v_4-1}{2}\right) \quad (4\text{-}18)$$

其中，

$$v_{3,4}^2 = \frac{1}{2}\left(A \pm \sqrt{A^2 - 4B^2}\right) \quad (4\text{-}19)$$

其中，$A = (a + bD + \Delta)/(a+1)$，$B = D(b+D)/(a+1)$。

因此，正向协商下的渐近密钥率的计算公式如下：

$$K_{DR} = P^{\hat{T}_1}\left[\beta I(A_1:B_2) - (S(A_1B_2) - S(B_2H|:x_A))\right] \quad (4\text{-}20)$$

2. 反向协商情形下的渐近密钥率计算

Bob 进行零差检测后，Eve 纯化整个量子系统，使 Eve 和 Bob 之间的互信息量为

$$S(B_2 : E) = S(E) - S(E \mid B_2) = (S(A_1 B_2) - S(A_1 \mid B_2)) \tag{4-21}$$

其中，$S(A_1 \mid B_2) = G\left(\dfrac{v_5 - 1}{2}\right)$ 是模 A_1 在经过 Bob 零差检测之后的协方差矩阵的辛特征值 v_5 的函数，与正向协商的情形相同，即

$$\gamma_{A_1^{x_b}} = \gamma_{A_1} - \sigma_{A_1 B_2}^{\mathrm{T}} (X \gamma_{B_2} X)^{\mathbf{MP}} \sigma_{A_1 B_2} \tag{4-22}$$

其中，**MP** 表示广义逆矩阵；$\sigma = \mathrm{diag}(1, -1)$；$X = \mathrm{diag}(1, 0, \cdots, 1, 0)$

$$v_5^2 = a^2 - \frac{ac^2}{b} \tag{4-23}$$

因此，反向协商下的渐近密钥率的计算公式如下：

$$K_{RR} = P^{\hat{\Pi}_1}\left[\beta I(A_1 : B_2) - (S(A_1 B_2) - S(A_1 \mid B_2))\right] \tag{4-24}$$

4.1.3　方案的性能分析及讨论

通过数值模拟计算给出 ESIM-based CVQKD 在正向协商和反向协商下的渐近密钥率。值得注意的是，减光子模块（图 4-1 中绿色方块部分）也可以布置在 Alice 端，从而在 Alice 进行外差检测和 Bob 进行零差检测的固定条件下可以形成 4 种情况，因为减光子模块和协商方式可以随意转换。每个信道损耗都存在分束器（BS）的一个最优的透射率 μ，使协议能够达到最大密钥率。如图 4-2 所示，4 张主图所示为最大密钥率在所有可能的最优透射率 μ 下随信道损耗的变化，每张主图的子图表示分束器（BS）的最优透射率随信道损耗的变化。

首先分析整体的情况。对于 4 张主图而言，黑色虚线表示没有部署减光子模块下的 ESIM-based CVQKD 渐近密钥率［图 4-2（a）和（b）表示正向协商，图 4-2（c）和（d）表示反向协商］。黑色虚线的性能在高信道损耗区域不如部署了减光子模块的 ESIM-based CVQKD 优秀（除了绿色点虚线在正向协商的情形下）。这表明，减光子，尤其是减 1 光子操作（蓝色实线），能够在保持相对较高的密钥率的前提下容忍更多的信道损耗。也就是说，减光子操作对最大传输距离的提升是有贡献的，因为传输距离正比于信道损耗，通常情况下为 0.2dB/km。然而，在低信道损耗区域（0～4dB），部署了减光子模块 ESIM-based CVQKD 的密钥率比原始没有部署减光子模块的 ESIM-based CVQKD 要小。原因是在低信道损耗区域，减光子成功率相对较低。减光子成功率和信道损耗的关系如图 4-3 所示。需要注意的是，对所有部署了减光子模块的 ESIM-based CVQKD 协议而言，减 1 光子操作（蓝色实线）具有最好的性能表现。同时，密钥率随着减光子数的增加而减少。原因在于，减光子加入协方差矩阵[123]后，噪声也增多，导致性能更差。

绿色点虚线表示文献[114]中的最优减 1 光子方案。在图 4-2（a）和（b）中，该方案在正向协商的情形下有别于所有其他方案。在反向协商的情形下［图 4-2(c)和(d)］，该方案具有更好的性能。它优于原始 ESIM-based 方案（黑色虚线）和减 3 光子、减 4 光子的 ESIM-based CVQKD 方案［图 4-2（c）中黄色点线和紫色点虚线］，并且在 40～

50dB 的信道损耗区域甚至优于图 4-2（d）中所有的减光子方案。然而，在高信道损耗（多于 50dB）区域，它仍然差于部署了减 1 光子、减 2 光子在 Bob 端的 ESIM-based CVQKD 方案，如图 4-2（c）所示。

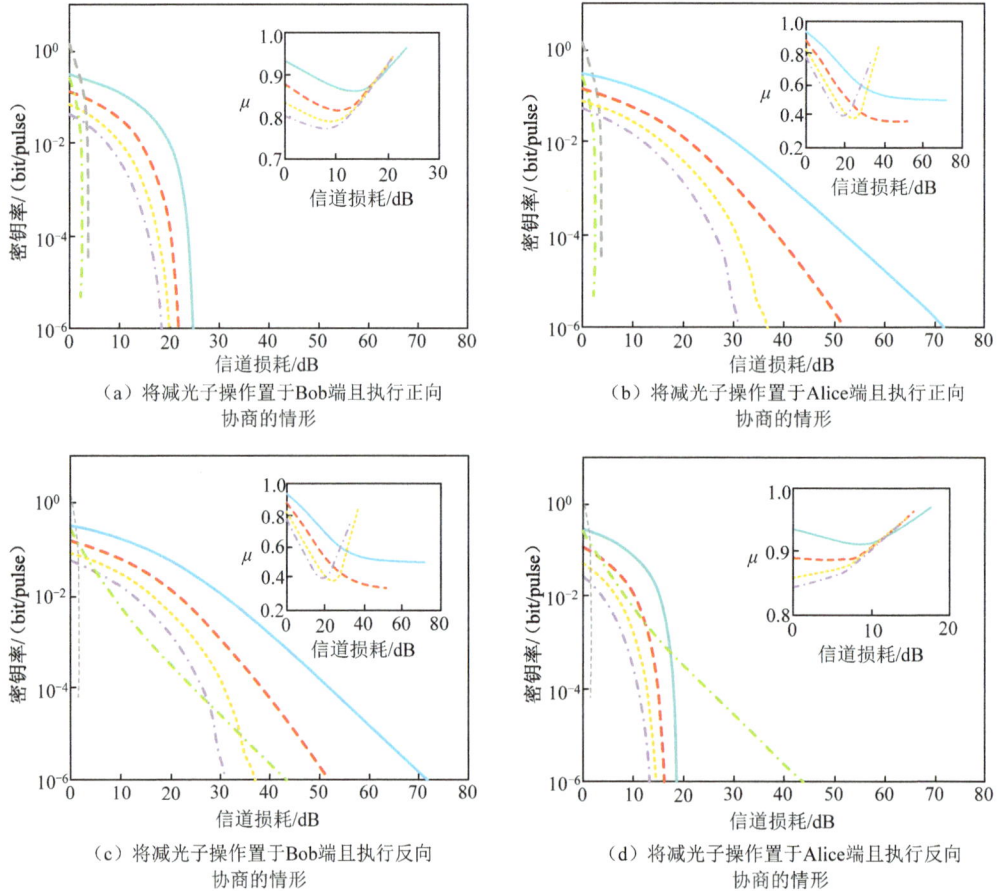

（a）将减光子操作置于 Bob 端且执行正向协商的情形

（b）将减光子操作置于 Alice 端且执行正向协商的情形

（c）将减光子操作置于 Bob 端且执行反向协商的情形

（d）将减光子操作置于 Alice 端且执行反向协商的情形

图 4-2　ESIM-based CVQKD 在最优透射率 μ 下随信道损耗增长的密钥率

注：每幅图中的子图表示密钥率最大时的最优透射率 μ。黑色虚线表示原始不加减光子操作的 ESIM-based CVQKD 的性能；绿色点虚线表示文献[114]中的最优减 1 光子方案；其余线表示本书所提出的方案，其中蓝色实线表示减 1 光子，红色虚线表示减 2 光子，黄色点线表示减 3 光子，紫色点虚线表示减 4 光子。仿真参数如下：EPR 纠缠态的方差为 $V=20$，协商效率 $\beta=95\%$，过噪声 $\varepsilon=0.01$。

　　详细来说，图 4-2（a）的子图显示了在正向协商的情形下减光子模块部署在 Bob 端的 ESIM-based CVQKD 的性能；图 4-2（d）的子图对应反向协商情形下减光子模块部署在 Alice 端的性能。显然，图 4-2（d）的性能有别于其他 3 个子图中的性能。图 4-2（b）表示在正向协商的情形下减光子模块部署在 Alice 端的性能，图 4-2（c）表示在反向协商情形下减光子模块部署在 Bob 端的性能。可以看出，图 4-2（b）和（c）在渐近密钥率方面优于图 4-2（a）和（d），并且具有几乎相同的性能表现。原因是，对于图 4-2（b）和（c）来说，由于 ESIM-based CVQKD 的对称结构（即 $T_1=T_2$）、相反的协商策略（direct reconciliation 和 reverse reconciliation）和减光子模块部署的相反位置，在协方差矩阵 $\Pi_{A_1B_2}^{(k)}$

中 a 和 b 的两次交换造成了同样的计算结果。此外，在计算渐近密钥率时，减光子模块可以被看作 Alice 或 Bob 产生的额外可信噪声，这种噪声可以提高或者威胁系统的安全性。图 4-2（b）和（c）中性能的提升可以被认为是减光子模块作为可信噪声的制备或探测被 Alice（正向协商）或者 Bob（反向协商）分别控制用来减少 Holevo 界 χ_E。对于图 4-2（a）而言，Holevo 界 $S(A_1 : E)$ 对探测噪声具有不明感（正向协商下部署减光子），但互信息量 $I(A_1 : B_2)$ 减少，从而导致密钥率减少。对于图 4-2（d）而言，制备噪声（反向协商下部署减光子）的影响是两方面的，因为它不仅减少了互信息量 $I(A_1 : B_2)$，而且增加了 $S(B_2 : E)$ 界，所以图 4-2（d）的性能最差。

　　值得注意的是，本节所提方案中最优的方案 [图 4-2（b）和（c）中蓝色实线] 的最大信道损耗容忍度超过 70dB。也许，可以认为这样的信道损耗容忍度是不切实际的，因为以目前的技术水平和条件在如此高的信道损耗中无法产生高质量的密钥率。但是事实上这是可以达到的，因为本节提出的方案基于纠缠源置于信道中间，加倍了传输距离。作为比较，在文献 [114] 中，仅传输模 B 通过量子信道，其最大传输距离大约为 215km（其与信道损耗的关系为 0.2dB/km）。而在本节提出的方案中，EPR 纠缠对的每一个模 A 和 B 都需要被传输通过量子信道，实际上每一个模只需要传输总距离的一半。所以，本节提出的方案能够达到如此的高最大信道损耗容忍度是合理的。

　　另外，值得考虑的一个重要因素是减光子操作的成功率，它在获得渐近密钥率中扮演着重要的角色。减光子成功率越小意味着必须丢弃越多的信息。图 4-3 所示为减 k 光子成功率在每个信道损耗下随不同透射率 μ 的变化情况。根据式（4-7）中推导出的成功率，它由参数 λ、k 和 μ 决定，其中 λ 在每个脉冲中是固定的。需要注意的是，减 1 光子操作相比其他减多个光子操作达到了最高的成功率，尤其是在高透射率区域，这也说明 ESIM-based CVQKD 的最优性能能够在部署减 1 光子操作的情况下取得。

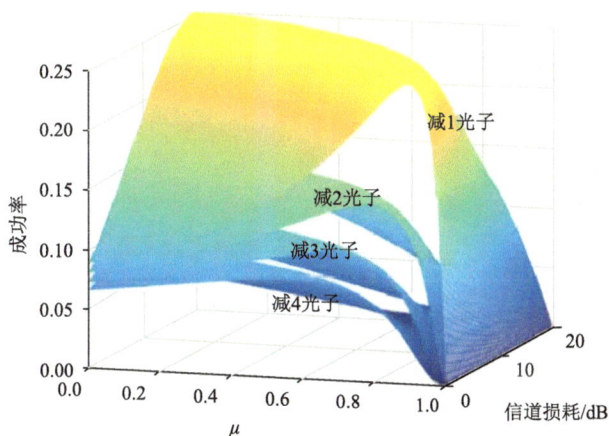

图 4-3　减 k 光子成功率在每个信道损耗下随不同透射率 μ 的变化

　　在图 4-1 中，蓝色方块中 Eve 的辅助模 E_{11} 和模 E_{21} 的相关性。这些辅助模描述的是基于纠缠的表示协议下两边链路遭受到高斯攻击。这个攻击发送到 Alice 端的信道上（$i=1$），可由透射率为 T_1 的分束器来模拟。同样地，其发送到 Bob 端的信道上（$i=2$），

可由透射率为 $2T$ 的分束器来模拟。Eve 分别在每个信道上将辅助模 E_{i2} 与模 A 或模 B 混合后，可以得到输出模 E_{i3}。Eve 将这些模存储在量子寄存器中，当 Alice 或 Bob 在后处理阶段公开经典通信信息时，Eve 就可以利用存储的模恢复出密钥信息。态 $\Sigma_{E_{i1}E_{i2}}$ 是均值为 0 的高斯态，其协方差矩阵为

$$\Gamma_{E_{i1}E_{i2}} = \begin{bmatrix} W_1 I_2 & G \\ G & W_2 I_2 \end{bmatrix} \tag{4-25}$$

其中，$G = \mathrm{diag}(g_1, g_2)$，$g_1$、$g_2$ 分别表示模 E_{11} 和模 E_{21} 之间的相关性；对于给定的热态噪声 W_1 和 W_2，协方差矩阵 $\Gamma_{E_{11}E_{21}}$ 由参数 g_1、g_2 决定。这些参数能够被表示为相关区块（图 4-4），根据不确定性原理[124]，上述参数必须满足如下限制：

$$|g_1| < \sqrt{W_2 W_1}, |g_2| < \sqrt{W_2 W_2}, \zeta^2 \geqslant 1 \tag{4-26}$$

其中，ζ 是矩阵 $\Gamma_{E_{11}E_{21}}$ 最小的辛特征值，ζ^2 满足如下条件：

$$\zeta^2 = \frac{\Omega - \sqrt{\Omega^2 - 4\mathrm{det}\Gamma_{E_{11}E_{21}}}}{2} \tag{4-27}$$

其中，$\Omega = W_1^2 + W_2^2 + 2g_1 g_2$。式（4-26）和式（4-27）表明，可访问相关区块坐落于限制的区域并且以原点为中心，它的界限由 W_1 和 W_2 共同决定。例如，图 4-4 表示 $W_1 = W_2 = 3$ 时可访问相关区块（有颜色的区域）的图形。根据不同的攻击，可访问区块可进一步划分为子区块。协方差矩阵 $\Gamma_{E_{11}E_{21}}$ 的最小部分转置辛特征值为 ζ'，则有

$$\zeta'^2 = \frac{\Omega' - \sqrt{\Omega'^2 - 4\mathrm{det}\Gamma_{E_{11}E_{21}}}}{2} \tag{4-28}$$

其中，$\Omega' = W_1^2 + W_2^2 - 2g_1 g_2$。可访问区域中的绿色区块表示 $2\zeta' \geqslant 1$ 时的分离攻击（separable attack）；周围黄色区块表示 $2\zeta' < 1$ 时的纠缠攻击（entangled attack）。对于分离攻击而言，最简单的攻击方案是在绿色区块的中心点，即点（1），此时 $g_1 = g_2 = 0$。其中，Eve 的态可由张量积 $\Sigma_{E_{11}} \otimes \Sigma_{E_{21}}$ 表示，它等价于前述内容中分析的两个完全相同且独立的纠缠克隆攻击。对于对称 ESIM-based CVQKD 而言，无论是正向协商还是反

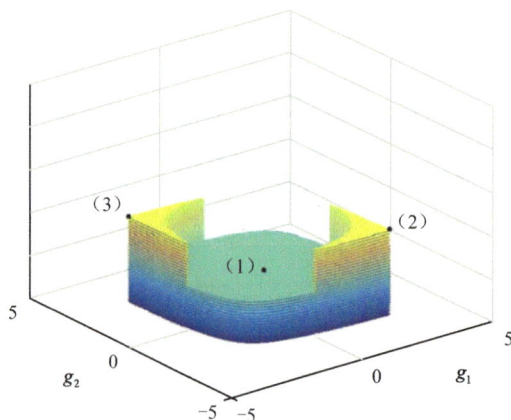

图 4-4　对称高斯攻击 $W_1 = W_2 = 3$ 时的相关区块

注：这种攻击由参数 g_1 和 g_2 决定，它们由图中彩色区域所表示。可访问区域根据不同的攻击进一步划分为子区块。
可访问区域中绿色区块对应于分离攻击，周围黄色区块对应于纠缠攻击。

向协商，纠缠克隆攻击是在量子力学原理下所允许的最优攻击[50]。除纠缠克隆攻击外，其他分离攻击都存在相关噪声。对于纠缠攻击而言，Eve 的辅助态 E_{11} 和 E_{21} 可以被看作一个 EPR 态。点（2）表示在 $g_1 = -g_2 = -\sqrt{W_i^2 - 1}$ 下的正向攻击，而点（3）表示在 $g_1 = -g_2 = -\sqrt{W_i^2 - 1}$ 下的反向攻击。

此外，在 ESIM-based 协议中，还有一种攻击应当被考虑。由于纠缠源可由 Eve 控制，假设 Eve 能够制备出任何她想要的量子态。因此，Eve 可以将图 4-1 中的蓝色方块部分替换成图 4-5 中的模块来发动内部源攻击（inner-source attack）。如图 4-5 所示，假设 Eve 制备了方差大于 $2V$ 的双模压缩态（其两个模为 A_{00} 和 B_{00}），随后利用两个透射率为 η_A 和 η_B 的分束器将原始的两个模 A_{00} 和 B_{00} 分开，得到模 A 与 a、模 B 与 b。通过调整分束器的透射率，模 A 和 B 的方差能够被调整为 V，Eve 将这两个模分别发送给 Alice 和 Bob。随后，Eve 将模 a 和模 b 存入量子寄存器中。即使该操作引入一些真空噪声，模 a 和 b 的方差也始终大于模 A 和 B 的方差。在 Alice 和 Bob 广播经典通信信息后，Eve 可以利用这些辅助模来得到精确的密钥率。

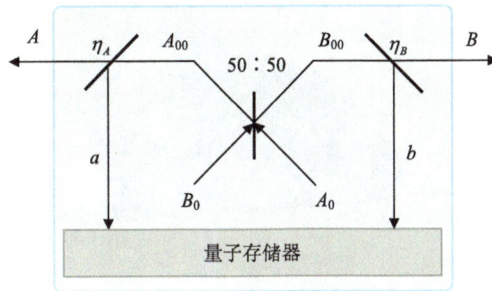

图 4-5　内部源攻击模块

注：Eve 分别用两个透射率为 η_A 和 η_B 的可调分束器将原始的两个模 A_{00} 和 B_{00} 分开，得到模 A 与 a、模 B 与 b。

为便于分析，假设内部源攻击是对称的，即 $\eta = \eta_A = \eta_B$，图 4-6 所示为两种不同的协议在面对内部源攻击时的性能。由于图 4-2（c）中的方案具有最好的性能，并且其余方案［图 4-2（a）、（b）和（d）］的性能趋势与图 4-2（c）相似，这里以减 1 光子部署在 Bob 端的 ESIM-based CVQKD 协议［图 4-6（a）］和原始 ESIM-based CVQKD 协议［图 4-6（b）］为例，说明两种协议在抵抗内部源攻击时的性能。从图 4-6（a）可以看出，即使 Eve 控制了整个纠缠源且制备出她想要的攻击量子态，本节所提方案在 20dB（甚至更多）的信道损耗下仍然能够产生密钥率。虽然与没有遭受内部源攻击（$\eta = 1$）时的性能相比，密钥率有所降低，但是本节方案仍然优于其他方案，如图 4-2 中黑色和绿色实线的方案和一些减 k 光子（$k \geqslant 2$）方案。然而，如图 4-6（b）所示，原始 ESIM-based CVQKD 协议在 $\eta < 0.87$ 的情况下并不能产生密钥率，即简单的原始 ESIM-based CVQKD 方案不能有效抵御内部源攻击。

事实上，本节提出的方案能够抵御内部源攻击的原因归功于其中的非高斯操作。双模压缩态中的两个模式的相关性与它们的纠缠度正相关。内部源攻击中的两个分束器可以被看作不完美的设备模块削弱了这两个模的相关性。可以采用对数负定性（logarithmic negativity）[125] 来衡量两个模式之间的纠缠度。对数负定性是可提取纠缠度的上界。EPR

态 $|\Psi\rangle_{AB}$ 和非高斯态 $|\Psi\rangle_{AB_1}$ 的对数负定性可由如下公式计算得到：

$$E\left(|\psi\rangle_{AB}\right) = -\log_2\left(1+\alpha^2\right) - \log_2\left(\sqrt{1+\alpha^2}-\alpha\right) \tag{4-29}$$

$$E\left(|\psi\rangle_{AB_1}\right) = \frac{1+\alpha^2(1-\mu)}{\alpha\sqrt{\mu(1+\alpha^2)}}\sum_{n=1}^{\infty}\sqrt{n}\left(\frac{\alpha\sqrt{\mu}}{\sqrt{1+\alpha^2}}\right)^n \tag{4-30}$$

其中，$\alpha = \sinh z$。图 4-7 所示为高斯态 $|\psi\rangle_{AB}$ 和减光子非高斯态 $|\psi\rangle_{AB_1}$ 以对数负定性来描述的纠缠度的比较。可以看出，减光子非高斯态比 EPR 态拥有更大的纠缠度，并且在 $\mu > 0.25$ 时它们之间的差距随着参数 μ 和 α 的增大而增大。在参数 μ 为 $0\sim0.25$ 时，$|\psi\rangle_{AB_1}$

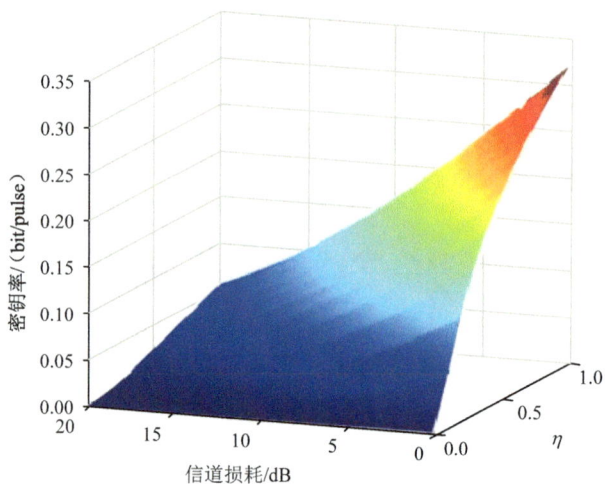

（a）反向协商下，减 1 光子置于 Bob 端的 ESIM-based CVQKD 协议的性能

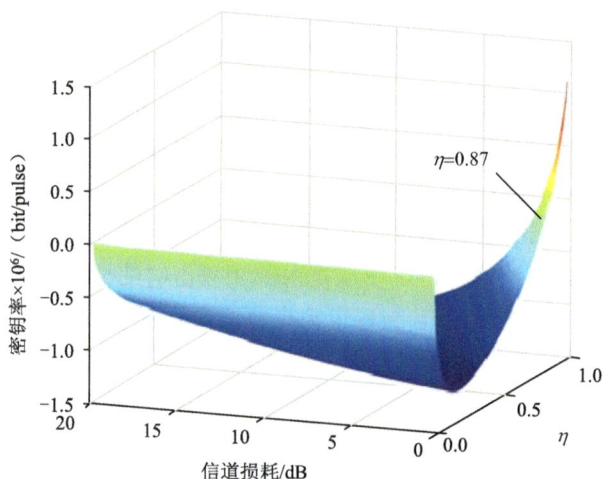

（b）原始 ESIM-based CVQKD 协议的性能

图 4-6　反向协商下，减 1 光子置于 Bob 端的 ESIM-based CVQKD 协议的性能和原始 ESIM-based CVQKD 协议的性能

注：当 $\eta>0$ 时，其仍能产生正的密钥率；当 $\eta<0.87$ 时，不能产生正的密钥率。以上性能均指这两种协议都遭受内部源攻击的情形。

的纠缠度比 $|\varPsi\rangle_{AB}$ 的纠缠度要低。事实上，根据图 4-2 的仿真结果，参数 μ 的取值都大于 0.25（在某些情况下甚至大于 0.8），因此，非高斯减光子态 $|\psi\rangle_{AB_1}$ 为 0～0.25 时的表现并不影响整个 ESIM-based CVQKD 系统的安全性。

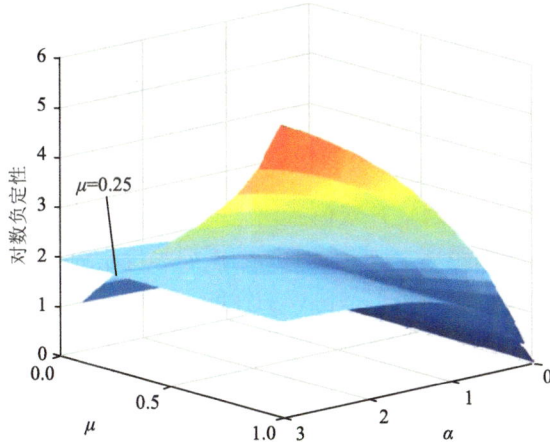

图 4-7　高斯态 $|\psi\rangle_{AB}$（浅蓝色曲面）和减光子非高斯态 $|\psi\rangle_{AB_1}$（彩色曲面）在对数上的比较

因此，虽然内部源攻击导致 ESIM-based CVQKD 系统的性能降低，但是适当利用减光子操作 ESIM-based CVQKD 系统仍能产生正的密钥率。也就是说，适当的减光子操作确实能够提升 ESIM-based CVQKD 系统的性能。

4.2　基于非高斯态区分检测的连续变量量子密钥分发方案

本节提出一个采用非高斯态区分检测技术的四态远距离连续变量量子密钥分发方案。该方案首先将一个减光子操作部署在发送端，在分离信号光的同时延长 CVQKD 的最大传输距离；然后，将一个针对 CVQKD 系统改进的允许相干态区分超越标准量子极限（standard quantum limit，SQL）的最优量子测量的态区分检测器（state-discrimination detector，SDD）部署在接收端，同相干检测器一同决定最终检测结果。通过巧妙地利用复用技术，各路信号可以同时通过不可信量子信道分别发送给态区分检测器和相干检测器。安全性分析表明，本节提出的方案可以将 CVQKD 系统的最大传输距离延长至几百千米。此外，在考察有限长效应和组合安全性时，获得其安全距离的最紧界限，该界限较渐近限更为实际。

CVQKD 系统的主要调制方式大体分为高斯调制[45-46,67]和离散调制[126-128]。在高斯调制下，Alice 通常将密钥比特连续地高斯编码在光场的正交分量（$\hat{x}$ 和 $\hat{p}$）上[33]，Bob 通过高速和高效的相干检测器（如零差检测器和外差检测器）恢复收到的密钥信息[27]。这种调制和检测的方式通常较单光子检测技术而言具有更高的重复频率，因此高斯调制 CVQKD 系统很可能达到更高的密钥率，然而其传输距离却比对应的 DVQKD 系统低得多[43]。究其原因主要在于，高斯调制下的协商效率 β 非常低，尤其在长远距离传输中，β 十分不理想。为解决这个关键问题，人们必须设计出比低密度奇偶校验码（low-density parity-check, LDPC)更适合极低信噪比(signal-to-noise ratio, SNR)下信息传输的完美纠错码。然而,这种完美的纠错码几乎不可能真正实现。另外,还有一种方法可解决上述问题,即采用离散调制的方式将密钥信息编码至量子态的连续变量上,文献[40]给出了一种这样的方法:采用四态离散调制技术对 4 个非正交相干态进行调制,利用每个量子态正交分量测量结果的符号进行编码。这样编码的优势在于,其符号已经属于离散变量,因此大部分优秀的经典纠错码技术可以直接用来在极低信噪比条件下工作。四态调制的 CVQKD 协议同时拥有远距离传输下高协商效率和 CVQKD 协议簇安全性证明两个优势,对 CVQKD 系统的最大传输距离的延长有较大帮助。另外,第 3 章提出的基于非高斯操作的减光子方案可以显著提升双模压缩态的纠缠度,从而提升其相关性,进而提升 CVQKD 系统的最大传输距离。由于基于纠缠模型等价于对应的制备与测量模型,因此减光子操作也能在实际中提高相干态协议的性能。

另外,虽然零差或外差检测器(相干检测器)可以高速且高效地测量量子态的正交分量,但其固有的量子不确定性(噪声)使精确区分非正交相干态非常困难[129-131]。即使检测器非常理想且具有完美的检测效率,接收端仍然不能获得精确的测量结果。传统的理想检测器仅可以达到一个称为标准量子极限(SQL)的界限,它定义了非正交相干态的光场物理特性,即正交分量 $\hat{x}$ 和直接被测量区分的最小错误概率 $\hat{p}$。实际中还存在一个量子物理所允许的更小的错误界限—Helstrom 界[132],该界限可以通过设计完美的相干态区分策略来达到。最近,文献[129]提出了一个性能优良的态区分检测器用以无条件区分 QPSK 调制下的 4 类非正交相干态。该检测器通过快速反馈的形式(fast feedback)采用光子计数(photon counting)和适应性测量(adaptive measurements)技术,具有超越标准量子极限的能力,从而接近甚至达到 Helstrom 界。

受到上述几种技术及优点的启发,本节提出一个基于非高斯态区分检测的远距离 CVQKD 方案。该方案采用离散调制取代传统的将信息连续地编码至正交分量 $\hat{x}$ 和 $\hat{p}$ 上的高斯调制,进而将四态 CVQKD 协议作为本节方案的基础协议,以期在低信噪比条件下获得更好的性能。同时,将一个减光子操作部署在发送端,既能用于分离信号光,也能延长 CVQKD 系统的最大传输距离。此外,一个针对 CVQKD 系统改进的态区分检测器被部署在接收端,和相干检测器共同决定最后的测量结果。态区分检测器可以看作对接收到的非正交相干态的最优量子测量,以至于它可以超越标准量子极限。因此在它的帮助下,可以获得输入信号在 QPSK 调制方式上精确的编码结果。利用复用技术,多路信号可以同时通过不可信量子信道进行传输,随后分别发送到态区分检测器和相干检测器。本节提出的远距离 CVQKD 方案极大地增加了系统的最大安全传输距离,在传输距离方面优于现有的其他 CVQKD 方案。在考虑该方案的有限长和组合安全性时,可以得到其安全距离最紧的界限,该界限比渐近限更为实际。

4.2.1 远距离连续变量量子密钥分发

由于基于离散调制的协议比基于高斯调制的协议更适合在远距离、低信噪比的情况下进行通信,因此本节采用四态 CVQKD 协议作为所提方案的基本通信协议。此外,四态 CVQKD 协议的传输距离可以用适当的减光子操作和部署优良的态区别检测器来提升。本节首先引入离散调制下的四态 CVQKD 协议，然后给出远距离 CVQKD 的详细方案。

1. 四态连续变量量子密钥分发协议

一般，四态 CVQKD 协议是基于离散调制 CVQKD 协议提出的[127]，它可以被一般化为 N 个相干态，$|\alpha_k^N\rangle = |\alpha e^{i2k\pi/N}\rangle$，其中 $k \in \{1, 2, \cdots, N\}$。对于四态 CVQKD 协议，有 $|\alpha_k^4\rangle = |\alpha e^{i(2k+1)\pi/4}\rangle$，其中 $k \in \{1, 2, 3, 4\}$，α 是与相干态调制方差有关的正数。

首先考虑制备与测量模型下的四态 CVQKD 协议。Alice 随机选择一个相干态 $|\alpha_k^4\rangle$ 并通过有损耗和噪声的量子信道将它发送到远端的 Bob，这个量子信道由传输效率 η 和过噪声 ε 表示。当 Bob 收到调制的相干态后，他可以执行检测效率为 τ、电噪声为 v_{el} 的零差检测或外差检测来测量正交 $\hat{x}$ 或 $\hat{p}$（或者 $\hat{x}$ 和 $\hat{p}$）。Bob 接收到的混合态可以用如下形式表示：

$$\rho_4 = \frac{1}{4} \sum_{k=0}^{3} |\alpha_k^4\rangle\langle\alpha_k^4| \tag{4-31}$$

测量后，Bob 在经典认证信道中公布测量结果的绝对值，并且保留它们的符号。Alice 和 Bob 用这些符号来产生原始密钥，在进行数据后处理后，他们能够建立一个随机安全密钥的相关序列。

由于协议的制备与测量模型等价于基于纠缠模型，后者对协议的安全性分析更为方便。在这个模型下，Alice 制备一个双模纠缠态，即

$$|\Psi_4\rangle = \sum_{k=0}^{3} \sqrt{\lambda_k} |\phi_k\rangle |\phi_k\rangle = \frac{1}{2} \sum_{k=0}^{3} |\psi_k\rangle |\alpha_k^4\rangle \tag{4-32}$$

其中，态

$$|\psi_k\rangle = \frac{1}{2} \sum_{m=0}^{3} e^{i(1+2k)m\pi/4} |\phi_m\rangle \tag{4-33}$$

是非高斯态，且态 $|\phi_m\rangle$ 的计算公式如下：

$$|\phi_m\rangle = \frac{e^{-\alpha^2/2}}{\sqrt{\lambda_m}} \sum_{n=0}^{\infty} (-1)^n \frac{\alpha^{4n+m}}{\sqrt{(4n+m)!}} |4n+m\rangle \tag{4-34}$$

其中，

$$\lambda_{0,2} = \frac{1}{2} e^{-\alpha^2} \left[\cosh(\alpha^2) \pm \cos(\alpha^2) \right] \tag{4-35}$$

$$\lambda_{1,3} = \frac{1}{2} e^{-\alpha^2} \left[\sinh(\alpha^2) \pm \sin(\alpha^2) \right] \tag{4-36}$$

所以，混合态 ρ_4 可表示为

$$\rho_4 = \text{tr}(|\Psi_4\rangle\langle\Psi_4|) = \sum_{k=0}^{3} \lambda_k |\phi_k\rangle\langle\phi_k| \tag{4-37}$$

假设 A 和 B 分别为双模纠缠态 $|\Psi_4\rangle$ 的两个输出模式，$\hat{a}$ 和 $\hat{b}$ 分别表示作用在模 A 和模 B 上的湮灭算符，则双体态 $|\Psi_4\rangle$ 的协方差矩阵 $\boldsymbol{\Gamma}_{AB}$ 可表示为

$$\boldsymbol{\varGamma}_{AB} = \begin{bmatrix} X\boldsymbol{I}_2 & Z_4\boldsymbol{\sigma}_Z \\ Z_4\boldsymbol{\sigma}_Z & Y\boldsymbol{I}_2 \end{bmatrix} \tag{4-38}$$

其中，

$$X = 1 + 2\alpha^2 \tag{4-39}$$

$$Y = 1 + 2\alpha^2 \tag{4-40}$$

$$Z_4 = 2\alpha^2 \sum_{k=0}^{2} \lambda_{k-1}^{3/2} \lambda_k^{-1/2} \tag{4-41}$$

需要注意的是，以上算数加法应按模 4 进行计算。详细的四态 CVQKD 协议的推导参见文献[43]。

在制备方差为 $V = 1 + V_M$ 的双模纠缠态 $|\Psi_4\rangle$ 后，Alice 对模 A 进行投影测量 $|\phi_k\rangle\langle\phi_k|$，（$k=0,1,2,3$），这使另一个模 B 投影到相干态 $|\alpha_k^4\rangle$。Alice 随后通过量子信道将模 B 发送给 Bob，Bob 通过零差（或外差）检测来测量接收到的模 B。最后，可信方 Alice 和 Bob 通过纠错和隐私放大提取出密钥。

2. 远距离离散调制连续变量量子密钥分发方案

接下来，详细介绍本节提出的远距离离散调制 CVQKD 方案。该方案基于四态 CVQKD 协议，因此它的传输距离较连续调制的协议有更大的提升。首先介绍远距离离散调制 CVQKD 方案的整体原理，然后再详细说明其所用技术。

如图 4-8 所示，一个双模纠缠源（EPR 态）被用于产生密钥[117]。在 Alice 制备纠缠态 $|\Psi_4\rangle$ 后，其对该 EPR 态的一个模式（模 A）执行外差检测，并将另一个模式（模 B）发送到减光子模块（绿色方框）中。减光子属于非高斯操作，它由一个真空态 $|0\rangle$ 射入一个透射率为 μ 的分束器的未使用端来表示。因此，输入信号（模 B）被减光子操作分为两部分。减光子操作有两个优点：第一个优点是，在 Alice 端部署适当的非高斯操作已经被证明能够延长传统 CVQKD 协议的传输距离 CVQKD[120]，这是因为这种操作可以被看作 Alice 控制的可信制备噪声，而这种噪声能够阻止窃听者获取通信信息。第二个优点是，减光子操作巧妙地提供了一种分离输入信号的方式，它把输入信号分离为两个部分：一部分为包含大多数光子的模 B_1，用来进行零差（或外差）检测；另一部分为经过减光子后包含很少 j 个光子（甚至只有 1 个光子）的模 C，用来进行态区分检测。这两个部分的信号随后通过偏振复用技术在偏振分束器（PBS）处合并，然后将合并模式 B_2 发送到不安全的量子信道中。

在基于纠缠模型中，量子信道可以被窃听者 Eve 替换，从而执行集体高斯攻击策略。这种攻击已经被证明无论是在正向协商还是反向协商协议中都是最优的攻击策略。文献[39]的研究表明，证明 CVQKD 协议对于集体高斯攻击的安全性足以获得其针对一般攻击的安全性。因此，严格地确认之前的推测，即集体高斯攻击确实是针对 CVQKD 的最优攻击。在集体高斯攻击策略下，Eve 通常以直积态的形式制备其辅助系统，并且每一个辅助态独立地与 Alice 所发出的单个脉冲进行干涉，随后储存在量子存储器中[133]，其三体态可以表示为

$$\rho_{ABE} = [P(\alpha)|\alpha\rangle\langle\alpha|_\alpha \Psi_{BE}^\alpha]^{\otimes n} \tag{4-42}$$

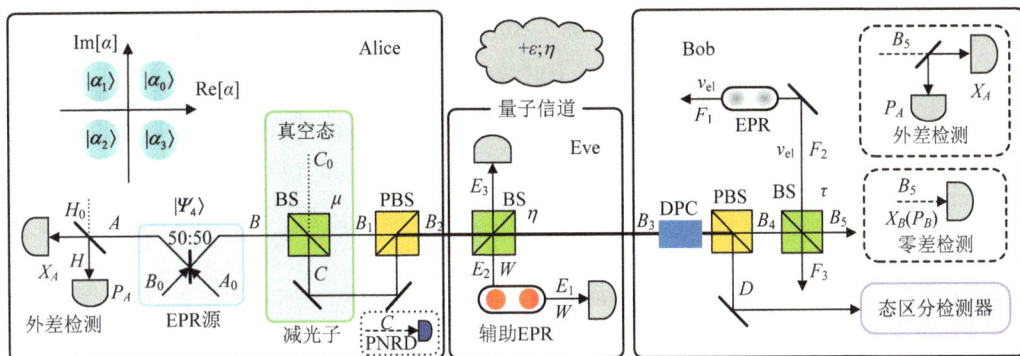

图 4-8　远距离离散调制连续变量量子密钥分发方案图

注：Alice 利用外差检测测量 EPR 态（蓝色方框）的一个模，同时将另一个模发送到减光子模块（绿色方框），该模块将输入信号分成两部分，这两部分随后通过偏振复用技术合并并通过量子信道发送给 Bob。攻击者 Eve 可替换量子信道并在信号传输时执行最优纠缠克隆攻击。Bob 对接收的信号进行解复用并使用零差检测或外差检测测量其中一路信号，另外一路信号被发送到态区分检测器（紫色方框）中进行进一步处理。其中，BS 表示分束器、PBS 表示偏振分束器、DPC 表示动态偏振控制器、PNRD 表示光子数探测器（photon-number-resolving detector）。

在窃听 Alice 和 Bob 在数据后处理阶段公开的通信数据后，Eve 对全体存储的辅助态采用最优集体测量以获取秘密信息。特别地，Eve 可以发动纠缠克隆攻击，这种攻击属于集体高斯攻击。详细来说，Eve 通过制备方差为 W 的辅助态 $|E\rangle$ 和一个透射率为 η 的分束器替换真实信道，W 的值可以调整来匹配真实信道中的噪声 $\chi_{\text{line}} = 1/T - 1 + \varepsilon$。随后，Eve 保留辅助态 $|E\rangle$ 中的模 E_1，同时将模 E_2 注入分束器的未使用端，从而获得输出模 E_3。在对每一个脉冲重复该过程后，Eve 将其所得到的所有辅助模式 E_1 和 E_3 存储在量子存储器中。最后，在 Alice 和 Bob 公布经典通信信息后，Eve 精确测量 E_1 和 E_3 的正交，其中对 E_1 的测量结果有助于减少 E_3 引入的噪声。

在通过不可信量子信道后，Bob 利用动态偏振控制器（dynamic polarization controller，DPC）和另一个 PBS 来解复用发送过来的信号。其中一个解复用模 B_4 被发送到 Bob 端的零差或外差检测器，该检测器由一个透射率为 τ 的分束器来模拟，其电噪声由一个方差为 v_{el} 的 EPR 态来模拟。另一个解复用模 D 同时被发送到态区分检测器中，以提高系统的性能。

本节提出的远距离 CVQKD 方案巧妙地结合四态 CVQKD 协议和减光子操作在延长最大传输距离方面的优点，进而通过态区分检测器超越标准量子极限。

4.2.2　方案中使用到的关键技术

本节主要介绍减光子操作和态区分检测这两个关键技术的原理和特征。其中，减光子操作作为一种非高斯操作已经在第 3 章进行了详细介绍，此处仅针对本节提出的方案进行公式的推导与说明。随后将重点放在介绍可超越标准量子极限的态区分检测器上。

1. 远距离 CVQKD 系统中的减光子操作

如图 4-8 所示，将减光子模块（绿色方框）部署在 Alice 端，Alice 用一个透射率为

μ 的分束器将输入模 B 和真空态 C_0 分离为模 B_1 和模 C。此时三体态 ρ_{ACB_1} 可以表示为

$$\rho_{ACB_1} = U_{BS} \left[|\Psi_4\rangle\langle\Psi_4 \| 0\rangle\langle 0| \right] U_{BS}^+ \tag{4-43}$$

随后，一个光子数探测器（PNRD）（黑色点线方框）部署在 Alice 端用以通过 POVM 测量 $\{\hat{\Pi}_0, \hat{\Pi}_1\}$[134]测量模 C。减光子数 j 由 $\hat{\Pi}_1 = |j\rangle\langle j|$ 决定，并且只有在 POVM 元素 $\hat{\Pi}_1$ 命中时，Alice 和 Bob 才保留模 A 和模 B_1。减光子后的双体态 $\rho_{AB_1}^{\hat{\Pi}_1}$ 可以表示为

$$\rho_{AB_1}^{\hat{\Pi}_1} = \frac{\mathrm{tr}_C(\hat{\Pi}_1 \rho_{ACB_1})}{\mathrm{tr}_{ACB_1}(\hat{\Pi}_1 \rho_{ACB_1})} \tag{4-44}$$

其中，$\mathrm{tr}_X(\cdot)$ 是多模量子态的部分迹 $\mathrm{tr}_{A_1CB_2}(\hat{\Pi}_1 \rho_{A_1CB_2})$ 成功减掉 j 个光子的概率，它可由如下计算公式进行计算：

$$\rho_{(j)}^{\hat{\Pi}_1} = \mathrm{tr}_C(\hat{\Pi}_1 \rho_{ACB_1}) = \frac{(1-\xi^2)(1-\mu)^j \xi^{2j}}{(1-\mu\xi^2)^{j+1}} \tag{4-45}$$

其中，$\xi = \dfrac{\alpha}{\sqrt{1+\alpha^2}}$。值得注意的是，经过分束器后减光子态 $\rho_{AB_1}^{\hat{\Pi}_1}$ 不再服从高斯分布，而此时它的纠缠度随着减光子操作的引入而增加。

由于对 EPR 态的一个模执行外差检测会将其另一个模投影为相干态，而相干态在实验实现上较为方便，可以考虑 Alice 执行外差检测、Bob 执行零差检测的情形：假设 $\Pi_{AB}^{(j)}$ 表示减光子态 $\rho_{(j)}^{\hat{\Pi}_1}$ 的协方差矩阵，它可以表示为

$$\Pi_{AB}^{(j)} = \begin{bmatrix} X'\mathbf{I}_2 & Z_4'\boldsymbol{\sigma}_z \\ Z_4'\boldsymbol{\sigma}_z & Y'\mathbf{I}_2 \end{bmatrix} \tag{4-46}$$

其中，

$$\begin{cases} Z_4' = \dfrac{\sqrt{\mu}\xi(j+1)}{1-\mu\xi^2} \\ X' = \dfrac{\mu\xi^2 + 2j + 1}{1-\mu\xi^2} \\ Y' = \dfrac{\mu\xi^2(2j+1)+1}{1-\mu\xi^2} \end{cases} \tag{4-47}$$

需要注意的是，在本节提出的远距离 CVQKD 方案中，部署在 Alice 端的光子数探测器被移除，本来将要进入光子数探测器的模 C 与模 B_1 通过偏振复用技术在偏振分束器处合并，光子数探测器的任务因而被交给 Bob 端的态区分检测器处理。

2. 态区分检测器

本节设计一个态区分检测器来提高 CVQKD 协议的性能，该量子检测器能够以低于 SQL 的错误概率无条件地区分出使用 QPSK 调制的 4 种非正交相干态。

图 4-9 所示为基于光子数解析和反馈形式下自适应测量的态区分检测器原理图。该态区分检测器包含对态 $|\alpha\rangle$ 的 M 次自适应测量。对于每次测量 $i(i \in \{0,1,\cdots,M\})$ 而言，检测器首先根据当前经典寄存器中的数据制备一个具有最高可能性的预测态 $|\beta_i\rangle$，随后通

过一个位移算符 $\hat{D}(\beta_i)$ 将 $|\alpha\rangle$ 位移至 $|\alpha-\beta_i\rangle$，并且将一个 PNRD 部署在位移态的后方，以检测位移场的光子数量。如果预测态正确，即 $|\beta_i\rangle=|\alpha\rangle$，$\Pi_0$ 命中。这是由于输入场被位移至真空，PNRD 不能检测到任何光子[129]。值得注意的是，不同于减光子操作中 Π_0 命中表示减光子失败，这里的 Π_0 命中表示态区分策略正确地预测出输入态。预测成功则给定一个类别标记 $l_i=0$，失败为 $l_i=1$。在经过 i 次自适应测量之后，该策略计算出所有可能态（$|\alpha_{i0}\rangle$，$|\alpha_{i1}\rangle$，$|\alpha_{i2}\rangle$ 和 $|\alpha_{i3}\rangle$）的后验概率，这些后验概率是根据当前标记集 L_{Hist} 和预测集 $\hat{D}_{\text{Hist}}$ 使用贝叶斯推论得到的，进而指定具有最高概率的态 $|\beta_{i+1}\rangle$ 作为下一轮反馈的输入态。值得注意的是，在本轮中 β_i 已经被加入预测集 $\hat{D}_{\text{Hist}}$ 中，和其他历史数据一起迭代计算可能态的后验概率。因此，在每一个反馈阶段，所有可能态的概率都在动态地更新，并且第 i 次反馈的后验概率在第 $i+1$ 次反馈中变成先验概率。贝叶斯推论的规则可以表示为

$$P_{\text{po}}(\{|\alpha\rangle\}|\beta_i,l_i)=AP(l_i|\beta_i,\{|\alpha\rangle\})P_{\text{pr}}(\{|\alpha\rangle\}) \tag{4-48}$$

其中，$P_{\text{po}}(\{|\alpha\rangle\}|\beta_i,l_i)$ 和 $P_{\text{pr}}(\{|\alpha\rangle\})$ 分别表示后验概率和先验概率；$P(l_i|\beta_i,\{|\alpha\rangle\})$ 是对 $|\alpha\rangle$ 进行位移操作后观察到的检测结果 l_i 的条件泊松概率；A 是所有可能态概率和所计算出来的标准归一化因子。贝叶斯推论是统计推论的一种方法，其中使用贝叶斯定理来更新假设的概率，信息越多，推论越准确。因此，在利用贝叶斯推论迭代地经过 M 次自适应测量后，输入态 $|\alpha\rangle$ 可以由第 $m+1$ 次预测态 $|\beta_{M+1}\rangle$ 决定[130]。

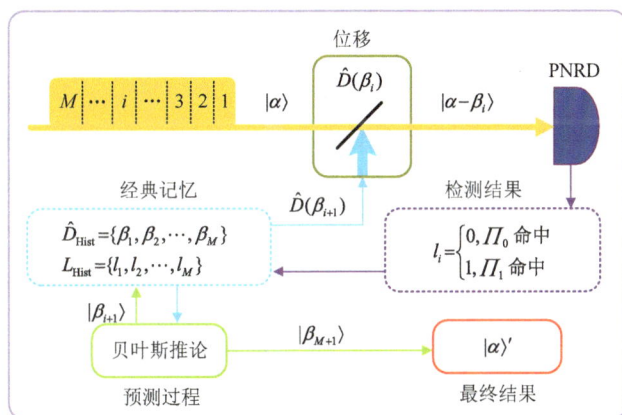

图 4-9 基于光子数解析和反馈形式下自适应测量的态区分检测器原理图

态区分策略可以超越标准量子极限并在高带宽和高检测效率的设备条件下接近 Helstrom 界。从数学上而言，标准量子极限的错误概率对于区分以 QPSK 调制的非正交相干态可以表示为

$$P_{\text{SQL}}=1-\left[1-\frac{1}{2}\text{erfc}\left(\sqrt{\frac{|\alpha|^2}{2}}\right)\right]^2 \tag{4-49}$$

其中，

$$\mathrm{erfc}(x) = \frac{2}{\sqrt{\pi}} \int_x^\infty \mathrm{e}^{-t^2} \mathrm{d}t \tag{4-50}$$

对于 QPSK 调制的信号而言，Helstrom 界可以通过平方根测量（square root measurement，SRM）来估算，具体如下：

$$P_{\mathrm{Hel}} = 1 - \frac{1}{16} \left(\sum_{k=1}^4 \sqrt{\omega_k} \right)^2 \tag{4-51}$$

其中，

$$\omega_k = \mathrm{e}^{-\alpha^2} \sum_{n=1}^4 \exp\left[(1-k)\frac{2\pi \mathrm{i} n}{4} + \alpha^2 \exp\left(\frac{2\pi \mathrm{i} n}{4} \right) \right] \tag{4-52}$$

ω_k 为 QPSK 信号 Gram 矩阵的特征值。因为态区分检测器与零差或外差检测器并行地部署在 Bob 端，所以态的最终检测结果由相干检测器和态区分检测器共同决定。从信息论的角度来看，可以定义一个提升率 ζ 来描述态区分检测器对于 CVQKD 系统性能的提升效果，即

$$\zeta = \frac{1 - P_{\mathrm{rec}}^{(M)}}{1 - P_{\mathrm{SQL}}} \tag{4-53}$$

其中，$P_{\mathrm{rec}}^{(M)}$ 表示 M 次自适应测量下的态区分检测器的错误概率。从理论角度而言，只要 M 足够大，态区分检测器就可以达到 Helstrom 界。因此最优提升率 ζ_{opt} 能够在量子力学所允许的最小错误概率条件下计算得到，即

$$\zeta_{\mathrm{opt}} = \frac{1 - P_{\mathrm{Hel}}}{1 - P_{\mathrm{SQL}}} \tag{4-54}$$

图 4-10 所示为区分 QPSK 态的错误概率和提升率随平均光子数 $\langle \overline{n} \rangle$ 的变化趋势。蓝色虚线表示理想的传统相干检测器所能达到的标准量子极限，蓝色实线表示 10 自适应测量下的态区分检测器超过了标准量子极限并接近于 Helstrom 界（绿色点线）。红色虚线和小方块表示最优提升率，它随着平均光子数的增加而快速降低，但仍然大于 1。因

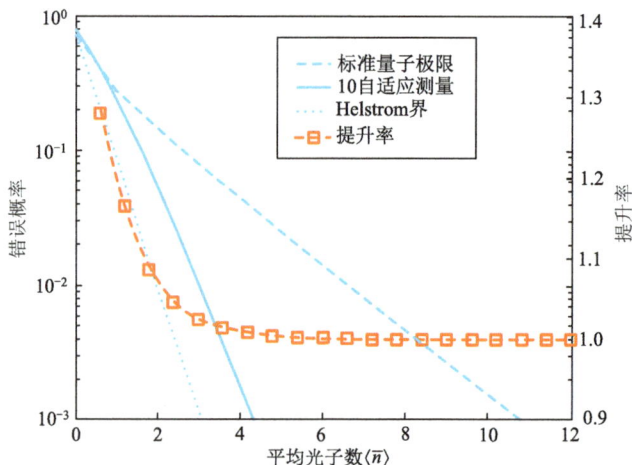

图 4-10 区分 QPSK 态的错误概率和提升率随平均光子数 $\langle \overline{n} \rangle$ 的变化趋势

此，本节提出的由相干检测器和态区分检测器共同检测的策略能够提升 CVQKD 系统性能，并且满足长距离传输的需要。

4.2.3　方案的性能分析及讨论

本节给出并讨论所提远距离 CVQKD 方案的仿真实验结果。为了简化分析，仅考虑 Bob 执行外差检测和反向协商的情况，其他情形可以得到类似的结论。

1.　系统的参数最优化

在计算密钥率前，首先需进行仿真参数的最优化。可知，高斯调制的 CVQKD 协议的最优减光子操作在有且仅有 1 个光子被减除时达到[135]，这说明减 1 光子操作是提升传输距离的首选操作。对于提出的远距离离散调制 CVQKD 方案，本节给出成功减光子数和透射率 μ 的关系，如图 4-11 所示。可以看出，与高斯调制 CVQKD 相似，成功减去 1 光子的概率（$j=1$，蓝色线）优于成功减去其他数量光子的概率，并且成功概率随着减光子数的增加而减少。同时，在图 4-10 中，红色虚线和小方块表示的是态区分检测器的提升率，它的最优值很明显在平均光子数 $\langle \overline{n} \rangle =1$ 时取到。$j=\langle \overline{n} \rangle =1$ 可以巧妙地将减光子操作和态区分检测器结合起来，从而获得最优的系统性能。具体来说，在 Alice 端通过减光子操作减除的 1 个光子被送到 Bob 端的态区分检测器中进行检测。这两个模块的执行都是最优的，因为 1 光子满足它们的最优化需求。因此，在随后的仿真中，考察最优的减 1 光子操作为所提方案带来的最好性能影响。

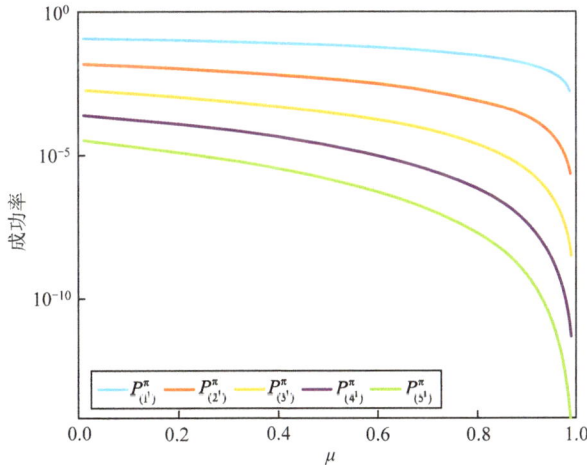

图 4-11　离散调制 CVQKD 方案中成功减 j 光子的概率随不同透射率 μ 的变化

注：实线从上至下依次表示减 1 光子（蓝色），减 2 光子（红色），减 3 光子（黄色），减 4 光子（紫色）和减 5 光子（绿色）。

因为信道损耗和过噪声是影响 CVQKD 系统性能的两个关键因素[133]，本节对这两个参数在不同调制方差 V_M 下对系统的影响做出分析。在图 4-12 和图 4-13 中，实线表示的是最优减 1 光子下的远距离 CVQKD 方案，虚线表示的是对应的四态 CVQKD 协议，它们的密钥率随调制方差 V_M 的改变而改变。全局仿真参数如下：协商效率 $\beta = 95\%$，Bob

检测器的量子效率 $\tau = 0.6$，电噪声 $v_{el} = 0.05$。在图 4-12 中，过噪声 ε 和其他参数设为固定值，对于四态 CVQKD 协议来说，调制方差 V_M 的数值区域随信道损耗的增加而压缩，并且其渐近密钥率迅速减少。对于本节所提出的远距离 CVQKD 方案，调制方差 V_M 可以取到很大范围区域，即使密钥率随着信道损耗的增加而减少，但其也会随着 V_M 的增加而增加。这说明，远距 CVQKD 方案的性能从理论上来说在调制方差足够大时可以一直保持提升。然而，这种情况不能实现，因为调制方差 V_M 的设定必须符合实际且合理。在图 4-13 中，传输距离（其与信道损耗的关系为 0.2dB/km）和其他参数设为固定值，对于四态 CVQKD 协议来说，调制方差 V_M 的最优区域随着过噪声 ε 的增加而压缩。而当过噪声 ε 改变时，采用减 1 光子的远距离 CVQKD 方案的性能仅受到轻微影响。这说明，本节方案在容忍信道过噪声方面极大地优于四态 CVQKD 协议，原因如下：首先，过噪声可以被看作不完美的信道所产生的，这种不完美会削弱两个输出模之间的相关性，而减光子操作能够增强这种相关性进而增强 EPR 态的纠缠度，使 CVQKD 系统的性能得以提升[135]。其次，在态区分检测器的帮助下，远距离 CVQKD 方案对噪声不敏感，即使没有非常准确的测量正交分量 $\hat{x}$ 和 $\hat{p}$，Bob 仍然能获得准确的结果。这是因为高斯调制的 CVQKD 协议将信息直接编码在正交分量上，其所产生的原始密钥极大地受到信道过噪声和不完美相干检测器的影响，而在四态 CVQKD 协议中，信息的编码是通过 QPSK 调制的，这种调制方式可以无条件地被态区分检测器区分出来[129]。因此，检测策略利用基于概率的方法，即贝叶斯推论预测未知态，可以减轻过噪声带来的不利影响。

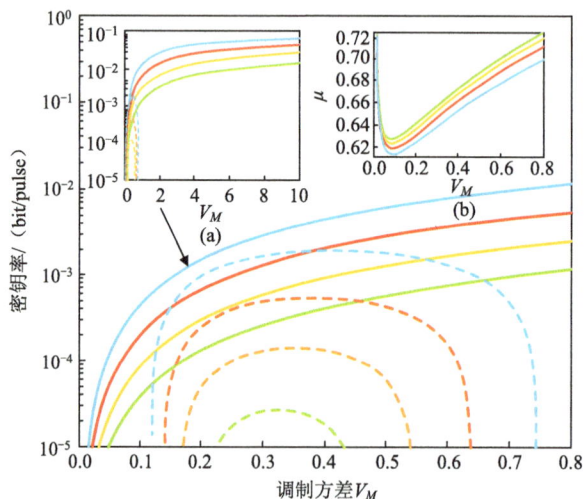

图 4-12　过噪声为 $\varepsilon = 0.01$ 时，不同的信道损耗条件下渐近密钥率和调制方差 V_M 的关系

注：实线表示最优减 1 光子下的远距离 CVQKD 方案，虚线表示四态 CVQKD 协议。对于实线和虚线，从上到下的信道损耗为 12dB（蓝色）、16dB（红色）、20dB（黄色）和 24dB（绿色）。

插图（a）为调制方差 V_M 显示域为 0～10 的扩展图，插图（b）表示在当前密钥率下的最优 μ。

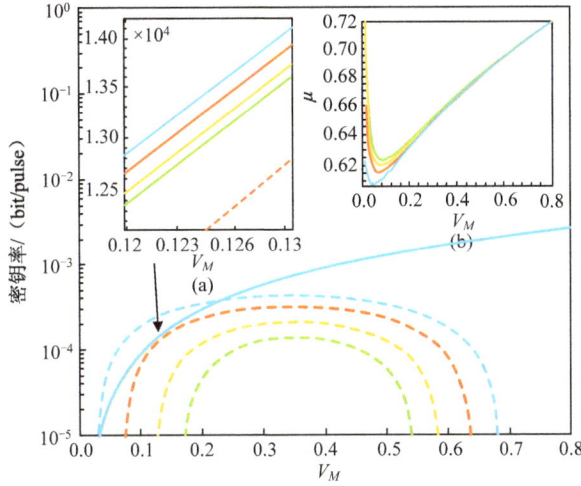

图 4-13　传输距离 d=100km 时，不同过噪声条件下渐近密钥率与调制方差 V_M 的关系

注：实线表示最优减 1 光子下的远距离 CVQKD 方案，虚线表示四态 CVQKD 协议。从内到外过噪声为 0.002（蓝色）、
0.005（红色）、0.008（黄色）和 0.01（绿色）。
插图（a）是将调制方差 V_M 限定为 0.12～0.13 的放大图，插图（b）表示在当前密钥率下的最优 μ。

2. 方案的密钥率计算

由上述内容可以得到对 CVQKD 系统有极大影响的参数。接下来，考虑远距离 CVQKD 方案的安全密钥率。可知，渐近密钥率通常的计算公式如下：

$$K_{asym} = \beta I(A:B) - S(E:B) \tag{4-55}$$

其中，β 为反向协商效率；$I(A:B)$ 为 Alice 和 Bob 之间的 Shannon 互信息量；$S(E:B)$ 为 Eve 和 Bob 互信息量的 Holevo 界。对于本节所提出的远距离 CVQKD 方案而言，渐近密钥率计算公式可以重写为

$$K_{asym} = P_{(j)}^{\hat{n}_1}[\beta\zeta_{opt}I(A:B) - S(E:B)] \tag{4-56}$$

如前所述，$P_{(j)}^{\hat{n}_1}$ 表示成功减去 j 个光子的概率；ζ_{opt} 表示引入态区分检测器后的提升率。为简化表达，本节仅考虑 Alice 执行外差检测和 Bob 执行零差检测下的渐近密钥率，其余情况可以得到类似的结果。经过减光子后的 $P_{AB_1}^{\hat{n}_1}$ 已经不再是高斯态，因此不能直接利用传统高斯调制 CVQKD 的计算方法来计算密钥率。根据高斯量子态极限理论，非高斯态 $P_{AB_1}^{\hat{n}_1}$ 所产生的密钥率多于对应高斯态 $P_{AB_1}^{G}$ 所产生的密钥率。因此，可以沿用上述公式得到非高斯态 $P_{AB_1}^{\hat{i}}$ 在最优集体攻击下产生密钥率的下界。

假设 Alice 端的外差检测和偏振分束器是完美的，Bob 端的零差检测器的参数为透射率 τ、电噪声 v_{el}，则 Bob 端的检测加性噪声为 $\chi_{hom} = [(1-\tau) + v_{el}]/\tau$。此外，信道加性噪声可以表达为 $\chi_{line} = (1-\eta)/\eta + \varepsilon$。因此，整个系统引入的总噪声为

$$\chi_{tot} = \chi_{line} + \chi_{hom}/\eta = \frac{1+v_{el}}{\tau\eta} - 1 + \varepsilon \tag{4-57}$$

在信号通过不可信的量子信道后，系统的协方差矩阵可以表示为

$$\boldsymbol{\Pi}_{AB_3}^{(j)} = \begin{bmatrix} X'\boldsymbol{I}_2 & \sqrt{\eta}Z_4'\boldsymbol{\sigma}_Z \\ \sqrt{\eta}Z_4'\boldsymbol{\sigma}_Z & \eta(Y' + \chi_{\text{line}})\boldsymbol{I}_2 \end{bmatrix} \tag{4-58}$$

Alice 和 Bob 之间的 Shannon 互信息量 $I(A:B)$ 的计算公式如下：

$$I(A:B) = \frac{1}{2}\log_2 \frac{V_A}{V_{A|B}} \tag{4-59}$$

其中，$V_A = (a+1)/2$，$V_B = b$，并且有

$$V_{A|B} = V_A - \frac{\eta Z_{4'}^2}{2V_B} = a - \frac{c^2}{2b} \tag{4-60}$$

Bob 进行零差检测后，Eve 可以纯化整个系统，使 Bob 和 Eve 之间的互信息量为

$$S(E:B) = S(E) - S(E-B) = \sum_{k=1}^{2} G\left[\frac{(\lambda_k - 1)}{2}\right] - \sum_{k=3}^{4} G\left[\frac{(\lambda_k - 1)}{2}\right] \tag{4-61}$$

$$\lambda_{1,2}^2 = \frac{1}{2}\left(A \pm \sqrt{A^2 - 4B}\right) \tag{4-62}$$

$$\lambda_{3,4}^2 = \frac{1}{2}\left(C \pm \sqrt{C^2 - 4D}\right) \tag{4-63}$$

其中，

$$A = V^2 + T^2\left(V + \chi_{\text{line}}\right)^2 + 2T\left(1 - V^2\right) \tag{4-64}$$

$$B = T^2\left(1 + V\chi_{\text{line}}\right)^2 \tag{4-65}$$

$$C = \frac{A\chi_{\text{hom}} + V\sqrt{B} + T\left(V + \chi_{\text{line}}\right)}{T\left(V + \chi_{\text{tot}}\right)} \tag{4-66}$$

$$D = \frac{\sqrt{B}V + B\chi_{\text{hom}}}{T\left(V + \chi_{\text{tot}}\right)} \tag{4-67}$$

图 4-14 所示为 CVQKD 协议的渐近密钥率随传输距离的变化趋势。在图 4-14 中，红色实线表示文献[40]提出的原始四态协议；黄色实线表示高斯调制相干态的最优减 1 光子方案；蓝色实线表示四态协议的减 1 光子方案；绿色实线表示本节提出的基于非高斯态区分检测器的远距离 CVQKD 方案。前 3 种方案的调制方差 V_M 都进行了最优化，以期得到最好的性能表现。对于第 4 种方案，即本节提出的远距离 CVQKD 方案，其密钥率在相当大的调制方差取值范围中一直单调递增，说明该方案的性能理论上能够随着调制方差 V_M 设置的增加而提高。基于公平和实际意义的考虑，本节将远距离 CVQKD 方案的调制方差 V_M 合理地设置为与其基础通信协议（四态协议）相同的最优值。从图 4-14 中可以看出，本节提出的基于非高斯态区分检测器的远距离 CVQKD 方案在最大传输距离上优于所有其他 CVQKD 协议，其最大传输距离超过了 330km。因此，该方案比其他方案更适合远距离密钥传输。值得注意的是，本节只考察密钥率大于 10^{-6}bit/pulse 下的最大传输距离，如果考虑低于此界限的密钥率，这个距离仍然可以被延长。

在实际中，密钥的长度不可能是无限的，因此还需要考虑有限长效应[37]对 CVQKD 系统的影响。在渐近场景下，本节做出量子信道的特性在传输之前就被完美知道的假设；在真实的有限长场景下，人们不可能事先知道量子信道的传输特性，所以一部分交换的

信号必须用来进行参数估计而不是产生密钥。

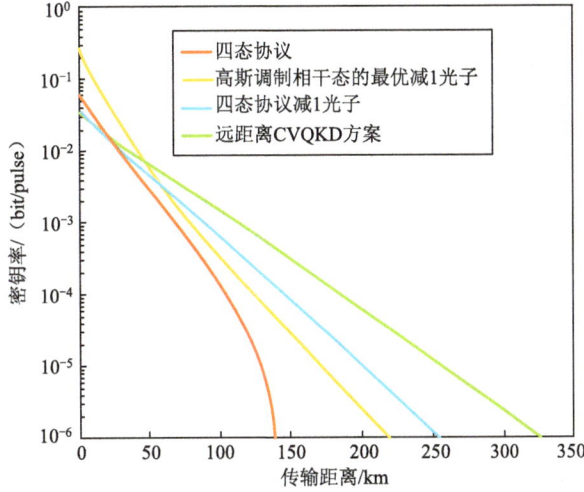

图 4-14 过噪声 $\varepsilon = 0.01$ 时，渐近密钥率随传输距离的变化

在传统的 CVQKD 协议中，有限长效应影响下的密钥率的计算[37]公式如下：

$$K_{\text{finite}} = \frac{n}{N}\left[\beta I(A:B) - S_{\epsilon_{PE}}(E:B) - \Delta(n)\right] \tag{4-68}$$

其中，β 和 $I(A:B)$ 的定义和上述内容一致；N 表示总交换信号长度；n 表示 Alice 和 Bob 用来产生最终密钥的信号长度。剩余的 $m = N-n$ 信号长度用来进行参数估计，PE 为参数估计的失败概率，$\Delta(n)$ 与隐私放大的安全性有关，其可表示为

$$\Delta(n) = \left(2\dim\mathcal{H}_\chi + 3\right)\sqrt{\frac{\log_2(2/\bar{\varepsilon})}{n}} + \frac{2}{n}\log_2(1/\epsilon_{PA}) \tag{4-69}$$

其中，$\bar{\varepsilon}$ 为平滑参数；ϵ_{PA} 为参数估计环节的失败概率；$\mathcal{H}_\chi$ 为对应 Bob 原始密钥的希尔伯特空间。因为原始密钥通常用二进制比特进行编码，所以 $\dim\mathcal{H}_\chi = 2$。

对于本节提出的远距离 CVQKD 方案，式（4-68）可以重写为

$$K_{\text{finite}} = \frac{nP_{(j)}^{\hat{\Pi}_1}}{N}\left[\beta\zeta_{\text{opt}}I(A:B) - S_{\epsilon_{PE}}(E:B) - (n)\right] \tag{4-70}$$

在有限长效应下，$S_{\epsilon_{PE}}(E:B)$ 需要在参数估计过程中计算得到。在这个过程中，可以找到一个以概率 $1 - \epsilon_{PE}$ 最小化密钥率的协方差矩阵 ϵ_{PE}，其可由 m 对相关变量 $(x_i, y_i)_{i=1,\cdots,m}$ 的计算公式得到，即

$$\epsilon_{PE} = \begin{bmatrix} X\boldsymbol{I}_2 & tZ_4'\boldsymbol{\sigma}_z \\ tZ_4'\boldsymbol{\sigma}_z & \left(t^2X' + \sigma^2\right)\boldsymbol{I}_2 \end{bmatrix} \tag{4-71}$$

其中，$t = \sqrt{\eta}$ 且 $\sigma^2 = 1 + (\varepsilon - 3)$。极大似然估计量 $\hat{t}$ 和 $\hat{\sigma}^2$ 服从如下分布：

$$\hat{t} \sim \left(t, \frac{\hat{\sigma}^2}{\sum_{i=1}^{m} x_i^2}\right) \tag{4-72}$$

$$\frac{m\hat{\sigma}^2}{\sigma^2} \sim \chi^2(m-1) \tag{4-73}$$

其中，t 和 σ^2 为参数的真实值。为了最大化 Eve 和 Bob 之间的 Holevo 信息，可以计算出在有限的 m 下 $t_{\min}$（t 的下界）和 $\sigma^2_{\max}$（σ^2 的上界），即

$$t_{\min} = \sqrt{\eta} - z_{\epsilon_{PE}/2}\sqrt{\frac{1+\eta(\varepsilon-3)}{mX'}} \tag{4-74}$$

$$\sigma^2_{\max} = 1 + \eta(\varepsilon-3) + z_{\epsilon_{PE}/2}\frac{\sqrt{2}[1+\eta(\varepsilon-3)]}{\sqrt{m}} \tag{4-75}$$

其中，$z_{\epsilon_{PE}/2}$ 由 $1 - \mathrm{erf}(z_{\epsilon_{PE}/2}/\sqrt{2})/2 = \epsilon_{PE}/2$。上述错误概率可以设置为

$$\bar{\epsilon} = \epsilon_{PE} = \epsilon_{PA} = 10^{10} \tag{4-76}$$

由此，有限长效应下的安全密钥率即可利用得到的界限 $t_{\min}$ 和 $\sigma^2_{\max}$ 求得。

图 4-15 所示基于非高斯态区分检测器的远距离 CVQKD 方案的有限长密钥率随传输距离的变化趋势。当总交换信号量 N 有限且减少时，方案的最大传输距离明显降低。然而，该方案的性能与在同样考虑有限长效应影响下原始的四态 CVQKD 协议和高斯调制相干态协议的性能相比仍然有较大提升。值得注意的是，当 N 足够大时，有限长效应的影响可以忽略不计，并且其性能收敛于渐近场景下的性能。最后讨论远距离 CVQKD 方案在组合安全框架下的性能表现。组合安全性是有限长效应下的不确定性安全的增强[136]，通过详细考察 CVQKD 系统中的每一个步骤，可以获得一条理论上的最紧安全界限[137]。

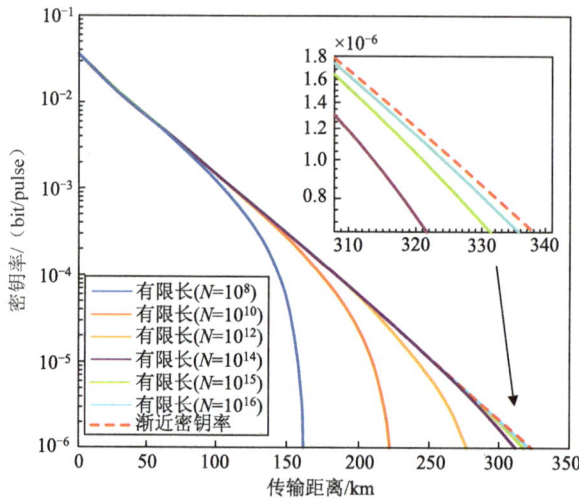

图 4-15　基于非高斯态区分检测器的远距离 CVQKD 方案的有限长密钥率随传输距离的变化

注：过噪声 $\varepsilon = 0.01$。

接下来，给出组合安全框架下的远距离 CVQKD 方案密钥率的计算。表 4-1 列出了组合安全性计算中所需参数的定义。

表 4-1　远距离 CVQKD 方案在组合安全框架下的参数

参数	定义
N	交换的光脉冲信号总数
n	最终密钥的长度
d	每次测量结果所编码的比特数
leak_{EC}	纠错阶段 Bob 发送给 Alice 的通信量
ϵ_{PE}	参数估计阶段的最大错误概率
ϵ_{cor}	Alice 和 Bob 密钥不相同的失败概率
n_{PE}	参数估计阶段 Bob 发送给 Alice 的比特数
$\Omega_a^{\max}$、$\Omega_b^{\max}$、$\Omega_c^{\max}$	协方差矩阵元素的界限

在给出计算前，首先引入一个定理[137]：远距离连续变量量子密钥分发协议对于集体攻击是安全的（当 $\epsilon = 2\epsilon_{\text{sm}} + \bar{\epsilon} = \epsilon_{PE} / \epsilon + \epsilon_{\text{cor}} / \epsilon + \epsilon_{\text{ent}} / \epsilon$ 时），并且最终密钥长度 n 由如下计算公式决定：

$$n \leqslant 2N\hat{H}_{\text{MLE}}(U) - NF\left(\Omega_a^{\max}, \Omega_b^{\max}, \Omega_c^{\max}\right) - \text{leak}_{EC} - \Delta_{\text{AEP}} - \Delta_{\text{ent}} - 2\log\frac{1}{2\bar{\epsilon}} \tag{4-77}$$

其中，$\hat{H}_{\text{MLE}}(U)$ 为 U 的经验熵；$H(U)$ 的极大似然概率为 $\hat{H}_{\text{MLE}}(U) = -\sum_{i=1}^{2^d} \hat{p}_i \log \hat{p}_i$，其中 $\hat{p}_i = \dfrac{\hat{n}_i}{dN}$ 表示获得值 i 的相对频率；$\hat{n}_i$ 表示变量 U 取 i，$i \in \{1, \cdots, 2^d\}$ 的次数；F 为计算 Eve 和 Bob 之间 Holevo 信息的函数，并且有

$$\Delta_{\text{AEP}} = \sqrt{N}(d+1)^2 + \sqrt{16N}(d+1)\log_2\frac{2}{\epsilon_{\text{sm}}^2} + \sqrt{4N}\log_2\frac{2}{\epsilon^2\epsilon_{\text{sm}}} - 4\frac{\epsilon_{\text{sm}}d}{\epsilon} \tag{4-78}$$

$$\Delta_{\text{ent}} = \log_2\frac{1}{\epsilon} - \sqrt{4N\log^2(2N)\log(2/\epsilon_{\text{sm}})} \tag{4-79}$$

由于量子信道可由透射率 η 和过噪声 ε 来描述，在后处理纠错时，可以使用如下模型：

$$\beta I(A:B) = \hat{H}_{\text{MLE}}(U) - \frac{1}{2n}\text{leak}_{EC} \tag{4-80}$$

其中，$I(A:B)$ 表示 Alice 和 Bob 之间的 Shannon 互信息量；β 为协商效率。对于远距离 CVQKD 方案，有

$$I(A:B) = \frac{1}{2}\log_2(1+\text{SNR}) = \frac{1}{2}\log_2\left(1 + \frac{\eta V_M}{2 + \eta\varepsilon}\right) \tag{4-81}$$

此外，假设参数估计的成功率不低于 0.99，则所提方案的鲁棒性为 $\epsilon_{\text{rob}} \leqslant 10^{-2}$。因此，随机变量 $\|X\|^2$、$\|Y\|^2$ 和 X、Y 满足如下限制：

$$\|X\|^2 \leqslant \left(N + 3\sqrt{N}\right)X' \tag{4-82}$$

$$\|Y\|^2 \leqslant \eta\left(N + 3\sqrt{N}\right)\left(Y' + \chi_{\text{line}}\right) \tag{4-83}$$

$$X, Y \geqslant \left(N - 3\sqrt{N}\right)\sqrt{\eta}Z_{4'} \tag{4-84}$$

以上限制能够从远距离 CVQKD 方案的协方差矩阵 $\boldsymbol{\Gamma}_{AB_3}^{(j)}$ 中获得。根据这些界限，可以定义如下内容：

$$\Omega_a^{\max} = \frac{\|X\|^2}{N}\left[1 + 2\sqrt{\frac{\log(36/\epsilon_{PE})}{N/2}}\right] - 1 \tag{4-85}$$

$$\Omega_b^{\max} = \frac{\|Y\|^2}{N}\left[1 + 2\sqrt{\frac{\log(36/\epsilon_{PE})}{N/2}}\right] - 1 \tag{4-86}$$

$$\Omega_c^{\max} = \frac{X,Y}{N} - 5\left(\|X\|^2 + \|Y\|^2\right)\sqrt{\frac{\log(8/\epsilon_{PE})}{(N/2)^3}} \tag{4-87}$$

现在可以通过如下计算公式得出组合安全框架下的密钥率：

$$K_{\text{comp}} = P_{(j)}^{\hat{\Pi}_1}\left(1 - \epsilon_{\text{rob}}\right)\beta\zeta_{\text{opt}}I(A:B) - F\left(\Omega_a^{\max}, \Omega_b^{\max}, \Omega_c^{\max}\right)$$
$$- \frac{1}{N}\left(\Delta_{\text{AEP}} + \Delta_{\text{ent}} + 2\log_2\frac{1}{2\bar{\epsilon}}\right) \tag{4-88}$$

另外，所有的参数必须最优化以与 $\epsilon = 10^{-20}$ 相匹配。为简化数据处理过程，这里简单地选取如下值作为参数的优化值：

$$\epsilon_{\text{sm}} = \bar{\epsilon} = 10^{-21} \tag{4-89}$$

$$\epsilon_{PE} = \epsilon_{\text{cor}} = \epsilon_{\text{ent}} = 10^{-41} \tag{4-90}$$

式（4-89）和式（4-90）这些值为 CVQKD 协议的局部最优值[37]。

图 4-16 所示为减 1 光子的远距离 CVQKD 方案在组合安全性框架中的密钥率随信号 N 变化的趋势。可以看出，其在组合安全性框架下的性能表现差于在有限长效应影响下的性能表现，更差于渐近安全性。例如，当 $N=10^{14}$ 且最小密钥率大于 10^{-6}bit/pulse 时，

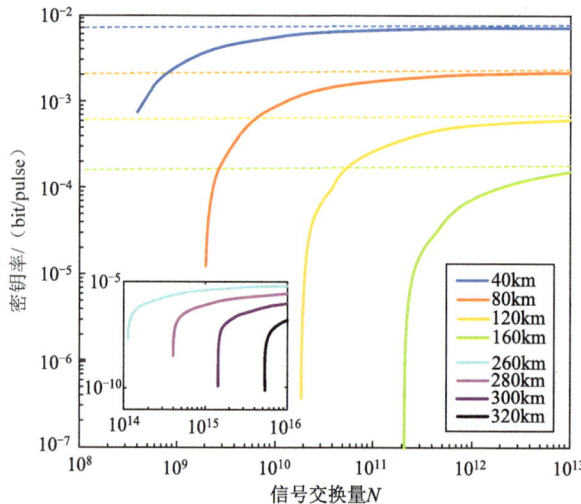

图 4-16 减 1 光子下的远距离 CVQKD 方案的组合安全密钥率随交换信号 N 的变化

注：虚线表示相对于的渐近情形。小图显示了该方案在长距离范围下的组合安全密钥率。过噪声 $\varepsilon=0.01$，安全参数 $\epsilon = 10^{-20}$，离散参数 $d=5$ 且 $\epsilon_{\text{rob}} \leqslant 10^{-2}$。

有限长效应影响下的最大传输距离约为 320km（图 4-15 中的紫色实线）；当考虑组合安全框架下的密钥率时，协议的最大传输距离减少到约 260km（图 4-16 中的浅蓝色实线）。因此，将每一个步骤的失败概率都考虑在内的组合安全性是 CVQKD 系统最严格的理论安全性分析，从而可以获得更加实际的安全界限。此外，当 N 足够大时，组合安全性的界限也会接近渐近安全性（图 4-16 中的虚线）。

渐近安全性、有限长效应下的安全性和组合安全性是评估 CVQKD 系统性能的有效方法。虽然在不同的安全性分析中得出的仿真结果不同，但三者所得结果描述的性能趋势相同。因此可以得出结论，本节提出的基于非高斯态区分检测器的远距离 CVQKD 方案在最大传输距离方面优于其他现有 CVQKD 方案。

4.3 连续变量量子密钥分发中继方案

本节提出了几种基于参量放大器（PA）和分束器（BS）的 CVQKD 中继方案。不同于传统仅使用一个分束器进行操作的中继方案，本节所提出的方案包括参量放大器和分束器两种类型的操作，即轮流进行分束操作（splitting）和重组操作（recombining）。通过信号放大和建立量子相关性，该方案能够提升 CVQKD 系统的性能。中继站输出的端信噪比不同，不同的中继方案使系统的性能有不同程度的变化。具体来说，当采用 PA-BS 中继方案时，系统的安全密钥率将增大；当采用反向的 BS-PA 中继方案时，系统的性能与在数据后处理过程中仅采用一个分束器的传统中继方案相比基本相同；当采用 PA-PA 双放大器中继方案时，系统的性能可以得到较小的提升。本节提出的这几种量子中继方案均可由分束、重组、中继数据后处理操作来实现，因此这些方案适用于在具有中间站的复杂通信网络中交换秘密信息。

当前，大部分 QKD 的研究均基于完美通信设备且通信过程不会被第三方窃听的假设。然而，当 QKD 被应用于复杂系统中，若通信双方并不直接通过单一链路连接，而是通过一个或者多个中继连接进行通信，QKD 的可行性便无法得到有效保障。此外，在实际使用的设备中总是会存在一些缺陷，从而使攻击者能够通过某些途径对设备中边信道进行攻击以获得信息[138]。为移除设备中存在但是却未被发现的边信道，测量设备无关（measurement-device-independent，MDI）QKD 作为一种中继方案被提出[139-140]。这种方案为通信系统的安全性能提升提供了巨大优势，即使在第三方中继不受信任的条件下[140]，仍能进行安全的信息传输，其在离散变量 MDI-DVQKD[141]和连续变量 MDI-CVQKD[47]的研究中都取得了不小的进展。由于 MDI-CVQKD 具备城市网络应用条件等各类优点，其已经成为了量子学科中极具研究前景的课题之一[83]。

然而，虽然 MDI-CVQKD 具有较高的密钥率，但是相对于 MDI-DVQKD 而言，它的传输距离仍然较短。其主要原因是 MDI-CVQKD 分发给合法通信者的原始密钥通常采用的是高斯随机数，而中继端对于这些高斯随机数据的后处理过程而言，又是一个复杂的过程，因此通信系统中传输距离不理想。为解决这个问题，学者提出了各种各样的方法，如使用无噪线性放大器（noiseless linear amplifier，NLA）[142]或是在低信噪比条件下采用高效率协商算法，等等。除此之外，还有研究表明当在信道中使用独立参量放大器[84]时,传输距离能够得到较大提升。然而,由于该方案并不能直接进行级联,因此并不适用于中继复杂网络下的信息交换[140]。在量子中继方案中,通信双方 Alice 和 Bob 通过给中继站发送随机相干态来共享一个精确的秘密信息[143-144],其中继数据的后处理过程能够通过分束操作及重组操作来实现。甚至在中继站完全受制于窃听者 Eve 且信道遭受最优相干攻击时,在使用合适的协商算法后,Alice 和 Bob 仍然能提取出密钥。

本节提出了几种 CVQKD 量子中继方案。这些方案能够通过建立量子相关及采用信号放大来有效地提升系统性能。不同于传统中继方案中仅使用一个分束器进行操作,本节所提出的方案包括应用 PA 和 BS 两种类型的操作。从理论角度而言,PA 和 BS 操作以不同次序组合时,会对系统的整体性能产生不同的影响,本节对这几种不同的组合方式进行了深入的研究。

4.3.1 CVQKD 的中继方案

受基于测量设备无关量子加密方案(中继站中仅有一个 BS)[45]特性的启发,本节首先考虑几种既包含 BS 操作又包含 PA 操作的中继方案。在这些方案中,通信双方并不会通过链路直接相连,而是共同连接到一个不受信的第三方中继来共享相关秘密信息。CVQKD 协议的中继方案如图 4-17 所示。

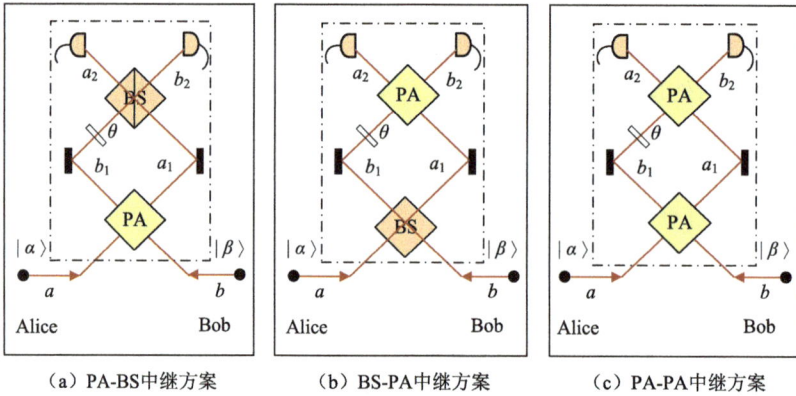

（a）PA-BS中继方案　　　（b）BS-PA中继方案　　　（c）PA-PA中继方案

图 4-17　CVQKD 协议的中继方案

为了共享相关密钥信息,Alice 和 Bob 分别制备相干态$|\alpha\rangle$和$|\beta\rangle$,并且分别对其振幅$\alpha = \frac{1}{\sqrt{2}}(x_\alpha + ip_\alpha)$和$\beta = \frac{1}{\sqrt{2}}(x_\beta + ip_\beta)$进行均值为 0、方差为 V 的高斯调制。随后,模 a 和模 b 分别被发送到中继站。

1. PA-BS 中继方案

如图 4-17（a）所示,在 PA-BS 中继方案中,分束操作在 PA 中进行,重组操作在 BS 中进行。PA 的效果可以表示为

$$\begin{cases} \hat{a}_1 = G\hat{a} + g\hat{b} \\ \hat{b}_1 = G\hat{b} + g\hat{a} \end{cases} \tag{4-91}$$

其中，G 和 g 均为正数，并且满足约束条件 $G^2 - g^2 = 1$；输出模 a_1 和输出模 b_1 的强度分别为 $G^2\alpha^2 + g^2\beta^2 + g^2$ 和 $G^2\beta^2 + g^2\alpha^2 + g^2$。在增益的幅值 G 足够大的条件下，$G \approx g$，由此可得两者的输出强度近乎相等。在所得到的输出中，x 是一个满足最优噪声递减的电流增益。此时，可知经典输出 $\hat{a}_1$ 和 $\hat{b}_1$ 均需要一个合适的 G 值来重现相干态。

在两个输出模 a_1 和 b_1 进行干涉前，b_1 会受到一个夹角为 θ 的相位漂移，经过 BS 后，输出模分别为

$$\begin{cases} \hat{a}_2 = \sqrt{T}\hat{a}_1 + e^{i\theta}\sqrt{R}\hat{b}_1 \\ \hat{b}_2 = \sqrt{T}\hat{b}_1 - \sqrt{R}\hat{a}_1 \end{cases} \tag{4-92}$$

其中，$T+R=1$。将式（4-91）代入式（4-92），可以得到如下输入输出关系：

$$\hat{a}_2 = G\sqrt{T}\hat{a} + ge^{i\theta}\sqrt{R}\hat{a}^\dagger + Ge^{i\theta}\sqrt{R}\hat{b} + g\sqrt{T}\hat{b}^\dagger \tag{4-93}$$

$$\hat{b}_2 = Ge^{i\theta}\sqrt{T}\hat{b} - g\sqrt{R}\hat{b}^\dagger - G\sqrt{R}\hat{a} + ge^{i\theta}\sqrt{T}\hat{a}^\dagger \tag{4-94}$$

在输出端 $\hat{a}_2$ 和 $\hat{b}_2$，有 $\hat{x}_{\tau_2} = \dfrac{1}{\sqrt{2}}\left(\hat{\tau}_2^\dagger + \hat{\tau}_2\right)$ 和 $\hat{p}_{\tau_2} = \dfrac{1}{\sqrt{2}}\left(\hat{\tau}_2^\dagger - \hat{\tau}_2\right)$，$\forall \tau \in a,b$。换言之，即

$$\hat{x}_{a_2} = G\sqrt{T}\hat{x}_a + g\sqrt{R}\hat{x}_a(\theta) + g\sqrt{T}\hat{x}_b + G\sqrt{R}\hat{x}_b(-\theta) \tag{4-95}$$

$$\hat{x}_{b_2} = G\sqrt{T}\hat{x}_b(-\theta) - g\sqrt{R}\hat{x}_b + g\sqrt{T}\hat{x}_a(\theta) - G\sqrt{R}\hat{x}_a \tag{4-96}$$

$$\hat{p}_{a_2} = G\sqrt{T}\hat{p}_a - g\sqrt{R}\hat{p}_a(\theta) - g\sqrt{T}\hat{p}_b + G\sqrt{R}p_b(-\theta) \tag{4-97}$$

$$\hat{p}_{b_2} = G\sqrt{T}\hat{p}_b(-\theta) + g\sqrt{R}\hat{p}_b - g\sqrt{T}\hat{p}_a(\theta) - G\sqrt{R}\hat{p}_a \tag{4-98}$$

其中，$\hat{x}_\tau = \dfrac{1}{\sqrt{2}}\left(\hat{\tau}^\dagger + \hat{\tau}\right)$，$\hat{x}_\tau(\theta) = \dfrac{1}{\sqrt{2}}\left(e^{i\theta}\hat{\tau}^\dagger + e^{-i\theta}\hat{\tau}\right)$，$\hat{p}_\tau = \dfrac{i}{\sqrt{2}}\left(\hat{\tau}^\dagger - \hat{\tau}\right)$ 和 $\hat{p}_\tau(\theta) = \dfrac{1}{\sqrt{2}}\left(e^{i\theta}\hat{\tau}^\dagger - e^{-i\theta}\hat{\tau}\right)$。一般，以 a_2 和 b_2 的正交分量 $\hat{x}_{a_2}$ 和 $\hat{x}_{b_2}$ 为例，当 $\theta = 0$ 时，可以得到：

$$x_{a_2} = \left(G\sqrt{T} + g\sqrt{R}\right)x_\alpha + \left(g\sqrt{T} + G\sqrt{R}\right)x_\beta \tag{4-99}$$

$$x_{b_2} = \left(G\sqrt{T} - g\sqrt{R}\right)x_\beta + \left(g\sqrt{T} - G\sqrt{R}\right)x_\alpha \tag{4-100}$$

因此，输出端噪声可表示为

$$\langle \Delta^2 \hat{x}_{a_2} \rangle = G^2 + g^2 + 4Gg\sqrt{RT} \tag{4-101}$$

$$\langle \Delta^2 \hat{x}_{b_2} \rangle = G^2 + g^2 - 4Gg\sqrt{RT} \tag{4-102}$$

因为两个输出端 $\hat{a}_2$ 和 $\hat{b}_2$ 的噪声彼此关联，所以可以从 $\hat{b}_2$ 的零差检测结果中减去当前值，得到输出为

$$\hat{x}_r = \hat{x}_{a_2} - \lambda_x \hat{x}_{b_2} \tag{4-103}$$

其中，λ_x 是一个满足最优噪声递减的电流增益。此时，可以得到经典输出：

$$x_r = x_{a_2} - \lambda_x x_{b_2} \tag{4-104}$$

并且其噪声能够表示为

$$\Delta^2 \hat{x}_r = \langle (\Delta^2 \hat{x}_{a_2} - \lambda_x \hat{x}_{b_2})^2 \rangle \tag{4-105}$$

此时，可以直接得到：

$$\langle \Delta^2 \hat{x}_r \rangle_{\text{opt}} = 8Gg\sqrt{RT} \tag{4-106}$$

其中，$\lambda_x = \langle \Delta\hat{x}_{a_2} \cdot \Delta\hat{x}_{b_2} \rangle / \langle \Delta^2\hat{x}_{b_2} \rangle$。$T=1/2$ 时，即 $\lambda_x = 1$ 的条件下，有 $\langle \Delta^2\hat{x}_r \rangle_{\text{opt}} \simeq 4Gg$。因此可以得到一个在实变量 x_r 中的经典输出：

$$x_r = x_{a_2} - x_{b_2} = \sqrt{2}\left(gx_a + Gx_\beta\right) \tag{4-107}$$

类似的，当考虑模 $\hat{a}_2$ 和 $\hat{a}_2$ 的另一个正交分量 $\hat{p}_{a_2}$ 与 $\hat{p}_{b_2}$ 时，能够得到经典输出为

$$p_r = p_{a_2} + p_{b_2} = \sqrt{2}\left(Gp_b - gp_\beta\right) \tag{4-108}$$

此时，复变量 γ 可表示为

$$\gamma = \frac{1}{\sqrt{2}}\left(x_r + ip_r\right) \tag{4-109}$$

当 $G \cong g$ 时，γ 即可建立一个近似的后验相关性

$$\gamma \simeq G\left(\alpha + \beta^*\right) + \delta \tag{4-110}$$

其中，δ 代表检测噪声。此时 γ 将向 Alice 和 Bob 公开，对于给定参数 G，δ 可以允许通信的一方通过数据后处理来推断另一个变量的信息。例如，Bob 可以通过如下计算公式来恢复 Alice 的变量：

$$\alpha = \frac{\gamma}{G} - \beta^* + \frac{\delta}{G} \tag{4-111}$$

根据上述内容中的推导，在已知输出结果 γ 的条件下，Alice 和 Bob 两者的互信息量 $I(A{:}B|\gamma)$ 可以通过分束和重组操作来增加。若窃听者 Eve 不知道 β（或 α），即使她能够在经典信道中完全截获 γ，也无法从中获取任何有价值的信息。此外，利用式（4-101）和式（4-102）中 a_2 和 b_2 的噪声，在 $T=1/2$ 条件下，可以得到 $S_{x_{a_2}} = S_{x_{b_2}} = (x_\alpha + x_\beta)^2 / 2$。设输出端 2 和 b_2 的中继信息传输量分别为 $T_{a_2} = S_{x_{a_2}} / x_\alpha{}^2$ 和 $T_{b_2} = S_{x_{b_2}} / x_\beta{}^2$，则 PA-BS 中继方案的整体中继信息传输量可以表示为 $T_{\text{tot}} = T_{b_2} + T_{a_2}$，并且当 $G \cong g$ 增益很大时，T_{tot} 可以达到的最小值为 4。然而，在中继端仅采用一个分束器的传统 MDI-CVQKD 中，系统的信息传输量的最小值仅为 2，是 PA-BS 方案的一半。由此可见，基于 PA-BS 的 CVQKD 中继方案确实可以提升系统的性能。

2. PA-BS 中继方案的安全性分析

如图 4-18（a）所示，中继站由一个不受信任的窃听者 Eve 控制。同时，两个输入模 a 和 b，分别被 Eve 的辅助模 e_a 和 e_b 所截获，并且辅助模 e_a 和 e_b 及额外系统 ε 处在一个全局复合系统中，三者是彼此关联的。Eve 对输入模 a 和 b 发动的攻击可以分别通过两个透射率为 t_a 和 t_b 的分束器来模拟。因此，协方差矩阵 $V_{e_a e_b}$ 可表示为

$$V_{e_a e_b} = \begin{bmatrix} \omega_a I_2 & \mathcal{G} \\ \mathcal{G} & \omega_b I_2 \end{bmatrix} \tag{4-112}$$

其中，I_2 为单位矩阵；$\mathcal{G} = \text{diag}(g_1 + g_2)$，$g_1$ 和 g_2 满足 bona-fide 条件；ω_a 和 ω_b 为影响链路的热态噪声方差。另外，参数 g_1, g_2, ω 三者必满足如下约束条件：

$$|g_1| < \omega, |g_2| < \omega, \sqrt{\omega^2 + g_1 g_2 - |g_1 + g_2|} \geq 1 \tag{4-113}$$

其中，ω 是热态噪声，对应于 a 和 b 各有 ω_a 和 ω_b。接下来，继续分析系统受到最优高斯相干攻击[33]时的最糟糕情形，该攻击模式下对应参数设置为 $g_1 = -g_2 = \pm\sqrt{\omega^2 - 1}$。详

情请参阅文献[145]的附录 D。

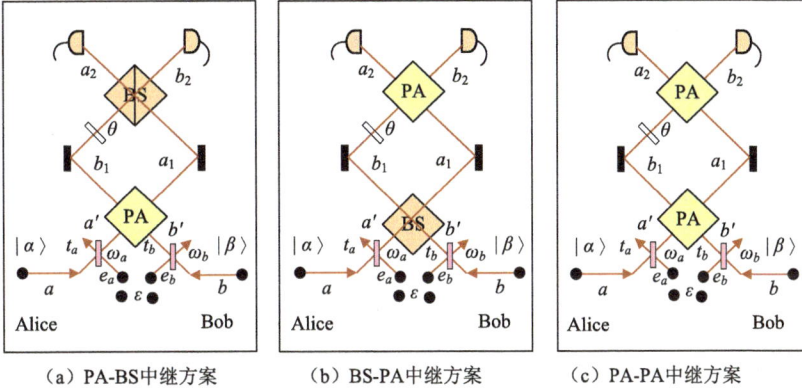

（a）PA-BS中继方案　　（b）BS-PA中继方案　　（c）PA-PA中继方案

图 4-18　几种中继方案基于纠缠模型

假设 Alice 是发送方，Bob 是接收方，Bob 能够通过一个 γ 的最优估计量来推导出 Alice 的变量 α。这是一个非常高效的过程，因为对于中继站的大增益 $G \approx g$ 来说，它能够提供的估计量计算公式如下：

$$\gamma \approx \tilde{\gamma} = G\sqrt{t_a}\alpha^* + g\sqrt{t_b}\beta \approx G\left(\sqrt{t_a}\alpha^* + \sqrt{t_b}\beta\right) \tag{4-114}$$

其中，t_a 和 t_b 分别为 Alice 和 Bob 的传输效率。

如图 4-19 所示，当采用基于纠缠模型来表示该方案时，此时每个相干态源都用 EPR 模来表示，并且 Alice 和 Bob 各制备一个均值为 0 的 EPR 态 ρ_{Aa} 和 ρ_{Bb}，这两者的协方差矩阵 $V(\mu)$ 均可表示为

$$V(\mu) = \begin{bmatrix} \mu I_2 & v\sigma_z \\ v\sigma_z & \mu I_2 \end{bmatrix} \tag{4-115}$$

其中，$\mu^2 - v^2 = 1$。在模 A 和模 B 分别进行外差检测后，Alice 和 Bob 分别在模 a 与模 b 投影成相干态 $|\alpha\rangle$ 和 $|\beta\rangle$，其振幅由两个方差为 $\varphi = \mu - 1$ 的复高斯变量 α 和 β 进行调制。对于给定的输出 γ，Alice、Bob 和 Eve 共享一个条件态 $\varPhi_{ABe|\gamma}$，其中 $\rho_{e|\gamma}$ 代表 Eve 在 γ 条件下的缩减态，$\rho_{AB|\gamma}$ 代表 Alice 和 Bob 在 γ 条件下的双体态。虽然态 $\rho_{AB|\gamma}$（或 $\rho_{e|\gamma}$）的均值随着 γ 的变化而变化，但它们具有相同的协方差矩阵 $V_{AB|\gamma}$（或 $V_{e|\gamma}$）。因为 Eve 执行零差检测，$\varPhi_{ABe|\gamma}$ 为纯态，因此 $S(\rho_{AB|\gamma}) = S(\rho_{e|\gamma})$。

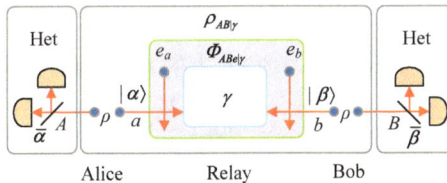

图 4-19　基于纠缠的 MDI-CVQKD 模型

Alice 在通过对输出为 $\bar{\alpha}$ 的模 A 进行外差检测编码信息后，将 $\varPhi_{ABe|\gamma}$ 投影到 $\rho_{Be|\gamma\bar{\alpha}}$ 上，可以得到 $S(\rho_{B|\gamma}) = S(\rho_{e|\gamma\bar{\alpha}})$。值得注意的是，因为攻击者可以将其噪声 ω 调整伪装成真

实信道，所以在安全性分析中可以将该噪声看作正常的信道损耗和信道噪声。因此，Eve 在 Alice 的变量 $\bar{\alpha}$ 上截获的信息量上界为

$$I_{e|\gamma} = S(\rho_{AB|\gamma}) - S(\rho_{B|\gamma}) I(\bar{\beta}|\gamma) = I(\beta|\gamma) \tag{4-116}$$

互信息量可以表示为

$$I_{AB|\gamma} = I(\bar{\beta}|\gamma) \tag{4-117}$$

式（4-117）的值由态 $\rho_{AB|\gamma}$ 决定，其协方差矩阵 $V_{AB|\gamma}$ 具有以下形式（详情请参见文献[145]的附录 B）：

$$V_{AB|\gamma} = \mu I_{AB} - V^2 \times \begin{bmatrix} \dfrac{G^2 t_a}{\delta_1} & 0 & \dfrac{Gg\sqrt{t_a t_b}}{\delta_1} & 0 \\ 0 & \dfrac{g^2 t_a}{\delta_2} & 0 & -\dfrac{Gg\sqrt{t_a t_b}}{\delta_2} \\ \dfrac{Gg\sqrt{t_a t_b}}{\delta_1} & 0 & \dfrac{g^2 t_b}{\delta_1} & 0 \\ 0 & -\dfrac{Gg\sqrt{t_a t_b}}{\delta_2} & 0 & \dfrac{g^2 t_b}{\delta_2} \end{bmatrix} \tag{4-118}$$

其中，δ_1 和 δ_2 两个参数分别取决于 Eve 的攻击方式。因此，能够得到 Bob 缩减态 $\rho_{B|\gamma}$ 的协方差矩阵和在 Alice 公布检测结果以后所得条件态的协方差矩阵 $\rho_{B|\gamma\dot{\alpha}}$，即

$$V_{B|\gamma} = \begin{bmatrix} \mu - \dfrac{g^2 v^2 t_b}{\delta_1} & 0 \\ 0 & \mu - \dfrac{G^2 v^2 t_b}{\delta_2} \end{bmatrix} \tag{4-119}$$

$$V_{B|\gamma\bar{\alpha}} = \begin{bmatrix} \mu - \dfrac{g^2 v^2 t_b}{\delta_1 + G^2 t_a} & 0 \\ 0 & \mu - \dfrac{G^2 v^2 t_b}{\delta_2 + g^2 t_a} \end{bmatrix} \tag{4-120}$$

因此，系统的安全密钥率的计算公式如下：

$$R(\gamma) = \eta I_{ab|\gamma} - I_{e|\gamma} \tag{4-121}$$

其中，协商效率 $\eta \leqslant 1$（详见文献[145]）。由于测量输出 $(\bar{\alpha}, \bar{\beta})$ 与 Bob 的缩减协方差矩阵 $V_{b|\gamma} = V_{B|\gamma} + I_2$ 和条件协方差矩阵之间存在相关性 $V_{b|\gamma\bar{\alpha}} = V_{B|\gamma\bar{\alpha}} + I_2$，式（4-121）中的第一项可由式（4-119）中的 $V_{B|\gamma}$ 和式（4-120）中的 $V_{B|\gamma\bar{\alpha}}$ 两者决定。因此有

$$I_{ab|\gamma} = \frac{1}{2} \log_2 \frac{V_{b|\gamma}}{V_{b|\gamma\bar{\alpha}}} \tag{4-122}$$

式（4-122）可以改写成基于 SNR 的公式，即 $I_{ab} = \log_2 u / \chi$，其中 $\chi = \mu V_{b|\gamma\bar{\alpha}} / V_{b|\gamma}$。此外，在式（4-116）中，Eve 所截获的信息量 $I_{e|\gamma}$ 可由如下公式进行计算：

$$I_{e|\gamma} = h(\lambda_1) + h(\lambda_2) - h(\lambda) \tag{4-123}$$

其中，$h(x) = \left(\dfrac{1+x}{2}\right)\log_2\left(\dfrac{1+x}{2}\right) - \left(\dfrac{x-1}{2}\right)\log_2\left(\dfrac{x-1}{2}\right)$；$\lambda_1$、$\lambda_2$ 分别是矩阵 $V_{AB|\gamma}$ 的辛特征值，并且 $\lambda = \sqrt{\det V_{B|\gamma\bar{\alpha}}}$。

4.3.2　其他中继方案

根据之前的分析，基于 MDI 的数据后处理过程能够被简化为利用 BS 和 PA 来进行的分束和重组操作。本节考察的 BS-PA 中继方案与 4.3.1 节介绍的 PA-BS 中继方案具有类似的结构，其最大的不同点是 PA 与 BS 进行了调换，即双方信号光先通过 BS 分束再由 PA 进行重组。由于输出信号的加性噪声干扰，BS-PA 中继方案与传统仅在中继站使用一个 BS 的 MDI-CVQKD 方案相比性能几乎没有提升。此外，本节也考察了 PA-PA 中继方案，该方案中加性噪声能够被适当地消除，因此对系统的信噪比有一定量的提升。

1. BS-PA 中继方案

首先对 BS-PA 中继方案进行分析。回到图 4-18（b）的方案可知，BS 被用来进行分束操作，而 PA 被用于重组操作。其中，在模 b 受到角度为 θ_1 的相位漂移后，BS 所进行的分束操作可以表示为

$$\begin{cases} \hat{a}_1 = \sqrt{T}\hat{a} + \mathrm{e}^{\mathrm{i}\theta_1}\sqrt{R}\hat{b} \\ \hat{b}_1 = \mathrm{e}^{\mathrm{i}\theta_1}\sqrt{T}\hat{b} - \sqrt{R}\hat{a} \end{cases} \tag{4-124}$$

类似地，在模 b_1 受到角度为 θ_2 的相位漂移后，PA 对输入模 a_1 和 b_1 分别进行重组操作，得到模 a_2 和模 b_2 为

$$\hat{a}_2 = G\hat{a}_1 + g\mathrm{e}^{-\mathrm{i}\theta_2}\hat{b}_1^\dagger \tag{4-125}$$

$$\hat{b}_2 = G\mathrm{e}^{\mathrm{i}\theta_2}\hat{b}_1 + g\hat{a}_1^\dagger \tag{4-126}$$

对于给定的 $\theta_1 = \theta_2 = \theta$，可以得到总体上的输入输出关系，即

$$\hat{a}_2 = G\sqrt{T}\hat{a} - g\mathrm{e}^{-\mathrm{i}\theta}\sqrt{R}\hat{a}^\dagger + G\mathrm{e}^{\mathrm{i}\theta}\sqrt{R}\hat{b} + g\mathrm{e}^{-2\mathrm{i}\theta}\sqrt{T}\hat{b}^\dagger \tag{4-127}$$

$$\hat{b}_2 = G\mathrm{e}^{2\mathrm{i}\theta}\sqrt{T}\hat{b} - g\mathrm{e}^{\mathrm{i}\theta}\sqrt{R}\hat{b}^\dagger - G\mathrm{e}^{\mathrm{i}\theta}\sqrt{R}\hat{a} + g\sqrt{T}\hat{a}^\dagger \tag{4-128}$$

通过模 a_2 和模 b_2，可以得到两个模所对应的正交分量 $\hat{x}_{a_2}$ 和 $\hat{x}_{b_2}$ 为

$$\hat{x}_{a_2} = G\sqrt{T}\hat{x}_a - g\sqrt{R}\hat{x}_a(-\theta) + g\sqrt{T}\hat{x}_b(-2\theta) + G\sqrt{R}\hat{x}_b(-\theta) \tag{4-129}$$

$$\hat{x}_{b_2} = G\sqrt{T}\hat{x}_b(-2\theta) + g\sqrt{R}\hat{x}_b(-\theta) + g\sqrt{T}\hat{x}_a - G\sqrt{R}\hat{x}_a(-\theta) \tag{4-130}$$

当 $\theta = \pi/2$ 时，

$$x_{a_2} = G\sqrt{T}x_\alpha + G\sqrt{R}\rho_\alpha - g\sqrt{T}x_\beta - G\sqrt{R}\rho_\beta \tag{4-131}$$

$$\hat{x}_{b_2} = g\sqrt{T}x_\alpha + G\sqrt{R}\rho_\alpha - G\sqrt{T}x_\beta - g\sqrt{R}\rho_\beta \tag{4-132}$$

因此可以得到模 a_2 和模 b_2 的噪声为

$$\langle \Delta^2\hat{x}_{a_2}\rangle = \langle \Delta^2\hat{x}_{b_2}\rangle = G^2 + g^2 \tag{4-133}$$

对 $\hat{a}_2$ 和 $\hat{b}_2$ 执行零差检测后，可以得到：

$$\hat{x}_r = \hat{x}_{a_2} - \lambda_x\hat{x}_{b_2} \tag{4-134}$$

其中，λ_x 是一个可调参数。输出信号变量可由 $x_r = x_{a_2} - \lambda_x x_{b_2}$ 表示，因此噪声为 $\langle (\Delta \hat{x}_{a_2} - \lambda_x \Delta \hat{x}_{b_2})^2 \rangle$。随后，对于选定的参数 $\lambda_x = \dfrac{\Delta \hat{x}_{a_2} \cdot \Delta \hat{x}_{b_2}}{\langle \Delta^2 \hat{x}_{b_2} \rangle}$，可以得到 $\langle \Delta^2 \hat{x}_r \rangle_{\text{opt}} = \langle \Delta^2 \hat{x}_{a_2} \rangle - \langle \Delta^2 \hat{x}_{b_2} \rangle = 0$。当 $T = 1/2$ 且大增益 $G \approx g$ 时，估计值 $\lambda_x = 1$，从而可以在实变量中获得经典输出 $x_{r_{\pi/2}} = x_{a_2} - x_{b_2}$，即

$$x_{r_{\pi/2}} = \frac{1}{\sqrt{2}} (G - g)(x_a - p_\alpha + x_\beta - p_\beta) \tag{4-135}$$

同样地，对于模 a_2 和模 b_2 的正交分量 $\hat{p}_{a_2}$ 和 $\hat{p}_{b_2}$，也可以得到另一个经典输出 $p_{r_{\pi/2}} = p_{a_2} + p_{b_2}$，即

$$p_{r_{\pi/2}} = \frac{1}{\sqrt{2}} (G - g)(p_\alpha - x_a - p_\beta + x_\beta) \tag{4-136}$$

根据式（4-126）的关系，令 $\theta = 0$、$\theta = \pi$，分别可以得到变量：

$$\begin{cases} x_{r_0} = \sqrt{2}(G - g) x_a \\ p_{r_0} = \sqrt{2}(G - g) p_\beta \end{cases} \tag{4-137}$$

$$\begin{cases} x_{r_\pi} = \sqrt{2}(G - g) x_\beta \\ p_{r_0} = \sqrt{2}(G - g) p_\alpha \end{cases} \tag{4-138}$$

将这些变量结合可得

$$x_{r_+} = x_{r_0} + x_{r_\pi} = \sqrt{2}(G - g)(x_a - x_\beta) \tag{4-139}$$

$$p_{r_+} = p_{r_0} + p_{r_\pi} = \sqrt{2}(G - g)(x_a + x_\beta) \tag{4-140}$$

因此，可以得到：

$$x_{r'} = 2x_{r_{\pi/2}} + p_{r_-} = \sqrt{2}(G - g)(x_a + x_\beta) \tag{4-141}$$

$$p_{r'} = 2x_{r_{\pi/2}} + x_{r_-} = \sqrt{2}(G - g)(p_a - p_\beta) \tag{4-142}$$

进而得到一个经典的复变量 γ 用于中继数据处理，即

$$\gamma = \frac{1}{\sqrt{2}} (x_{r'} + \mathrm{i} p_{r'}) = (G - g)(\alpha + \beta^*) \tag{4-143}$$

在大增益 $G \approx g$ 的条件下，整个系统的信息传输量 $T_{\text{tot}} = T_{a_2} + T_{b_2}$ 趋于 0。这表明，相比于仅采用一个分束器的 MDI-CVQKD 方案和前面介绍的 PA-BS 中继方案，BS-PA 中继方案几乎没有任何性能的提升。值得注意的是，输出端的噪声在经过 BS 和 PA 的分束和重组操作后不仅没有降低，反而获得了一个放大系数 $G^2 + g^2$。与之相反的是，输出端信号在系数 $2(G - g)^2$ 的影响下，急剧减少。输出端噪声会获得放大是因为 BS 的两个输出端之间并没有关联性。当 PA 进行重组操作时，BS 两个输出端的输出噪声均得到了放大，从而导致系统整体的噪声放大。

2. PA-PA 中继方案

虽然加性噪声的放大可能会降低输出端的输出信噪比，但是输出信噪比的降低可以通过增加输入噪声的相关性来补偿。为提升 CVQKD 协议的性能，本节考虑一种双参量

放大器结构的 PA-PA 中继协议。图 4-18（c）给出了 PA-PA 协议中继协议的制备与测量模型，其中分束操作和重组操作均在 PA 中实现。第一个 PA 的分束操作可以表示为

$$\begin{cases} \hat{a}_1 = G\hat{a} + g\hat{b}^\dagger \\ \hat{b}_1 = G\hat{b} + g\hat{a}^\dagger \end{cases} \tag{4-144}$$

在通过第二个 PA 实现重组操作后，可以得到两个输出模分别为

$$\begin{cases} \hat{a}_2 = G\hat{a}_1 + ge^{-i\theta}\hat{b}_1^\dagger \\ \hat{b}_2 = Ge^{i\theta}\hat{b}_1 + g\hat{a}_1^\dagger \end{cases} \tag{4-145}$$

其中，模 b_1 受到一个夹角为 θ 的相位漂移。根据式（4-143）与式（4-144），可以得到完整的输入输出关系为

$$\hat{a}_2 = \left(G^2 + g^2 e^{-i\theta}\right)\hat{a} + \left(Gge^{-i\theta}\hat{b} + Gg\right)\hat{b}^\dagger \tag{4-146}$$

$$\hat{b}_2 = \left(G^2 e^{i\theta} + g^2\right)\hat{b} + \left(Gge^{i\theta}\hat{b} + Gg\right)\hat{a}^\dagger \tag{4-147}$$

因此，$\hat{x}_{a_2}$ 与 $\hat{x}_{b_2}$ 可表示为

$$\hat{x}_{a_2} = G^2\hat{x}_a + g^2\hat{x}_a(\theta) + Gg\hat{x}_b + Gg\hat{x}_b(-\theta) \tag{4-148}$$

$$\hat{x}_{b_2} = G^2\hat{x}_b(-\theta) + g^2\hat{x}_b + Gg\hat{x}_a + Gg\hat{x}_a(\theta) \tag{4-149}$$

当 $\theta = 0$ 时，模 a_2 与模 b_2 的信号变量为

$$x_{a_2} = (G^2 + g^2)x_\alpha + 2Ggx_\beta \tag{4-150}$$

$$x_{b_2} = (G^2 + g^2)x_\beta + 2Ggx_\alpha \tag{4-151}$$

模 a_2 与模 b_2 的噪声的计算公式如下：

$$\langle \Delta^2\hat{x}_{a_2}\rangle = \langle \Delta^2\hat{x}_{b_2}\rangle = G^4 + g^4 + 6G^2g^2 \tag{4-152}$$

对于给定的 λ_x，则有

$$\hat{x}_r = \hat{x}_{a_2} - \lambda_x\hat{x}_{b_2} \tag{4-153}$$

因此噪声为 $(\Delta\hat{x}_{a_2} - \lambda_x\Delta\hat{x}_{b_2})^2$。随后，由选定的参数 $\lambda_x = \dfrac{\Delta\hat{x}_{a_2} \cdot \Delta\hat{x}_{b_2}}{\Delta^2\hat{x}_{b_2}}$，可以得到 $\Delta^2\hat{x}_{\text{opt}} = \Delta^2\hat{x}_{a_2} - \Delta^2\hat{x}_{b_2} = 0$。在大增益 $G \approx g$ 时，估计值 $\lambda_x = 1$，$x_r = x_{a_2} - x_{b_2}$，从而可以在实变量中获得经典输出为

$$x_r = (G + g)^2 \left(x_\alpha - x_\beta\right) \tag{4-154}$$

同样地，对于模 a_2 与模 b_2 的正交分量 $\hat{p}_{a_2}$ 和 $\hat{p}_{b_2}$，也可以得到另一个经典输出 $p_r = p_{a_2} + p_{b_2}$，即

$$p_r = (G + g)^2 \left(p_\alpha + p_\beta\right) \tag{4-155}$$

将这些变量结合可得到

$$\gamma = \frac{1}{\sqrt{2}}(G + g)^2 \left(\alpha + \beta^*\right) + \delta \tag{4-156}$$

其中，δ 代表检测噪声，被广播给 Alice 与 Bob 用于数据处理。

对于 PA-PA 中继方案的两个输出模 a_2 和 b_2 的信噪比，其在大增益 $G \approx g$ 条件下的近似值可表示为 $S_{xa_2} = S_{xb_2} = (x_\alpha + x_\beta)^2 / 2$。两者的信息传输量可以分别由 $T_{a2} = S_{xa_2} / x_\alpha^2$ 和

$T_{b2} = S_{xb_2}/x_\beta^2$ 计算得到。因此能够得到整个系统在大增益 $G \approx g$ 条件下的总信息传输量为 $T_{tot} = T_{a_2} + T_{b_2}$，其最小值接近 4，与 4.3.2 节介绍的 PA-BS 中继方案相同。因此，可以相信 PA-PA 中继方案也能够提升系统的性能，接下来讨论这几种中继方案的安全性分析。

4.3.3　几种中继方案的安全性分析

本节分析和讨论几种中继方案的安全性。其中，检测器的不完美性主要体现在信道噪声和信道损失上，不论是在对称还是非对称方案中，均设定攻击参数为 $g_1 = g_2 = 0.1$，在该参数条件下，Eve 能够进行高效率的攻击。在以下仿真中，Alice 和 Bob 均在相干态中对信息进行编码，并且中继数据后处理均在中继站中进行。

在仿真分析中，将密钥率看作以传输距离为自变量的函数，并将 PA 的增益 G 设定为 5，相干态 α 和 β 的方差均设为 10，协商效率 η 设为 0.97，热态噪声设为 1.2。如图 4-20 所示，首先考虑对称的情形 $L_{AR} = L_{BR}$，即 Alice 和 Bob 到中继站的距离相等。根据仿真结果，可以发现 PA-BS 中继方案的密钥率和传输距离比仅有一个 BS 的原始 MDI-CVQKD 方案高，而原始 MDI-CVQKD 方案的性能又优于 BS-PA 方案。同时，也可以发现 PA-BS 中继方案与 PA-PA 中继方案的性能几乎相同，两者性能的理论证明已经在前面章节给出。因此，可以得出 PA-BS 中继方案不仅能够提升系统输出端的信噪比，还能够有效提升 CVQKD 协议的整体性能的结论。

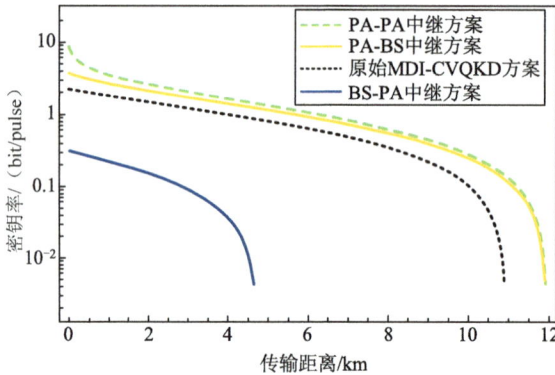

图 4-20　几种中继方案的对称密钥率与 Bob 传输距离的关系

除对称中继方案外，本节也给出非对称中继方案对于密钥率的影响，如图 4-21 所示。假设中继站更靠近 Alice 端，对比 $L_{AR} \in \{3km, 1km, 0.1km\}$ 3 种情况下中继方案的性能，可以发现对于短距离的 L_{AR}，PA-BS 方案能够使密钥率有一个小范围的提升。图 4-22 所示为对称方案和非对称方案密钥率的对比图像，可以观察到在相同条件下，非对称中继方案的传输距离要明显优于对称方案的传输距离。

最后，图 4-23 论证了在不同的增益 G 下，采用 PA-BS 中继方案安全密钥率的变化情况。列举了 G 取不同值的 3 种情况，其中包括增益 $G = 100$，根据前述的条件 $G \approx g$，则参数 g 为 99.995。在仿真中，当增大中继站增益 G 时，密钥率也会随着提高，然而当增益足够大时，提高增益给密钥率带来的提升会越来越少，因而对系统整体性能的提升也会变得越来越小。

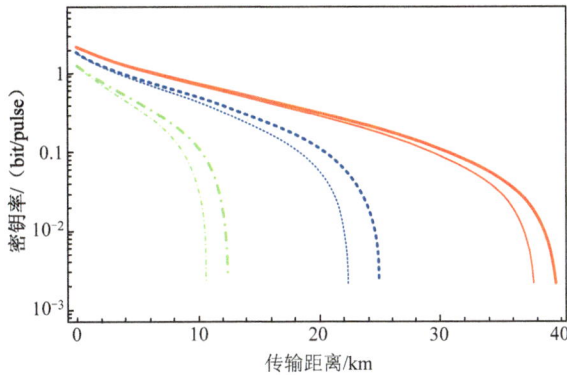

注：较细的绿色点虚线表示原始 MDI-CVQKD 方案在 L_{AR}=3km 条件下的密钥率，较粗的绿色点虚线表示 PA-BS 中继方案在相同情况下的密钥率。较细的蓝色虚线表示原始 MDI-CVQKD 方案在 L_{AR}=1km 条件下的密钥率，较粗的蓝色虚线代表 PA-BS 中继方案在同样条件下的密钥率。较细的红色实线代表原始 MDI-CVQKD 方案在 L_{AR}=0.1km 条件下的密钥率，较粗的红色虚线代表 PA-BS 中继方案在相同条件下的密钥率。

图 4-21　几种中继方案的非对称密钥率与 Bob 传输距离的关系

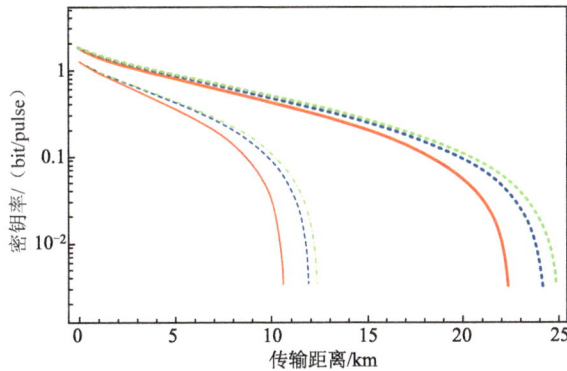

注：原始 MDI-CVQKD 方案（红色实线）、PA-BS 中继方案（蓝色虚线）、PA-PA 中继方案（绿色点虚线），其中细曲线代表对称方案，粗曲线代表 L_{AR}=1km 条件下的不对称方案。

图 4-22　对称方案与非对称方案下密钥率的对比

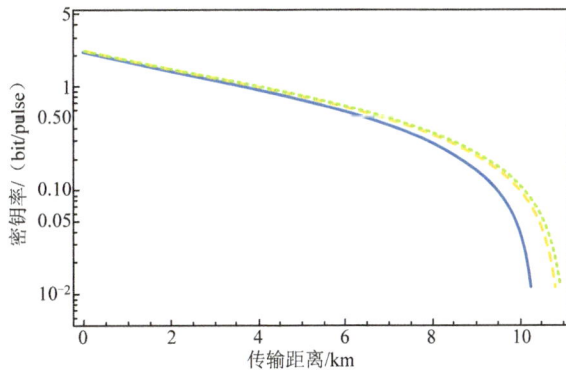

注：图中蓝色实线表示取值 G=1.1 条件下的密钥率，黄色短划线代表 G=5 条件下的密钥率，绿色虚线代表 G=100 条件下的密钥率曲线。

图 4-23　不同增益 G 条件下，对称 PA-BS 中继方案密钥率与传输距离的关系

第5章　基于量子催化的连续变量量子密钥分发方案

　　量子催化是 CVQKD 系统中的一种重要操作,对 CVQKD 系统性能提升有较大帮助。本章首先从理论上分析了量子催化操作对传统 CVQKD 系统的性能影响,利用有序算符内积分(integration within an ordered product,IWOP)技术,不仅导出量子催化和单光子扣除的等效算符形式,还为计算量子态的协方差矩阵元提供了一种新方法。其次,从实际操作角度提出了量子催化自参考 CVQKD 方案。再次,将量子催化运用到测量设备无关 GMCS-CVQKD 系统中,试图进一步改善测量设备无关 GMCS-CVQKD 系统的性能。最后,结合量子催化的优势,运用量子催化到离散调制 CVQKD 系统,试图达到超远距离安全通信的目的。

5.1　基于量子催化的高斯调制连续变量量子密钥分发方案

　　光子扣除可以被用来提升高斯调制 CVQKD 系统的性能,主要是因为非高斯操作在改善高斯纠缠态的纠缠特性和增强量子态的非经典性方面具有得天独厚的优势。量子催化作为一种非高斯操作,不仅可以提升量子态的纠缠和非经典特性,还能在量子相干理论方面发挥重要的作用。然而,量子催化运用到高斯调制 CVQKD 系统尚未被研究。因此,本节将首次展示量子催化 CVQKD 方案的相关内容。

　　在量子信息处理中,QKD 是一种较为成熟的应用技术,即使在不可信的环境中通信,它不仅允许遥远的合法通信双方(发送方 Alice 和接收方 Bob)来建立一套安全密钥,还可以根据量子物理学的基本原则(如不确定性原理和不可克隆定理),保证它的无条件安全[146-147]。一般情况下,QKD 主要包括两大类,即 DVQKD 和 CVQKD[1,148-150]。相比于前者,后者能够获取更高的密钥率,主要是因为在 CVQKD 系统中,Alice 将信息编码在高斯光场的正交分量上,而 Bob 采用高效的零差探测和外差探测来解码密钥信息。此外,高斯调制 CVQKD 协议对集体攻击[33]和相干攻击[136,151]的安全性证明已经在理论上得到充分证实,因此这种协议不仅引起了科学工作者的广泛兴趣,而且具备远程通信的潜在应用前景。例如,GG02 协议的密钥率在短距离上表现较好,但是与 DVQKD 协议相比,它面临着安全通信距离不足的问题。

　　迄今为止,大量的理论和实验工作致力于如何提升和获取 CVQKD 系统的最大传输距离。研究表明,在低信噪比的情况下,利用多维协商算法可实现 80km 传输距离的 CVQKD,主要原因在于,多维协商算法的目的是在低信噪比的情况下设计一个合适的高效的协商码,以提升协商效率,从而进一步提升安全距离[91,152]。此外,离散调制协议[40,43],如四态协议和八态协议,被证明可以提高安全传输距离,主要是因为在低信噪比的情况下,这种离散调制协议存在适合的高效的纠错码。特别是对于八态协议,它不仅可以提高密钥率,还可以达到 100km 以上的传输距离[126-127]。当然,密钥传输距离及其安全性通常都会受环境退相干的影响。为解决上述问题，源监视 CVQKD[152]和线性光学克隆机 CVQKD[153]也被相继提出。另外，由于实验科学技术的蓬勃发展，量子操作已经被用来提高 CVQKD 的密钥率、可容忍过量噪声和最大传输距离。例如，无噪声放大器可以将最大传输距离提高大约 $20\log_{10} g$ dB 损失（g 为增益因子）[43]。根据光子扣除可用于改善连续变量系统的纠缠和量子隐形传输保真度[150,154]，它已经被证实可用于提高 CVQKD 协议的密钥率、可容忍过噪声和传输距离[120]。特别是，在诸多光子扣除中，单光子扣除 CVQKD 方案的性能提升效果是最佳的。但是，实现单光子扣除的成功概率被限制在 0.25 以下，这可能会导致 Alice 和 Bob 在提取密钥的过程中丢失更多的信息。为了克服这一局限性，本节首次提出了一种量子催化 CVQKD 方案，并试图通过量子催化进一步改善高斯调制 CVQKD 方案的性能，其动机来源于如下两个方面：一方面，这种催化操作不仅可被用来增强量子态的非经典性，还能改善高斯纠缠态的纠缠特性[155-156]；另一方面，与以往研究的光子扣除操作不同，量子催化过程虽然没有加减光子，但是可以促进量子态之间的转换，从而可以有效地防止信息的丢失。值得注意的是，由于量子算符的非对易性问题，经典 C 数的微积分方法不能应用于量子算符的情形。为解决上述问题，本章利用 IWOP 技术来推导量子催化的等效算符形式，以便为计算量子态的协方差矩阵元提供一种创新方法。

5.1.1　基于量子催化的连续变量量子密钥分发系统

本节将介绍一种量子催化模型，并对量子催化 CVQKD 系统进行详细地阐述。

1. 量子催化操作

如图 5-1（a）所示，一个 n 光子粒子数态在辅助模 C 的输入端（被标记为 $|n\rangle_C$）被发射到透射率为 T_2 的分束器上。同时，在其相应的输出端，光子计数器（photon number resolving detector，PNRD）仅探测相同的 n 个光子的粒子数态。n 光子催化是指，对于辅助模 C，粒子数态在输入-输出端保持相同的 n 个光子。值得强调的是，输出端的探测光子数必须与输入端的光子数保持一致，以便促进模 B 的量子态之间的转换。实际上，这种操作可以被看成一种等价算符，即

$$\hat{O}_n \equiv {}_C\langle n|B(T_2)|n\rangle_C \tag{5-1}$$

其中，$B(T_2)$ 表示透射率 T_2 的分束器算符。为获取等价算符 $\hat{O}$ 的解析表达式，将采取粒子数态在相干态表象下的求导形式 $|n\rangle = 1/\sqrt{n!}\frac{\partial^n}{\partial\beta^n}\|\beta\rangle|_{\beta=0}$ 和分束器算符 $B(T_2)$ 的正规编序形式 $B(T_2) =: \exp\left\{(\sqrt{T_2}-1)(b^\dagger b+c^\dagger c)+(\sqrt{1-T_2})(c^\dagger b-cb^\dagger)\right\}:$，其中，$:\bullet:$ 和 $\|\beta\rangle = \exp(\beta c^\dagger)|0\rangle$ 分别表示算符的正规编序和非归一化相干态。于是，式（5-1）可进一步表示为

$$\hat{O}_n =: L_n\left(\frac{1-T_2}{T_2}b^\dagger b\right):\left(\sqrt{T_2}\right)^{b^\dagger b+n} \tag{5-2}$$

其中，$L_n(\bullet)$ 为拉盖尔多项式（具体的推导计算可参考文献[157]）。通过拉盖尔多项式的生成函数

$$L_n(x) = \frac{\partial^n}{n!\partial\gamma^n}\left\{\frac{e^{-x\gamma/(1-\gamma)}}{1-\gamma}\right\}_{\gamma=0} \tag{5-3}$$

和算符关系式

$$e^{\lambda b^\dagger b} =: \exp\{(e^\lambda - 1)b^\dagger b\}:$$

式（5-2）可被重写为如下形式：

$$\hat{O}_n = G_{T_2}(b^\dagger b)\left(\sqrt{T_2}\right)^{b^\dagger b + n} \tag{5-4}$$

其中，

$$G_{T_2}(b^\dagger b) = \frac{\partial^n}{n!\partial\gamma^n}\left\{\frac{1}{1-\gamma}\left(\frac{1-\gamma/T_2}{1-\gamma}\right)^{b^\dagger b}\right\}_{\gamma=0} \tag{5-5}$$

由式（5-4）可知，量子催化操作属于一种非高斯操作。如图 5-1（a）所示，对于任意一个在模 B 的输入态 $|\phi\rangle_{in}$，输出态的形式可表示为 $|\psi\rangle_{out} = \hat{O}_n / \sqrt{p}|\phi\rangle_{in}$，其中 p 代表执行 n 光子催化操作 $\hat{O}_n$ 的成功概率。这种表述形式有利于计算出输出态的解析式和通信双方探测之前的协方差矩阵元。另外，不同于光子扣除模型[图 5-1（b）]，在 n 光子催化过程中，辅助模上的 n 光子粒子数态不会被完全破坏。这样的操作有助于输入和输出量子态之间的转换，从而有效地防止部分信息的丢失。然而，无论有多少光子被催化或扣除，当 $T_2 = 1$ 时，将不存在任何的量子催化或光子扣除效应。

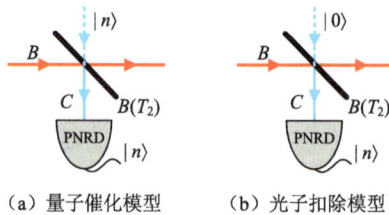

（a）量子催化模型　　　（b）光子扣除模型

PNRD——光子计数器；$B(T_2)$——透射率为 T_2 的分速器算符；$|n\rangle$——n 个光子的粒子数态。

图 5-1　两种非高斯操作的示意图

2. 量子催化的连续变量量子密钥分发方案

图 5-2 所示为量子催化的 CVQKD 方案。首先，发送方 Alice 在模 A 和模 B 上制备出一个带有方差为 V 的 EPR 态（标记为 $|\text{TMSV}\rangle_{AB}$）。这种量子态的制备理论上可通过双模压缩算符作用到双模真空态上，即

$$|\text{TMSV}\rangle_{AB} = S_2(r)|0,0\rangle_{AB} = \sqrt{1-\lambda^2}\sum_{l=0}^{\infty}\lambda^l|l,l\rangle_{AB} \tag{5-6}$$

其中，$\lambda = \tanh r = \sqrt{(V-1)/(V+1)}$（其中 $V = 2\alpha^2 + 1$）和 $|l,l\rangle_{AB} = |l\rangle_A \otimes |l\rangle_B$ 为模 A 和模 B 的粒子数态。随后，Alice 分别在模 A 和模 B 上执行 m 光子催化和 n 光子催化操作，从而获得量子态 $|\psi\rangle_{A_1B_1}$。值得注意的是，当 Alice 进行零差探测前，相比于单边量子催化 $\hat{O}_n$，嵌入另一个量子催化 $\hat{O}_m$ 旨在研究量子催化对 Alice 和 Bob 之间的信息有何影响。

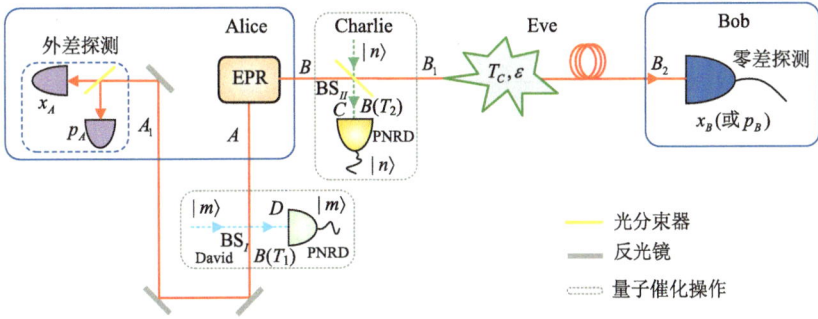

PNRD——光子数计器；T_C 和 ε ——信道传输效率和过噪声；T_1 和 T_2 ——光分束器的透射率。

图 5-2　纠缠模型下的量子催化 CVQKD 方案示意图

注：Alice 制备 EPR 纠缠态后进行量子催化，对其中的一个模进行外差探测，Bob 对经过量子信道后量子态进行零差探测。

此外，为降低对量子催化装置完善的需求，假设由于窃听者 Eve 具备无限强大的计算能力，量子催化操作 $\hat{O}_n$ 和 $\hat{O}_m$ 则应该分别由 Eve 控制的不可信方 David 和 Charlie 来进行调控。根据式（5-4），m 光子催化的等价算符具有如下表示形式：

$$\hat{O}_m = G_{T_1}\left(a^\dagger a\right)\left(\sqrt{T_1}\right)^{a^\dagger a + m} \tag{5-7}$$

其中，

$$G_{T_1}\left(a^\dagger a\right) = \frac{\partial^m}{m!\partial \tau^m}\left\{\frac{1}{1-\tau}\left(\frac{1-\tau/T_1}{1-\tau}\right)^{a^\dagger a}\right\}_{\tau=0} \tag{5-8}$$

于是，Alice 所获得的量子态 $|\psi\rangle_{A_1 B_1}$ 可以被计算出来，即

$$|\psi\rangle_{A_1 B_1} = \frac{\hat{O}_m \hat{O}_n}{\sqrt{P_d}}|\text{TMSV}\rangle_{AB}$$

$$= \sum_{l=0}^{\infty}\frac{W_0}{\sqrt{P_d}}\frac{\partial^{m+n}}{\partial\tau^m\partial\gamma^n}\frac{W^l}{(1-\tau)(1-\gamma)}|l,l\rangle_{A_1 B_1} \tag{5-9}$$

其中，P_d 表示实现双边量子催化的成功概率，它是影响 Alice 和 Bob 提取共同密钥信息的重要指标，并且可以被计算为

$$P_d = W_0^2 \mathfrak{R}^{m,n}\left\{\frac{\Pi}{1-W_1 W}\right\} \tag{5-10}$$

其中，W、W_0、W_1、Π 和 $\mathfrak{R}^{m,n}$ 被定义为

$$W = \frac{\lambda(T_2-\gamma)(T_1-\gamma)}{\sqrt{T_1 T_2}(1-\gamma)(1-\tau)} \tag{5-11}$$

$$W_0 = \frac{\sqrt{T_1^m T_2^n(1-\lambda^2)}}{n!m!} \tag{5-12}$$

$$W_1 = \frac{\lambda(T_2-\gamma_1)(T_1-\tau_1)}{\sqrt{T_1 T_2}(1-\gamma_1)(1-\tau_1)} \tag{5-13}$$

$$\Pi = \frac{1}{1-\tau}\frac{1}{1-\gamma}\frac{1}{1-\tau_1}\frac{1}{1-\gamma_1} \tag{5-14}$$

和

$$\Re^{m,n} = \frac{\partial^m}{\partial \tau^m} \frac{\partial^n}{\partial \gamma^n} \frac{\partial^m}{\partial \tau_1^m} \frac{\partial^n}{\partial \gamma_1^n} \{\cdots\}\Big|_{\tau=\gamma=\tau_1=\gamma_1=0} \tag{5-15}$$

由式（5-9）可知，量子态 $|\psi\rangle_{A_1B_1}$ 是一种非高斯量子态。

随后，Ailce 对待发送的量子态 $|\psi\rangle_{A_1B_1}$ 的模 A_1 进行外差探测，而将量子态 $|\psi\rangle_{A_1B_1}$ 的模 B_1 通过一个受 Eve 控制的不安全信道发送给接收方 Bob。这种信道的特性通常可用传输效率 T_C 和过噪声 ε 表征。在接收到量子态后，Bob 通过零差探测随机选择测量 x_B 或 p_B，并将观测结果告知 Alice。最后，Alice 和 Bob 可以通过数据后处理技术来共享安全密钥。值得强调的是，本书中所有的噪声取散粒噪声为单位（shot noise unit，SNU）。

5.1.2 安全性分析与比较

本节对所提的量子催化 CVQKD 方案进行密钥率计算，同时，单光子扣除的 CVQKD 方案也被引入和比较。值得注意的是，为便于分析，对于所提方案，双边对称（$T_1 = T_2 = T$ 和 $m = n$）和单边（$T_1 = 1$，$T_2 = T$ 和 n）量子催化操作的两种特殊形式将被着重讨论。

1. 渐近密钥率的计算

首先，本节将着重呈现所提方案的渐近密钥率，其中 Alice 执行外差检测且 Bob 执行零差检测。由式（5-9）可知，量子态 $|\psi\rangle_{A_1B_1}$ 属于一种非高斯态，导致传统高斯调制 CVQKD 的结果并不适用于计算所提方案的渐近密钥率。庆幸的是，根据高斯攻击的最优性，在相同协方差矩阵 $\boldsymbol{\Gamma}_{A_1B_1} = \boldsymbol{\Gamma}_{A_1B_1}^G$ 的情况下，非高斯态 $|\psi\rangle_{A_1B_1}$ 的密钥率不小于高斯态 $|\psi\rangle_{A_1B_1}^G$，即 $K(|\psi\rangle_{A_1B_1}) \geqslant K(|\psi\rangle_{A_1B_1}^G)$[34]。于是，在高斯最优集体攻击和逆向协商场景下，本节给出所提方案的渐近密钥率的下界，即

$$\tilde{K}_R = P_d \{\beta I^G(A:B) - S^G(B:E)\} \tag{5-16}$$

其中，P_d 为实现整个量子催化的成功概率；β 为协商效率；$I^G(A:B)$ 为 Alice 和 Bob 的互信息量；$S^G(B:E)$ 为 Holevo 界，并且它被普遍认为是 Eve 可窃取的最大信息量。

为推导出所提方案渐近密钥率的解析表达式，则必须要计算出量子态 $|\psi\rangle_{A_1B_1}$ 的协方差矩阵 $\boldsymbol{\Gamma}_{A_1B_1}$，即

$$\boldsymbol{\Gamma}_{A_1B_1} = \begin{pmatrix} X_A \boldsymbol{II} & Z_{AB} \boldsymbol{\sigma}_z \\ Z_{AB} \boldsymbol{\sigma}_z & Y_B \boldsymbol{II} \end{pmatrix} \tag{5-17}$$

其中，$\boldsymbol{II} = \mathrm{diag}(1,1)$；$\boldsymbol{\sigma}_z = \mathrm{diag}(1,-1)$；$X_A$、$Y_B$ 及 Z_{AB} 分别可以通过使用 IWOP 技术进行推导，其具体步骤如下。

步骤 1：推导出一些特殊算符平均值，如 $\langle a^\dagger a \rangle$，$\langle b^\dagger b \rangle$ 和 $\langle ab \rangle$。根据式（5-9），有

$$\langle a^\dagger a \rangle = \mathrm{tr}\Big[\rho_{A_1B_1}\big(aa^\dagger - 1\big)\Big] = \frac{W_0^2}{P_d} \Re^{m,n} \left\{\frac{\boldsymbol{II}}{(1-W_1W)^2}\right\} - 1 \tag{5-18}$$

$$\langle b^\dagger b \rangle = \mathrm{tr}\Big[\rho_{A_1B_1}\big(bb^\dagger - 1\big)\Big] = \frac{W_0^2}{P_d} \Re^{m,n} \left\{\frac{\boldsymbol{II}}{(1-W_1W)^2}\right\} - 1 \tag{5-19}$$

$$\langle ab \rangle = \mathrm{tr}\Big[\rho_{A_1B_1}ab\Big] = \frac{W_0^{\,2}}{P_d}\,\mathfrak{R}^{m,n}\left\{\frac{\Pi W}{\left(1-W_1W\right)^2}\right\} \tag{5-20}$$

值得注意的是，$\langle ab \rangle = \langle a^\dagger b^\dagger \rangle^\dagger$ 和 $\mathrm{tr}[\bullet]$ 表示求迹符号。

步骤 2：结合式（5-18）～式（5-20），得到协方差矩阵 $\boldsymbol{\Gamma}_{A_1B_1}$ 的 X_A、Y_B 和 Z_{AB}，即

$$X_A = \mathrm{tr}\Big[\rho_{A_1B_1}\big(1+2a^\dagger a\big)\Big] = \frac{2W_0^{\,2}}{P_d}\,\mathfrak{R}^{m,n}\left\{\frac{\Pi}{\left(1-W_1W\right)^2}\right\}-1 \tag{5-21}$$

$$Y_B = \mathrm{tr}\Big[\rho_{A_1B_1}\big(1+2b^\dagger b\big)\Big] = \frac{2W_0^{\,2}}{P_d}\,\mathfrak{R}^{m,n}\left\{\frac{\Pi}{\left(1-W_1W\right)^2}\right\}-1 \tag{5-22}$$

$$Z_{AB} = \mathrm{tr}\Big[\rho_{A_1B_1}\big(ab+a^\dagger b^\dagger\big)\Big] = \frac{2W_0^{\,2}}{P_d}\,\mathfrak{R}^{m,n}\left\{\frac{\Pi W}{\left(1-W_1W\right)^2}\right\} \tag{5-23}$$

由式（5-21）和式（5-22）可知，$X_A = Y_B$，这意味着量子催化对矩阵 $\boldsymbol{\Gamma}_{A_1B_1}$ 对角线的贡献是相同的。

当量子态 $|\psi\rangle_{A_1B_1}$ 通过量子信道到达接收端时，量子态 $|\psi\rangle_{A_1B_2}$ 所对应的协方差矩阵 $\boldsymbol{\Gamma}_{A_1B_2}^G$ 可表示为

$$\boldsymbol{\Gamma}_{A_1B_2}^G = \begin{pmatrix} X_A\boldsymbol{I\!I} & \sqrt{T_C}Z_{AB}\boldsymbol{\sigma}_z \\ \sqrt{T_C}Z_{AB}\boldsymbol{\sigma}_z & T_C\big(X_A+\chi_{\mathrm{in}}\big)\boldsymbol{I\!I} \end{pmatrix} \tag{5-24}$$

其中，$\chi_{\mathrm{in}} = \big(1-T_C\big)/T_C+\varepsilon$ 表示高斯信道输入的噪声。于是，根据式（5-21）和式（5-23），可计算出 Alice 和 Bob 之间的互信息量为

$$I^G\big(A:B\big) = \log_2\left\{\sqrt{\frac{\big(X_A+1\big)\big(X_A+\chi_{\mathrm{in}}\big)}{\big(X_A+1\big)\big(X_A+\chi_{\mathrm{in}}\big)-Z_{AB}^2}}\right\} \tag{5-25}$$

此外，为计算出 Eve 可窃取的最大信息量，通常假设 Eve 能够净化整个系统，则 $S^G\big(B:E\big) = S(E)-S\big(E|B\big) = S(AB)-S\big(A|B\big)$，其中第一项 $S(AB)$ 是协方差矩阵 $\boldsymbol{\Gamma}_{A_1B_2}^G$ 的辛本征值 $\lambda_{1,2}$ 的函数，即

$$S(AB) = G\big[\big(\lambda_1-1\big)/2\big]+G\big[\big(\lambda_2-1\big)/2\big] \tag{5-26}$$

其中，冯·诺依曼熵 $G(x)$ 为

$$G(x) = (x+1)\log_2(x+1)-x\log_2 x \tag{5-27}$$

和

$$\lambda_{1,2} = \frac{1}{2}\Big(\Lambda\pm\sqrt{\Lambda^2-4D^2}\Big) \tag{5-28}$$

其中，

$$\Lambda = X_A^2+T_C^2\big(X_A+\chi_{\mathrm{in}}\big)^2-2T_CZ_{AB}^2 \tag{5-29}$$

和

$$D = X_AT_C\big(X_A+\chi_{\mathrm{in}}\big)-T_CZ_{AB}^2 \tag{5-30}$$

而第二项 $S\big(A|B\big) = G\big[\big(\lambda_3-1\big)/2\big]$ 是 Bob 进行零差检测后协方差矩阵 $\boldsymbol{\Gamma}_A^b$ 的辛特征值 λ_3 的函数，即

$$\lambda_3^2 = X_A \left(X_A - \frac{Z_{AB}^2}{X_A + \chi_{in}} \right) \tag{5-31}$$

另外，为凸显使用量子催化的优势性，本节引入光子扣除 CVQKD 方案来作为一种比较。根据文献[114]可知，在诸多光子扣除方案中，单光子扣除的 CVQKD 性能表现最佳。图 5-3 所示为纠缠模型下的单光子扣除 CVQKD 方案示意图。值得注意的是，为便于讨论和比较，本节假设量子信道参数和 Alice 制备的纠缠源参数都与量子催化 CVQKD 方案相同。同样地，单光子扣除也可以看作一个等效算符 Θ，即

$$\Theta = {}_C\langle 1|B(T)|0\rangle_C = \sqrt{\frac{1-T}{T}}\, b \exp\left(b^\dagger b \ln\sqrt{T}\right) \tag{5-32}$$

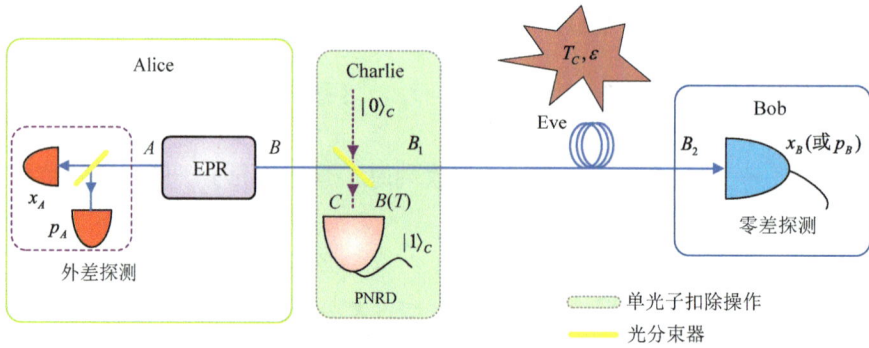

PNRD——光子数计数器；T_C 和 ε——信道传输透射率和过噪声；T——分束器的透射率。

图 5-3 纠缠模型下的单光子扣除 CVQKD 方案示意图

注：Alice 制备 EPR 纠缠态后，对模 A 进行外差探测，模 B 经过 Charlie 执行的光子扣除操作后沿着量子信道发送给 Bob 来执行零差探测。

于是，经过单光子扣除后的量子态 $|\psi\rangle_{A_1B_1}$ 表示为

$$|\psi\rangle_{A_1B_1} = \frac{1}{\sqrt{P_1}} \Theta |TMSV\rangle_{AB} = \frac{\tilde{A}\tilde{B}}{\sqrt{P_1}} \exp\left(\tilde{B}a^\dagger b^\dagger\right) a^\dagger |00\rangle_{AB} \tag{5-33}$$

其中，P_1 为实现单光子扣除的成功概率，即

$$P_1 = \frac{\tilde{A}^2 \tilde{B}^2}{\left(1 - \tilde{B}^2\right)^2} \tag{5-34}$$

其中，

$$\begin{cases} \tilde{A} = \sqrt{\dfrac{(1-\lambda^2)(1-T)}{T}} \\ \tilde{B} = \lambda\sqrt{T} \end{cases} \tag{5-35}$$

因此，当量子态 $|\psi\rangle_{A_1B_1}$ 经过量子信道后，则相应的协方差矩阵 Γ^1 可以写成如下形式：

$$\Gamma^1 = \begin{pmatrix} X\boldsymbol{II} & \sqrt{T_C}Z\boldsymbol{\sigma}_z \\ \sqrt{T_C}Z\boldsymbol{\sigma}_z & T_C(Y+\chi_{in})\boldsymbol{II} \end{pmatrix} \tag{5-36}$$

其中，χ_{in} 已经在式（5-24）给出，X、Y 和 Z 为

$$X = \frac{4\tilde{A}^2\tilde{B}^2}{P_1\left(1-\tilde{B}^2\right)^3} - 1 \tag{5-37}$$

$$Y = \frac{2\tilde{A}^2\tilde{B}^2\left(1+\tilde{B}^2\right)}{P_1\left(1-\tilde{B}^2\right)^3} - 1 \tag{5-38}$$

$$Z = \frac{4\tilde{A}^2\tilde{B}^2}{P_1\left(1-\tilde{B}^2\right)^3} \tag{5-39}$$

光子扣除是常见的非高斯操作之一，因此单光子扣除 CVQKD 方案的渐近密钥率也不能直接使用已有的传统高斯调制 CVQKD 的计算结果。同样地，根据高斯攻击的最优性，在高斯最优集体攻击和逆向协商场景下，单光子扣除方案的渐近密钥率的下界可表示为

$$K_{asy} = P_1\left\{\beta I^{Hom}(A:B) - S^{Hom}(B:E)\right\} \tag{5-40}$$

其中，P_1 已经在式（5-34）中给出；Hom 表示 Bob 进行零差检测，为上标；β、$I^{Hom}(A:B)$ 和 $S^{Hom}(B:E)$ 的相关概念与式（5-16）相同。于是，根据式（5-36），对于单光子扣除方案，Alice 和 Bob 之间的互信息量可被计算出，则有

$$I^{Hom}(A:B) = \log_2\left\{\sqrt{\frac{(X+1)(X+\chi_{in})}{(X+1)(X+\chi_{in})-Z^2}}\right\} \tag{5-41}$$

同样地，为获取 Eve 可窃取的最大信息量，假设 Eve 能够净化整个系统，即等式 $S^{Hom}(B:E) = S(AB) - S(A|B)$ 成立，其中 $S(AB) = \sum_{j=1}^{2} G\left[\left(\tilde{\lambda}_j - 1\right)/2\right]$ 和 $S(A|B) = G\left[\left(\tilde{\lambda}_3 - 1\right)/2\right]$，以及相应的辛特征值 $\tilde{\lambda}_{1,2,3}$ 可分别表示为

$$\tilde{\lambda}_{1,2}^2 = \frac{1}{2}\left(\tilde{C}^2 \pm \sqrt{\tilde{C}^2 - 4\tilde{D}^2}\right) \tag{5-42}$$

和

$$\tilde{\lambda}_3^2 = X\left(X - \frac{Z^2}{Y+\chi_{in}}\right) \tag{5-43}$$

其中，$\tilde{C} = X^2 + T_C\left(Y+\chi_{in}\right)^2 - 2T_C Z^2$；$\tilde{D} = XT_C\left(Y+\chi_{in}\right) - T_C Z^2$。

2. 性能分析与讨论

按照文献[51]、[52]和[120]所述，光子扣除可以被用来提升 CVQKD 方案的传输距离，但其成功概率却始终低于 25%，从而造成短距离下低密钥率的问题。为解决该问题，本节将着重分析量子催化 CVQKD 方案的安全性能。此外，为了进一步直观地看清引入量子催化对 CVQKD 系统的性能优越性，本节还与单光子扣除 CVQKD 方案进行了性能比较。值得注意的是，为便于分析和讨论，着重考虑所提方案的双边对称（$T_1 = T_2 = T$ 和 $m = n$）和单边（$T_1 = 1, T_2 = T$ 和 n）量子催化操作。

非高斯操作（包含了单光子扣除和量子催化）的成功概率不仅从理论上指出实现该

操作的可能性，还在某种程度上影响短距离的密钥率。根据式（5-10），对于所提方案，当固定透射率 $T = 0.95$ 时，图 5-4（a）绘制了双边对称量子催化和单边量子催化操作的成功概率 P_d 随 α 的变化曲线。对于不同的光子数催化，成功概率的整体趋势随 α 增加而减小，这意味执行量子催化操作的成功概率随着调制方差的增加而逐渐减小。同时，对于给定的任意 α 值，量子催化的成功概率随着催化光子数（m, n）的增加而减小，这侧面反映出，无论是单边操作还是双边对称操作，多光子催化是相对较难实现的。尽管如此，对于相同光子数催化情形，单边操作相比于双边对称操作具有更高的成功概率。例如，当 $\alpha = 3$ 时，零光子单边催化和双边对称催化的成功概率分别约为 0.68 和 0.53。值得注意的是，在相同参数 $\alpha = 3$ 下，双光子催化的成功概率低于 0.2，可能会严重地影响 CVQKD 系统的性能。为突出所提方案的优越性，图 5-4（b）中所示为量子催化和单光子扣除的成功概率随 α 和 T 的变化曲面。研究结果表明，当给定 α 值时，量子催化的成功概率相比于光子扣除在高透射率范围内具有明显的优势。特别是，在诸多光子催化中，零光子催化的成功概率表现最佳。此外，不同于量子催化的情况，光子扣除的成功概率虽然可以随着 α 增加而增加，但始终低于 25%。

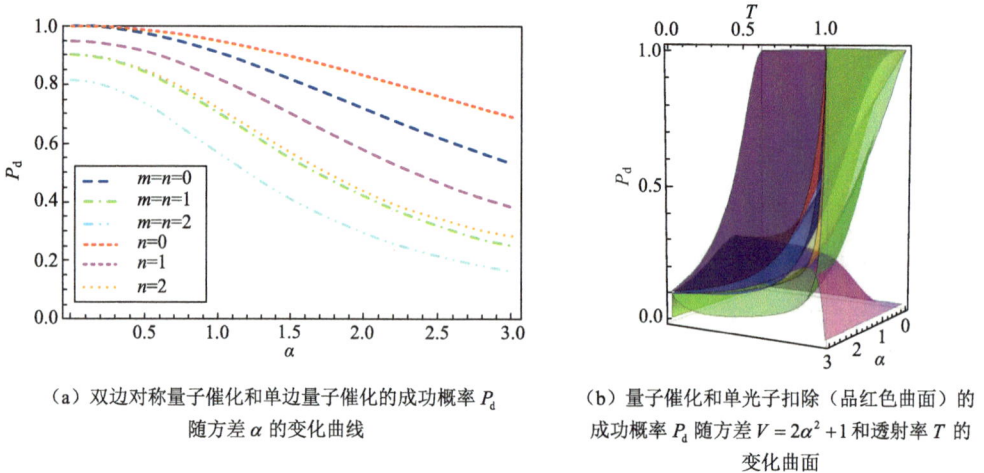

（a）双边对称量子催化和单边量子催化的成功概率 P_d 随方差 α 的变化曲线

（b）量子催化和单光子扣除（品红色曲面）的成功概率 P_d 随方差 $V = 2\alpha^2 + 1$ 和透射率 T 的变化曲面

图 5-4　两种非高斯操作的成功概率示意图

注：蓝色曲面：$m = n = 0$；绿色曲面：$m = n = 1$；红色曲面：$n = 0$；黄色曲面：$n = 1$。从上向下依次为红、蓝、绿、品红。

在讨论量子催化和光子扣除的成功概率后，下面将着重通过密钥率、传输距离和可容忍过噪声 3 个性能指标评估量子催化 CVQKD 方案。首先，当给定参数 $V = 20$、$\varepsilon = 0.01\text{SNU}$、$\beta = 0.95$ 和 $T = 0.95$ 时，对于不同光子数 $m = n \in \{0, 1, 2\}$ 和 $n \in \{0, 1, 2\}$，图 5-5 所示为量子催化 CVQKD 的密钥率随传输距离的变化曲线，其中黑色实线表征原始方案的密钥率。由此可知，零光子催化和单光子催化的 CVQKD 方案在远距离范围内可以取得比原始方案更高的密钥率。具体而言，对于固定的密钥率 10^{-6} bit/pulse，双边对称零光子催化 CVQKD（蓝色虚线）的传输距离可以在单边零光子催化 CVQKD（红色虚线）的基础上进一步提升 10km 左右。此外，对于单光子催化 CVQKD 系统，采用双边对称单光子催化 CVQKD（绿色虚线）在最大传输距离方面要优于单边单光子催化

CVQKD（黄色虚线）。这是因为双边对称量子催化操作可以被视为在 CVQKD 系统中引入一种可信任噪声，最终降低 Eve 可窃取的信息量。然而，双光子量子催化 CVQKD 在密钥率和传输距离方面都比原始方案差。造成这种现象的原因有两个方面：其一，双光子催化的成功概率低于 0.2；其二，催化的光子越多，非高斯性越强，继而引入协方差矩阵的噪声越大。

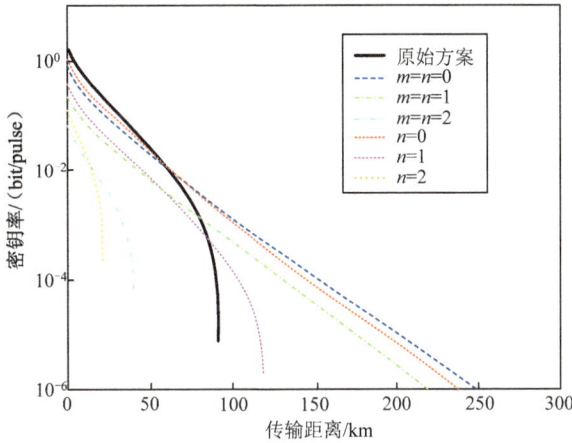

图 5-5　量子催化 CVQKD 的密钥率随传输距离的变化曲线

注：黑色实线表示原始方案的密钥率随传输距离的变化曲线。相关参数分别设置为方差 $V = 20$、过噪声 $\varepsilon = 0.01\text{SNU}$，协商效率 $\beta = 0.95$ 和透射率 $T = 0.95$。

由上述可知，零光子催化和单光子催化的 CVQKD 方案相比于原始方案在给定参数下具有明显的性能优势。当优化透射率 T 时，所提方案是否能进一步提升传输距离和密钥率呢？图 5-6（a）所示为零光子催化方案和单光子催化 CVQKD 方案的密钥率随传输距离的变化曲线。相应地，图 5-6（b）所示为所提方案给出的透射率 T 随传输距离的变化关系。研究结果表明，相比于图 5-5，当优化透射率 T 时，所提方案可以进一步提升传输距离和密钥率。尤其是，在短距离的密钥率上，所提方案可以提升到和原始方案（黑色实线）一致。此外，单光子催化的 CVQKD 在最大传输距离方面提升最为明显，大致接近零光子催化 CVQKD 的情况。值得注意的是，在诸多光子催化 CVQKD 系统中，零光子催化的 CVQKD 在提升传输距离方面表现最佳，主要原因可能来源于如下两个方面：其一，在高透射率范围内［图 5-6（b）］，零光子催化的成功概率相比于其他光子的催化操作具有明显优势；其二，零光子催化实际上是一种高斯操作，从而在密钥率计算方面更加符合传统高斯调制 CVQKD 的情形。

另外，可容忍过噪声是影响 CVQKD 系统性能的关键因素之一。为进一步评估所提方案的可容忍过噪声，当优化透射率 T 时，图 5-7 所示为零光子催化和单光子催化的 CVQKD 方案最大可容忍过噪声随传输距离的变化曲线，其中黑色实线表示原始方案的最大可容忍过噪声与传输距离的关系。研究结果表明，当传输距离大于 18km，所提方案在最大可容忍过噪声方面可优于原始方案，而且两者的间隙随传输距离增加而增大。具体而言，对于零光子催化 CVQKD（蓝虚线和红虚线），在传输距离为 300km 时的最

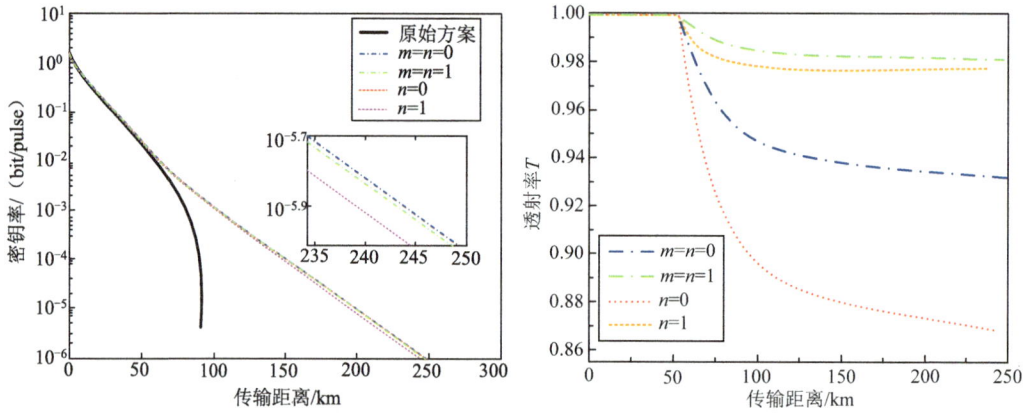

（a）零光子催化方案和单光子催化 CVQKD 方案的密钥率
随传输距离的变化曲线

（b）量子催化 CVQKD 方案的透射率 T 随传输距离的
变化曲线

图 5-6 量子催化 CVQKD 方案的密钥率和传输距离

注：相关参数分别设置为方差 $V = 20$、过噪声 $\varepsilon = 0.01$ SNU、协商效率 $\beta = 0.95$。

大可容忍过噪声接近 0.0292SNU；而对于双边对称单光子催化 CVQKD（绿色虚线）和单边单光子催化 CVQKD（黄色虚线），其相应的最大可容忍过噪声分别接近 0.0261SNU 和 0.0185SNU。这意味着，当量子信道具有较小的过噪声（如 $\varepsilon \approx 0.0185$SNU）时，利用零光子催化和单光子催化可以将原始方案的最大传输距离延长至数百千米。

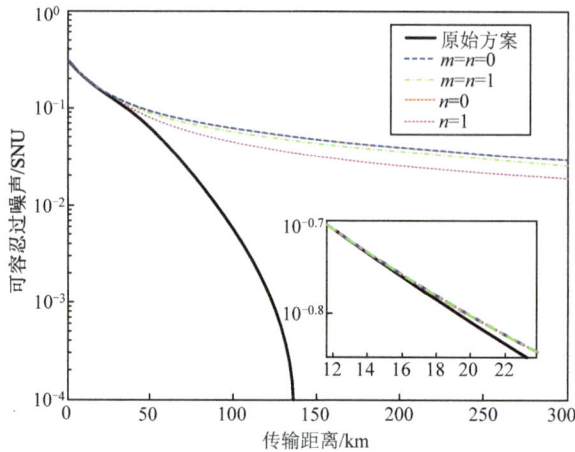

图 5-7 量子催化 CVQKD 方案的最大可容忍过噪声与传输距离的关系

注：黑色实线表示原始方案的最大可容忍过噪声随传输距离的变化曲线。相关参数分别设置为
方差 $V = 20$、协商效率 $\beta = 0.95$。

由上述可知，零光子催化和单光子催化的 CVQKD 方案在性能提升方面有明显的优势，相比于单光子扣除的 CVQKD 方案，这种性能优势能否保持呢？当优化透射率 T 时，图 5-8 所示为量子催化 CVQKD 方案和单光子扣除 CVQKD 方案（品红色实线）的密钥率和可容忍过噪声随传输距离的变化曲线。显然，量子催化 CVQKD 方案在密钥率、可容忍过噪声和传输距离方面都比单光子扣除 CVQKD 方案具有明显的优势。具体而言，在图 5-8（a）中，当密钥率为 10^{-6}bit/pulse 时，量子催化 CVQKD 方案的最大传输距离在单光子扣除 CVQKD 方案的基础上进一步提升 27km 左右。此外，如图 5-8（b）所示，当给定传输距离 100 km，零光子催化 CVQKD 方案的最大可容忍过噪声约为 0.07SNU，而单光子扣除 CVQKD 方案的最大可容忍过噪声为 0.04SNU。这些研究结果充分表明，在给定密钥率的条件下，零光子催化 CVQKD 方案在传输距离和可容忍过噪声方面都优于单光子扣除 CVQKD 方案。

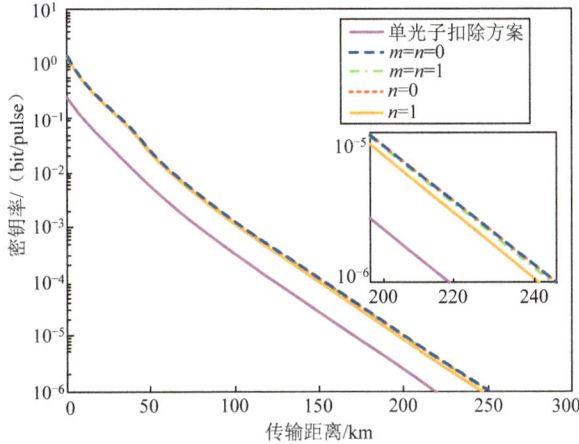

（a）在固定过噪声 $\varepsilon = 0.01$SNU 下，零光子催化和单光子催化的 CVQKD 和单光子扣除 CVQKD（品红色实线）的密钥率随传输距离的变化

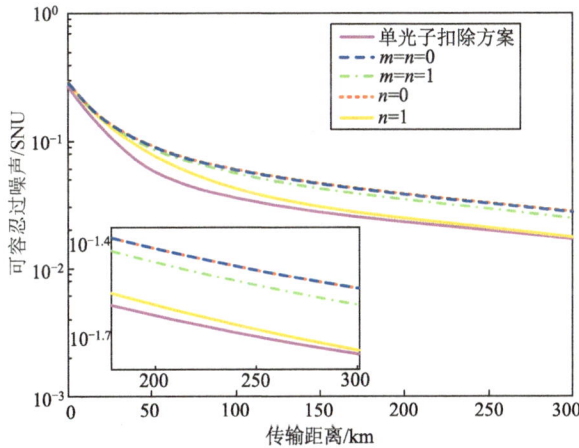

（b）零光子催化和单光子催化的 CVQKD 和单光子扣除 CVQKD 的最大可容忍过噪声随传输距离的变化

图 5-8　量子催化和光子扣除 CVQKD 方案的性能比较

注：相关参数分别设置为方差 $V = 20$、协商效率 $\beta = 0.95$。

5.2　基于量子催化的自参考连续变量量子密钥分发方案

由 5.1 节的内容可知，量子催化 CVQKD 方案在传输距离和可容忍的过噪声方面要优于光子扣除 CVQKD 方案，尤其是零光子催化的 CVQKD 呈现出最佳性能。然而，从实际的角度来看，纠缠态不仅脆弱，而且制备比较困难，这使得在双边催化情况下提高 CVQKD 系统的性能更加不切实际。此外，在多光子催化过程中，多光子源的制备和多光子探测器必不可少，这将极大地增加通信系统的复杂性。因此，本节提出一种伴有开关探测器的零光子催化自参考 CVQKD 方案，并着重讨论在实际探测情况下所提方案的性能改善情况。

QKD 的无条件安全来源于量子力学的基本原理，从而可以为两个相距甚远的合法用户（发送方 Alice 和接收方 Bob）在一个不安全的信道上提供一种共享密钥的安全技术。值得注意的是，CVQKD 协议允许在光场正交分量对信息进行编码，然后利用高效的相干探测器对秘密信息进行检测，使该协议比 DVQKD 协议具有更高的密钥率[22]。此外，这种协议的实验成本低、与当前光纤通信的兼容性高等优点，使得它在商业上具备了潜在的应用价值。尤其是 2002 年，Grosshans 和 Grangier[27] 提出了高斯调制相干态 CVQKD 协议，标志着 CVQKD 系统实用化的开端。

在高斯调制相干态 CVQKD 协议的实际操作过程中，虽然信号脉冲与本振脉冲通过量子通道从 Alice 端共同传输到 Bob 端，但是这种传输本征光却带来了实际安全漏洞。例如，为实现高速远距离通信，发送方通常需要发送一个足够强的本征光，但这不仅会造成低效的密钥分发，还会引起本征光波动攻击和校准攻击[56]。为克服这个问题，自参考 CVQKD 协议[158-159] 被提出。在该协议中，发射本征光的仪器将被放置在 Bob 端，继而进行相干探测。具体而言，在自参考 CVQKD 系统中，Alice 连续地发送两个光脉冲分别作为量子信号脉冲和相位参考脉冲；同时，在接收端，Bob 首先利用另一个脉冲激光器所发射的本征光脉冲与 Alice 所发射的脉冲进行相干探测，然后利用相位参考来估计相对相位。值得注意的是，这种传统的自参考 CVQKD 协议的最大传输距离与参考脉冲的振幅息息相关。但在实际应用中，参考脉冲的振幅并不能取无穷大，因此如何在参考脉冲较弱的情况下提升该协议的最大传输距离就显得尤为重要。

由于非高斯操作可以改善高斯纠缠态的纠缠特性，这为利用非高斯操作来提高 CVQKD 系统的性能提供了一种可行性方案。近年来，光子扣除作为一种非高斯操作，被广泛地应用于改善单路 CVQKD 协议[114]、双路 CVQKD 协议[160] 和测量设备无关 CVQKD 协议[51] 的最大传输距离。特别是，文献[114]首次提出了一种虚拟光子扣除 CVQKD 方案，并指出该方案不仅可以用来模拟理想光子扣除，还可以通过非高斯后选择实现。随后，光子扣除的自参考 CVQKD 方案被提出，并且研究表明，光子扣除可以有效地改善自参考 CVQKD 协议的最大传输距离[158]。尽管光子扣除方案存在上述优点，但是实施这种操作的成功概率通常不超过 0.25，这可能会造成通信双方之间在提取密钥过程中丢失部分信息。

5.2.1 基于量子催化的自参考连续变量量子密钥分发系统

从实际应用的角度来看，制备-测量型的自参考 CVQKD 系统虽然有利于实验上操作和实现，但不利于安全性分析。于是，人们通常利用其等价的纠缠型方案进行安全性分析和讨论。在该背景下，本节首先介绍自参考 CVQKD 的制备-测量型和纠缠型方案，然后注重描述零光子催化的自参考 CVQKD 系统。

1. 制备-测量型与纠缠型的描述

图 5-9 所示为传统的自参考 CVQKD 的制备-测量型方案。首先，在发送端放置一个脉冲激光器，Alice 从方差 V_A 的高斯分布选取两个随机数 q_A 和 p_A 来制备一种相干态 $|q_A + \mathrm{i}p_A\rangle$ 作为量子信号脉冲，并发送给 Bob 端；其次，Alice 还制备了另一种相干态 $|q_{AR} + \mathrm{i}p_{AR}\rangle$ 作为参考脉冲，其固定振幅值 $\sqrt{V_R} = \sqrt{q_{AR}^2 + p_{AR}^2}$ 比原来的量子信号脉冲振幅 $\sqrt{V_A}$ 大几倍，但是比传统的本征光振幅弱得多。需要注意的是，为在 Alice 参考系上携带信息，参考脉冲的平均正交值是公开的。再次，在接收端，Bob 在自身参考下对量子信号和参考脉冲进行相干探测，其中为估计相对相位 $\hat{\theta}_E$，制备本地本征光的第二个脉冲激光器被放置在接收端。最后，Alice 和 Bob 经历数据后处理过程后，可提取一串共享密钥。

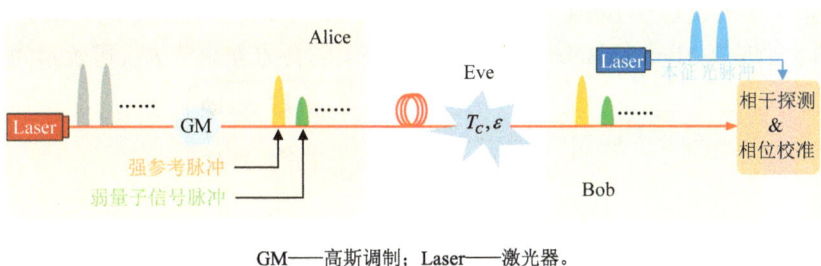

GM——高斯调制；Laser——激光器。

图 5-9　自参考 CVQKD 系统的示意图

注：Alice 利用激光器产生脉冲，经高斯调制后制备出弱量子信号脉冲（绿色）和强参考脉冲（橙色），随后经过透射率 T_c 和过噪声 ε 的量子信道，先后发射给 Bob。在接收端，Bob 也利用激光器产生本征光作为参考系脉冲（蓝色），随后 Bob 对每个收到的脉冲进行相干探测和相位校准。

然而，在自参考 CVQKD 系统中，需要解决的一个关键问题是相对相位 $\hat{\theta}_E$ 的估计，这对参考系校准起到关键作用。为解决该问题，根据文献[161]提供的方法，Bob 对所获得的量子信号脉冲进行零差探测，然后对接收到的参考脉冲（包括 Alice 的本征光脉冲和 Bob 的本地本征光脉冲）进行外差探测。于是，Bob 在自身参考系下可以获得信号脉冲的正交分量（q_B 或 p_B）及参考脉冲的正交分量（q_{AR}, p_{AR}）和（q_{BR}, p_{BR}）。此外，还需要假设两个脉冲激光器有一个稳定带宽，使每轮的相对相位值 θ_E 保持在一个特定的常数。在这些条件下，可通过建立（q_{AR}, p_{AR}）和（q_{BR}, p_{BR}）之间的关联性估计相对相位，即

$$\begin{pmatrix} q_{BR} \\ p_{BR} \end{pmatrix} = \sqrt{T_{\mathrm{ect}}} \begin{pmatrix} \cos\hat{\theta}_E & -\sin\hat{\theta}_E \\ \sin\hat{\theta}_E & \cos\hat{\theta}_E \end{pmatrix} \begin{pmatrix} q_{AR} \\ p_{AR} \end{pmatrix} \tag{5-44}$$

其中，T_{ect} 表示信道有效透射率。此外，在不丧失一般性的情况下，假设 Alice 的参考脉冲正交分量的 p_{AR} 值为零。因此，由式（5-44）可知，相对相位 $\hat{\theta}_E$ 可表示为

$$\hat{\theta}_E = \arctan\frac{p_{BR}}{q_{BR}} \tag{5-45}$$

由此可见，这种在 Bob 端产生本地本征光，以评估相对相位 $\hat{\theta}_E$ 的设计是完全可信的。在实际操作过程中，相比于传统的本征光，参考脉冲的振幅相对较弱，这意味着它的量子不确定性不可忽视。于是，相对相位 $\hat{\theta}_E$ 应该包含实际相对相位 θ_E 和估计误差相位 ϕ_{err}，即 $\hat{\theta}_E = \theta_E + \phi_{err}$。值得注意的是，这种误差项 ϕ_{err} 不仅是决定自参考 CVQKD 密钥率的一个关键因素，还满足随机概率分布 $P(\phi_{err})$。因为，在 Bob 执行相位校准后，剩余的相位噪声 V_{est} 可表示为

$$V_{est} = V_{err} + V_{ch} + V_{dri} \tag{5-46}$$

其中，V_{err}、V_{ch} 和 V_{dri} 分别表示相位估计误差引起的方差、信道的方差和相对相位漂移引起的方差。于是，相位噪声可以用公式 $\xi_{phase} = 2V_A\left(1 - e^{-V_{est}/2}\right)$ 表示。

众所周知，在实际的 CVQKD 操作系统中，通常采用制备-测量型方案；纠缠型方案因有利于安全分析，所以有必要对自参考 CVQKD 的纠缠型方案进行描述。具体而言，Alice 在模 A 和模 B 上制备了一个方差为 $V = V_A + 1$ 的纠缠源，并保留模 A 进行外差探测，同时经过量子信道发送给 Bob（此处提及的量子信道主要是通过信道透射率 T_C 和过噪声 ε 来表征）。于是，Alice 和 Bob 在执行任何探测前的协方差矩阵 $\boldsymbol{\Gamma}_{AB}$ 可表示为

$$\boldsymbol{\Gamma}_{AB} = \begin{pmatrix} V\boldsymbol{II} & \sqrt{T_C\mu(V^2-1)}\,\overline{\boldsymbol{\varphi}} \\ \sqrt{T_C\mu(V^2-1)}\,\overline{\boldsymbol{\varphi}} & T_C\mu(V^2+1)\boldsymbol{II} \end{pmatrix} \tag{5-47}$$

其中，

$$\overline{\boldsymbol{\varphi}} = \begin{pmatrix} \overline{\cos\phi_{err}} & \overline{\sin\phi_{err}} \\ \overline{\sin\phi_{err}} & -\overline{\cos\phi_{err}} \end{pmatrix} \tag{5-48}$$

其中，

$$\begin{cases} \overline{\cos\phi_{err}} = \int_{-\pi}^{\pi} d\phi_{err} P(\phi_{err}) \cos\phi_{err} \\ \overline{\sin\phi_{err}} = \int_{-\pi}^{\pi} d\phi_{err} P(\phi_{err}) \sin\phi_{err} \end{cases} \tag{5-49}$$

如果 $\phi_{err} = 0$ 是概率分布 $P(\phi_{err})$ 的对称轴，则可以将参数 $\overline{\boldsymbol{\varphi}}$ 改写为 $\overline{\boldsymbol{\varphi}} = \overline{\cos\phi_{err}}\,\boldsymbol{\sigma}_z$，其中，$\boldsymbol{\sigma}_z = \mathrm{diag}(1,-1)$ [87]。因此，在某种意义上，参考系校准的贡献在于重新缩放 Alice 和 Bob 间协方差矩阵的非对角元。

2. 量子催化的自参考连续变量量子密钥分发过程

为消除自参考 CVQKD 协议中相对相位漂移引起的噪声，一种延迟线干涉仪方案被有效地运用[86]。图 5-10 所示为本章提出的一种涉及零光子催化操作的自参考 CVQKD 模型。对于零光子催化操作（紫色框），辅助模 C 的输入-输出之间量子态似乎保持不变，但是它却能够促进模 B 量子态之间的转换，这意味着采取量子催化操作可以让通信双方在提取密钥过程中有效地防止信息的丢失。从实际操作的角度来看，图 5-10（a）所示为基于零光子催化自参考 CVQKD 协议的制备-测量型描述，具体步骤如下。

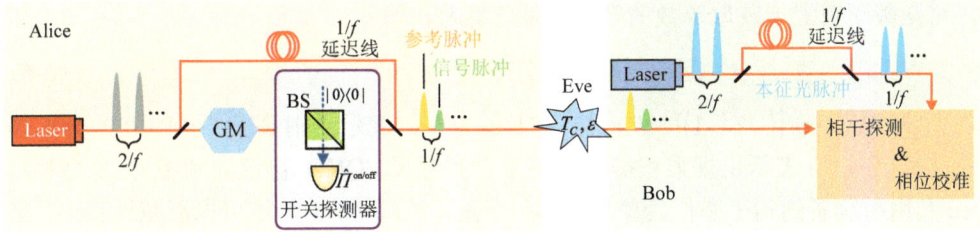

（a）零光子催化自参考 CVQKD 的制备-测量型方案

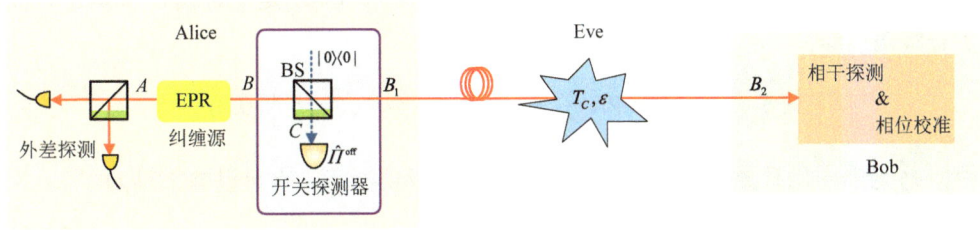

（b）零光子催化自参考 CVQKD 的纠缠型方案

Laser——激光器；BS——分束器；f——产生脉冲的频率；T_C 和 ε——信道透射率和过噪声；

$\hat{\Pi}^{\mathrm{off}}$——真空投影算符 $|0\rangle\langle 0|$。

图 5-10　量子催化的自参考 CVQKD 协议示意图

步骤 1：Alice 以重复频率 $f/2$ 连续地制备出两个相干态。对于每个相干态 $|Z\rangle$，Alice 利用平衡延迟线干涉仪将其分为弱量子信号脉冲 $|Z_S\rangle$ 和强参考脉冲 $|Z_R\rangle$。值得注意的是，只有弱量子信号脉冲 $|Z_S\rangle$ 在长度为 L_A 的光纤上传输，并经历了高斯调制和量子催化操作；而强参考脉冲 $|Z_R\rangle$ 在长度为 $L_A + \delta L_A$ 的光纤上传输，并且相比于信号脉冲，它延迟了 $1/f$ 的时间。

步骤 2：接收时，Bob 通过第二个激光器以相同的重复频率 $f/2$ 连续地制备出两个相干态。同样地，通过使用相同延迟线，Bob 获得本地本征光脉冲（包含了 $|\gamma_S\rangle$ 和 $|\gamma_R\rangle$），信号脉冲 $|\gamma_S\rangle$ 通过长度为 L_B 的光路传输，而参考脉冲 $|\gamma_R\rangle$ 在长度为 $L_B + \delta L_B$ 的光路上延迟 $1/f$。

步骤 3：Bob 在自身参考系下对待测的参考脉冲（$|Z_R\rangle$ 和 $|\gamma_R\rangle$）和信号脉冲（$|Z_S\rangle$ 和 $|\gamma_S\rangle$）进行相干探测。具体而言，Bob 对接收到的信号脉冲执行零差检测，对参考脉冲执行外差检测。根据测量结果，Bob 可以推断出 Alice 的相对相位。最后，经过数据后处理技术，通信双方可提取一串密钥。

图 5-10（b）所示为量子催化自参考 CVQKD 的纠缠型，具体描述如下：首先，Alice 在模 A 和模 B 上制备了 EPR 态[其表达式可参考式（5-6）]。不同于 5.1 节内容，为与现有的实验技术相兼容，本节在零光子催化过程中引入一种开关探测器，并且该探测器可写成投影算符形式，即

$$\hat{\Pi}^{\mathrm{off}} = |0\rangle_C\langle 0|, \quad \hat{\Pi}^{\mathrm{on}} = \hat{1} - |0\rangle_C\langle 0| \tag{5-50}$$

其中，算符 $\hat{\Pi}^{\mathrm{off}}$ 和 $\hat{\Pi}^{\mathrm{on}}$ 分别表征着探测不响应和响应的情况。值得注意的是，对于前者，则可认为在执行光子扣除操作；而对于后者，则默认在执行零光子催化。根据 IWOP 技

术，可从数学形式上获取等效的零光子催化算符，即

$$\hat{O}_0 = \mathrm{tr}\left[B(T)\hat{\Pi}^{\mathrm{off}}\right] = \left(\sqrt{T}\right)^{b^\dagger b} \tag{5-51}$$

其中，$B(T) =: \exp\left\{\left(\sqrt{T}-1\right)\left(b^\dagger b + c^\dagger c\right) + \left(b^\dagger c - c^\dagger b\right)\right\}:$ 表示透射率为 $T = 1 - R$ 的分束器算符，符号 ":•:" 表示正规乘积排序。根据自参考 CVQKD 协议的制备-测量型描述，Alice 利用所制备的相干态作为信息载体。于是，从式（5-51）中可以清楚地看出，若零光子催化作用于相干态上，则输出态可表示为 $\hat{O}_0 |\alpha\rangle \rightarrow |\sqrt{T}\alpha\rangle$。由此可见，上述过程可以被看作一种无噪衰减。如文献[162]所述，量子催化的作用是促进模 B 和模 B_1 之间的量子态转换，即

$$|\Psi\rangle_{AB_1} = \frac{\hat{O}_0}{\sqrt{P_{\mathrm{d}}}}|\mathrm{EPR}\rangle_{AB} = \frac{\sqrt{1-\lambda^2}}{\sqrt{P_{\mathrm{d}}}}\exp\left\{\lambda\sqrt{T}a^\dagger b^\dagger\right\}|0,0\rangle_{AB} \tag{5-52}$$

其中，P_{d} 为归一化系数，表征执行零光子催化的成功概率，它可以被推导为

$$P_{\mathrm{d}} = \frac{2}{1 + T + RV} \tag{5-53}$$

从式（5-52）中可知，所获取的量子态 $|\Psi\rangle_{AB_1}$ 仍然是一种高斯态，并且具有新的压缩参数 $\tilde{\lambda} = \lambda\sqrt{\eta}$。于是，量子态 $|\Psi\rangle_{AB_1}$ 的协方差矩阵 $\boldsymbol{\Gamma}_{AB_1}$ 可计算为

$$\boldsymbol{\Gamma}_{AB_1} = \begin{pmatrix} X_1\boldsymbol{\Pi} & Z_1\bar{\boldsymbol{\varphi}} \\ Z_1\bar{\boldsymbol{\varphi}} & Y_1\boldsymbol{\Pi} \end{pmatrix} \tag{5-54}$$

其中，

$$X_1 = Y_1 = \frac{2(1+V)}{1+T+RV} - 1 \tag{5-55}$$

$$Z_1 = \frac{2\sqrt{T(V^2-1)}}{1+T+RV} \tag{5-56}$$

和

$$\bar{\boldsymbol{\varphi}} = \cos\phi_{\mathrm{err}}\boldsymbol{\sigma}_z \tag{5-57}$$

如图 5-10 所示，当量子态 $|\Psi\rangle_{AB_1}$ 通过以透射率 T_C 和过噪声 ε 为特征的量子信道后，类似于式（5-47），这里可获得协方差矩阵 $\boldsymbol{\Gamma}_{AB_2}$ 的具体形式，即

$$\boldsymbol{\Gamma}_{AB_2} = \begin{pmatrix} X_1\boldsymbol{\Pi} & \sqrt{T_{\mathrm{ect}}}Z_1\bar{\boldsymbol{\varphi}} \\ \sqrt{T_{\mathrm{ect}}}Z_1\bar{\boldsymbol{\varphi}} & T_{\mathrm{ect}}(Y_1+\chi)\boldsymbol{\Pi} \end{pmatrix} \tag{5-58}$$

其中，对称概率分布的条件 $P(\phi_{\mathrm{err}})$ 是由 $P(\phi_{\mathrm{err}}) = 0$ 给出的；信道有效透射率 T_{ect} 可表示为 $T_{\mathrm{ect}} = \mu T_C$，而信道噪声 χ 可表示为

$$\chi = \frac{1 - T_{\mathrm{ect}} + \epsilon_{\mathrm{el}}}{T_{\mathrm{ect}}} + \varepsilon \tag{5-59}$$

其中，ϵ_{el} 表示探测电噪声。

5.2.2 安全性分析与比较

前面详细阐述了零光子催化自参考 CVQKD 系统的制备-测量型和纠缠型两种方案。本节将通过安全密钥率、最大传输距离和可容忍噪声 3 个性能指标来评估量子催化

对自参考 CVQKD 系统的性能影响。

1. 渐近密钥率的计算

本节首重考虑所提方案在逆向协商和高斯集体攻击场景下的渐近密钥率,其中 Alice 和 Bob 分别进行外差探测和相干探测(对接收信号脉冲进行零差探测,对参考脉冲进行外差探测)。庆幸的是,通过零光子催化后的量子态 $|\Psi\rangle_{AB_1}$ 仍然是一种高斯态,从而可以直接利用常规高斯 CVQKD 协议的结果来计算安全密钥率。根据高斯攻击的最优性[91,134,138],所提方案的渐近密钥率 K 可以表示为

$$K = P_d \{\beta I(A:B) - I(B:E)\} \tag{5-60}$$

其中,P_d 由式(5-53)给出;$I(A:B)$ 表示 Alice 和 Bob 之间的 Shannon 互信息量;$I(B:E)$ 是 Eve 的最大可窃取信息的 Holevo 界。假设 $\{Q_A, P_A\}$(Q_A 或 P_A)表示模 $A(B_2)$ 的外差探测(零差探测)结果。对于所提方案,$I(A:B)$ 可以表示为

$$I(A:B) = \frac{1}{2}\log_2 \frac{V_A'}{V_{A|B}'} \tag{5-61}$$

其中,$V_A' = (X_1 + 1)/2$;$V_{A|B}' = V_A' - T_{ect}(Z_1\cos\phi_{err}\sigma_z)^2/2V_B'$,$V_B' = T_{ect}(X_1 + \chi)$。为得到互信息量 $I(A:B)$ 的解析表达式,则必须获得 $\cos^2\phi_{err}$ 的关系式。根据式(5-46)可知,对伴有延迟线的量子催化自参考 CVQKD 系统,剩余相位噪声 V_{est} 可表示为

$$V_{est} = V_{err} = \frac{\chi + 1}{V_R} + \frac{1}{\mu T_C V_R} \tag{5-62}$$

如果概率分布 $P(\phi_{err})$ 是紧致的,则可以进一步得到如下关系

$$\cos^2\phi_{err} = 1 - V_{err} \tag{5-63}$$

此外,为求解 Holevo 界,假设 Eve 能够纯化整个系统,则有

$$\begin{aligned} I(B:E) &= S(E) - S(E|B) \\ &= S(AB) - S(A|B) \\ &= \sum_{i=1}^{2} G[(\lambda_i - 1)/2] - G[(\lambda_3 - 1)/2] \end{aligned} \tag{5-64}$$

其中,$G(x) = (x+1)\log_2(x+1) - x\log_2 x$ 和辛特征值 $\lambda_i(i=1,2,3)$ 为

$$\lambda_{1,2}^2 = \frac{\Delta \pm \sqrt{\Delta^2 - 4D^2}}{2} \tag{5-65}$$

和

$$\lambda_3^2 = X_1^2 - \frac{X_1 Z_1^2(1 - V_{err})}{X_1 + \chi} \tag{5-66}$$

其中,$\Delta = X_1^2 + T_{ect}^2(Y_1 + \chi)^2 - 2T_{ect}Z_1^2(1 - V_{err})$;$D = X_1 T_{ect}(Y_1 + \chi) - T_{ect}Z_1^2(1 - V_{err})$。

2. 仿真结果讨论与比较

为便于讨论所提方案的性能改善情况,本节设置一系列实际的仿真参数,如表 5-1 所示。值得注意的是,当 Alice 的振幅调制器设置为 60dB 时,参考脉冲(V_R 可以设置

为一些真实值，如 $20V_A$ 和 $50V_A$ ）产生的过噪声可以被忽略。如图 5-11 所示，当优化透射率 T 时，绘制出所提方案在不同的电噪声 $\epsilon_{el} \in \{0.001, 0.01\}$ 下的最大安全密钥率随传输距离的变化曲线。相应地，图 5-12 所示为优化的透射率 T 随传输距离的变化曲线。在图 5-11 中，黑色实线表示原始自参考方案的性能，所提方案的性能明显优于原始自参考方案。特别是，零光子催化操作在提高密钥率和延长最大传输距离两个方面具有明显的优势。例如，当固定参数 $V_R = 50V_A$ 和 $\epsilon_{el} = 0.001\text{SNU}$ 时，密钥率为 10^{-3}bit/pulse 的原始自参考方案可传输约 16km，而所提方案可以达到将近 58km 的传输距离。然而，在近距离传输范围内，当 $V_R = 50V_A$ 时，所提方案的安全密钥率与原始方案情况相同，这是因为相应的透射率 $T = 1$ 表征着不存在量子催化效应[图 5-12（b）]。值得一提的是，在远距离范围内，所提方案虽然在 $V_R = 20V_A$ 场景下的性能优于原始自参考方案，但似乎比在 $V_R = 50V_A$ 场景下的性能差，这在某种程度上反映出最大传输距离与参考脉冲的振幅成正比关系。

表 5-1　量子催化的自参考 CVQKD 性能仿真参数设置

参数	取值	描述
V_A	40	信号脉冲的调制方差
V_R	$20V_A$ 和 $50V_A$	参考脉冲的调制方差
β	95%	协商效率
ε	0.01	信道过噪声
μ	0.719	探测器的探测效率
ϵ_{el}	0.01 和 0.001	探测器的电噪声
T	优化	透射率

注：表中所有方差和噪声都归为散粒噪声单位。

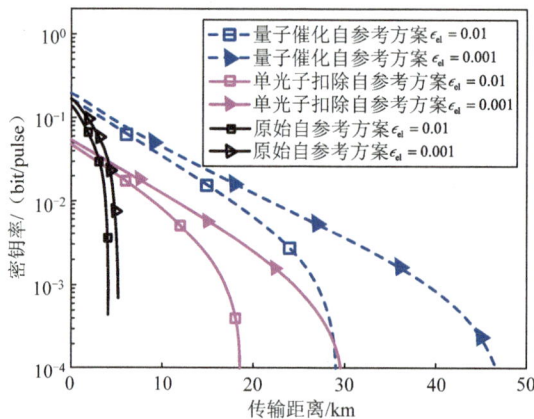

（a）$V_R = 20V_A$

图 5-11　两种操作的自参考 CVQKD 的密钥率随传输距离的变化曲线

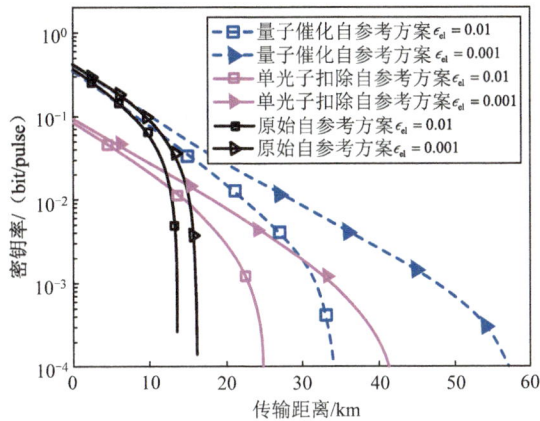

(b) $V_R = 50V_A$

图 5-11（续）

注：黑色细线表示原始自参考方案；蓝色划线表示零光子催化操作的自参考 CVQKD 系统；品红色粗线表示单
光子扣除操作的自参考 CVQKD 系统。

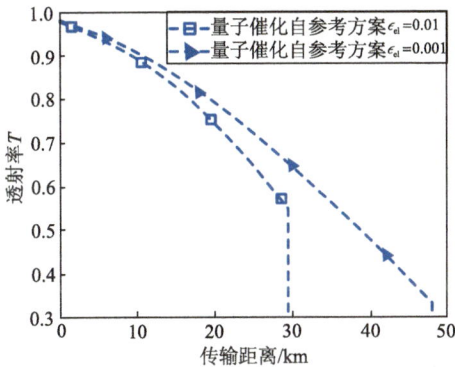

(a) $V_R = 20V_A$

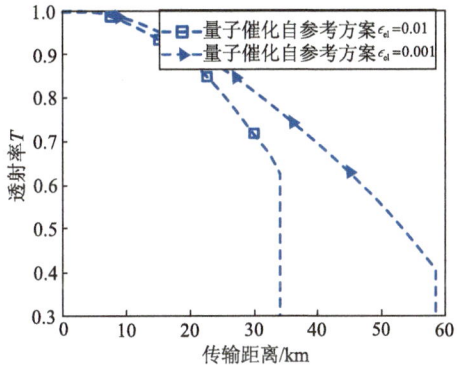

(b) $V_R = 50V_A$

图 5-12　量子催化自参考 CVQKD 的最优透射率随传输距离的变化曲线

另外，可容忍过噪声是另一种评估连续变量量子密钥分发系统的重要性能指标。为考察所提方案的可容忍过噪声情况，当优化透射率 T 时，图 5-13 所示为最大可容忍过噪声随传输距离的变化曲线。显而易见，对于给定的 3 种方案（单光子扣除自参考 CVQKD 方案，量子催化自参考 CVQKD 方案和原始自参考方案），相应地，可容忍过噪声都是随着传输距离的提升而降低，原始自参考方案的情况下降最快，这在某种程度上意味着原始自参考方案对过噪声过度敏感。此外，研究还发现，量子催化自参考 CVQKD 方案所呈现的可容忍过噪声优于原始自参考方案，这在某种意义上暗示零光子催化是一种能够有效提高远程用户之间最大传输距离的可行性方案。例如，当 $\varepsilon \approx 0.001\text{SNU}$ 时，所提方案可以将最大传输距离提升至 30km 以上。据悉，在所有的多光子扣除自参考 CVQKD 方案中，单光子扣除自参考 CVQKD 方案的性能表现最佳。因此，为突出量子催化自参考 CVQKD 方案的优越性，图 5-11 和图 5-13 所示为单光子扣除自参考 CVQKD 方案（品红色实线）的最大安全密钥率和可容忍过噪声随传输距离的变化曲线。研究结果充分表明，量子催化自参考 CVQKD 系统在最大传输距离和最大可容忍过噪声方面都优于单光子扣除自参考 CVQKD 系统。特别是，在短距离范围内，所提方案的安全密钥率高于单光子扣除自参考 CVQKD 方案，这可能是因为相比于后者，前者的成功概率较高。此外，由图 5-11 和图 5-13 可以看出，在相同参数下，当电噪声增加时，所提方案和原始自参考方案的密钥率、传输距离和可容忍过噪声等性能指标都在降低，所提方案的性能下降最为明显。综上分析所得，采用零光子催化操作确实可以改善自参考 CVQKD 系统的性能。因此，量子催化引入的透射率抖动如何影响自参考 CVQKD 系统的性能呢？图 5-14 所示为密钥率和传输距离随透射率 T 抖动的变化状况，其中红色实线表示最优密钥率（记为 K_{opt}）随透射率的变化曲线，而黑色虚线和橙色虚线分别表示 90% K_{opt} 随透射率 T 抖动的下界和上界。研究结果表明，密钥率在其最优值周围的每一段距离随透射率 T 缓慢变化，这在某种程度上意味着透射率抖动对自参考 CVQKD 系统的性能影响比较稳定，尤其是当透射率 T 位于黑色虚线和橙色虚线之间的区域时，密钥率仍然可以保持在其最优值 K_{opt} 的 90% 以上。

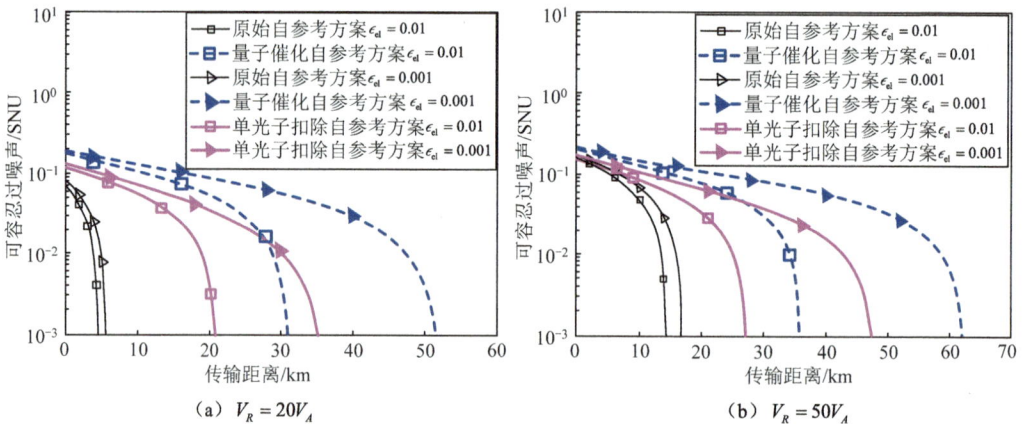

(a) $V_R = 20V_A$ (b) $V_R = 50V_A$

图 5-13　两种操作方案的最大可容忍过噪声随传输距离的变化曲线

注：黑色细线表示原始自参考 CVQKD 方案；蓝色划线表示零光子催化操作的自参考 CVQKD 方案；
品红色粗线表示单光子扣除操作的自参考 CVQKD 方案。

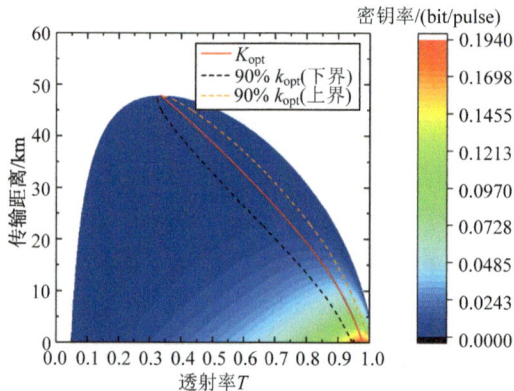

图 5-14　量子催化自参考方案的传输距离随透射率的变化梯度

在实际操作过程中，探测器的非完美性是制约自参考 CVQKD 性能提升的关键因素。一般而言，探测器的非完美性包含探测效率 μ 和电噪声 ϵ_{el} 两个要素。为进一步凸显所提方案的鲁棒性，当 $V_R = 20V_A$，传输距离为 20km 时，图 5-15 所示为探测效率 μ 和电噪声 ϵ_{el} 对量子催化自参考 CVQKD（蓝色曲面）与单光子扣除自参考 CVQKD（品红色曲面）两种方案的性能影响情况。研究结果发现，所提方案的性能总是优于单光子扣除自参考 CVQKD 方案。例如，当密钥率为 10^{-3} bit/pulse 时，对于所提方案和单光子扣除自参考 CVQKD 方案，相应的 (μ, ϵ_{el}) 可容忍最大值分别约为 $(0.3, 0.04)$ 和 $(0.6, 0.02)$。换而言之，在达到相同性能的情况下，量子催化自参考 CVQKD 系统比单光子扣除自参考 CVQKD 系统允许容忍更多的探测器非完美性。

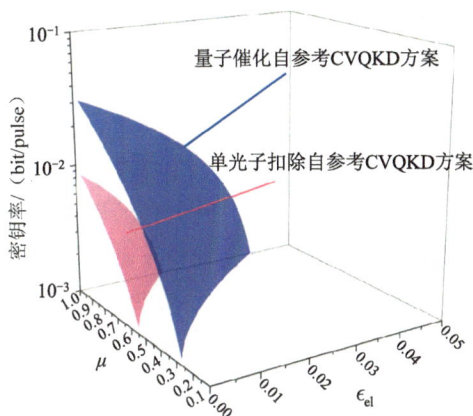

图 5-15　两种操作方案下探测器非完美性对密钥率的影响

5.3　基于量子催化的测量设备无关连续变量量子密钥分发方案

由 5.2 节内容可知，零光子催化在提升自参考 CVQKD 系统性能中发挥着重要作用，但由于探测器非完美性带来的潜在安全漏洞，这种自参考 CVQKD 系统在某种程度上仍然存在一定的局限性。于是，人们提出了一种新颖的测量设备无关 CVQKD 系统。虽然该系统能够实际解决探测端的安全性问题，但是相比于测量设备无关 DVQKD，它的传输距离仍然美中不足。为此，本章提出了一种利用零光子催化来提升测量装置无关的高斯调制 CVQKD 方案。数值仿真结果表明，在极端非对称场景下，量子催化的测量设备无关 GMCS-CVQKD 方案在传输距离方面优于原始方案。此外，本章还与已有的单光子扣除的测量设备无关 GMCS-CVQKD 方案[51]进行比较，以便凸显所提方案性能的优越性。

QKD 是量子信息处理中较为成熟的领域之一，其目的是通信双方之间通过被窃听者（Eve）控制的不安全信道建立起一串共享密钥，并且其安全性可以通过量子力学基本原理来保证。特别是，理论上 QKD 的 BB84 协议于 1984 年被提出[111]，使 DVQKD 协议备受关注，甚至在商业应用上崭露头角。虽然 DVQKD 系统在传输距离方面表现亮眼，但过度依赖单光子制备和检测，可能会导致安全密钥率低。

为此，CVQKD 作为一种新的解决方案应运而生，它通过零差或外差探测代替单光子探测来保证更高的密钥率，这使它从实用性的角度来看更具吸引力。特别是，相干态 GMCS-CVQKD 早已经被严格地证明对任意集体攻击都是安全的，而且这种攻击在渐近极限状态下是最优的。此外，CVQKD 系统还具有与传统通信技术兼容的优势，从而在下一代量子通信网络中具备潜在的应用价值。然而，在实际场景中，探测器的不完美为 Eve 成功地利用潜在的安全漏洞来实施攻击策略打开了一扇门，如本振光校准攻击[56]、波长攻击[57]和探测器饱和攻击[59]。为抵御这些攻击，通常会采用两种解决方案：设备无关 QKD[163]和测量设备无关（measurement-device-independent, MDI）QKD[50,52]。与基于违反 Bell（贝尔）不等式的设备无关 QKD 不同，测量设备无关 QKD 是一种更为实用的方案，而且这种方案的安全性不依赖测量设备的可靠性，从而防止所有探测端的黑客攻击。即便如此，与测量设备无关 DVQKD 相比[61,64]，测量设备无关 CVQKD 的最大传输距离仍然存在局限性。于是，如何进一步有效地延长测量设备无关 CVQKD 的最大传输距离成为一项有趣且具有挑战性的任务。

迄今为止，科学家一直致力于提升测量设备无关 CVQKD 系统的性能，如使用离散调制[52]或量子操作[164]。具体而言，上海交通大学曾贵华小组提出一种离散调制测量设备无关 CVQKD 方案，并指出该方案可实现的最大传输距离优于高斯调制测量设备无关 CVQKD 方案，这是因为离散调制在低信噪比场景下具有高效的协商纠错能力。此外，为获得更高的密钥率和更长的传输距离，利用无噪声放大器改进测量设备无关 CVQKD 的方案也被相继提出。引人注目的是，非高斯后选择模拟的光子扣除方案被理论上证明了可以延长测量设备无关 CVQKD 方案的最大传输距离[165]，尤其是单光子扣除方案能够表现出最好的性能。尽管该方案展示出其独特的优势，然而，当给定调制方差值时，执行光子扣除的成功概率仍然很低，从某种程度上影响着整个测量设备无关 CVQKD 系统的性能提升。为解决这个问题，量子催化作为一种可备选的方案，在量子相干性、非经典性、纠缠性等领域得到广泛的应用。由 5.2 节内容可知，量子催化在自参考 CVQKD 系统的性能提升方面扮演着重要的角色，但如何运用于测量设备无关 GMCS-CVQKD 系统中却面临很大挑战。因此，在此背景下，本节将着重研究量子催化操作对测量设备无关 GMCS-CVQKD 方案的性能影响。

5.3.1 量子催化的测量设备无关连续变量量子密钥分发系统

众所周知，在 CVQKD 系统中，制备-测量型方案和等价的纠缠型方案各有利弊，其中前者在实践过程中易于操作，而后者利于安全性分析。因此，如图 5-16 所示，本节从制备-测量型方案和纠缠型方案的角度描述量子催化的测量设备无关 GMCS-CVQKD 系统。其中，图 5-16（a）所示为量子催化的测量设备无关 GMCS-CVQKD 的制备-测量型方案；图 5-16（b）所示为量子催化的测量设备无关 GMCS-CVQKD 的纠缠型方案。在图 5-16（b）中，Alice 和 Bob 分别制备出一个纠缠源（分别标记为 EPR_1 和 EPR_2，对应的方差为 V_A 和 V_B）。发送方 Alice 保留模 A_1 来进行外差探测，并在模 A_2 发生量子催化操作后，通过长度为 L_{AC} 的量子信道将模 $\tilde{A}_2$ 发送给不可信任的第三方 Charlie。同样地，发送方 Bob 保留模 B_1，并通过长度为 L_{BC} 的量子信道将模 B_2 发送给 Charlie。除此之外，Charlie 首先通过 50∶50 分束器对两个待接收的模 $\tilde{A}_2$ 和模 B_2 进行干涉，从而获得两个输出模 C_1 和 C_2。随后，Charlie 对所获得的输出模进行零差探测，得到待公开宣布的测量结果 $\{X_{C_1}, P_{C_2}\}$。当 Bob 知晓 Charlie 的测量结果后，其使用平移操作 $D(\beta)$ 将模 B_1 调制为模 $\tilde{B}_1$，其中 $\beta = g(X_{C_1} + \mathrm{i}P_{C_2})$，$g$ 为增益因子。紧接着，Alice 和 Bob 分别对模 A_1 和模 $\tilde{B}_1$ 实施外差探测，并得到各自的数据集 $\{X_A, P_A\}$ 和 $\{X_B, P_B\}$。值得注意的是，在数据集中，Alice 和 Bob 可任意筛选部分数据以实现参数估计的步骤。最后，通过数据后处理技术，通信双方可提取一串共享密钥。

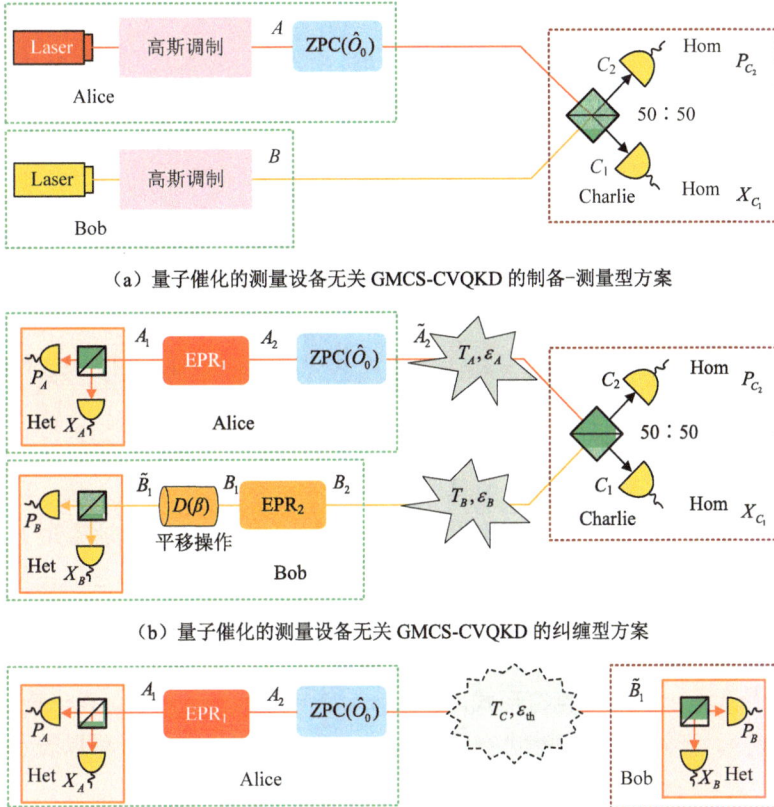

（a）量子催化的测量设备无关 GMCS-CVQKD 的制备-测量型方案

（b）量子催化的测量设备无关 GMCS-CVQKD 的纠缠型方案

（c）在 Bob 的 EPR$_2$ 和平移操作 $D(\beta)$ 都是不可信的条件下，其等效的单向 GMCS-CVQKD 方案

EPR$_1$ 和 EPR$_2$ ——纠缠源；ZPC$(\hat{O}_0)$ ——零光子催化过程；Laser——激光器；Hom——零差探测；Het——外差探测。

图 5-16　量子催化测量设备无关 GMCS-CVQKD 的原理图

由于假设 Bob 的 EPR$_2$ 和平移操作 $D(\beta)$ 都是不可信的，量子催化的测量设备无关 GMCS-CVQKD 的纠缠型方案可以等效为外差检测下单向 GMCS-CVQKD 方案[29-30]，如图 5-16（c）所示。值得注意的是，与等效单路协议不同，测量设备无关 CVQKD 系统存在两个损耗信道。于是，从攻击策略的角度来看，Eve 可以采取两种攻击方式，如单模非关联攻击和双模关联攻击。然而，在实际系统中，由于量子存储技术不成熟，双模关联攻击难以实现。此外，如果两个损耗信道是相互独立的，则可以将双模关联攻击简化为单模非关联攻击。因此，在这种情况下，Eve 的攻击策略可被认为是一种单模集体高斯攻击，尽管它不是最优攻击。

在了解 Eve 的攻击策略后，下面着重介绍量子催化的测量设备无关 GMCS-CVQKD 和它的等效单路协议之间的信道参数关系。如图 5-16（b）所示，由于 Alice-Charlie 和 Bob-Charlie 的信道都是线性的，这些由 Eve 控制的信道可以通过使用两个独立的纠缠克隆攻击来模拟，其中，$T_A = 10^{-\kappa L_{AC}/10}$（$T_B = 10^{-\kappa L_{BC}/10}$）和 $\varepsilon_A(\varepsilon_B)$ 分别表示 Alice(Bob) 和 Charlie 之间信道的透射率和过噪声，并且耗散系数 $\kappa = 0.2\text{dB/km}$。在图 5-16（c）中，T_C 和 ε_{th} 分别表示信道的等效透射率和等效过噪声，并且它们跟测量设备无关 CVQKD 的信道参数存在如下关系：$T_C = g^2 T_A / 2$ 和 $\varepsilon_{\text{th}} = \left(\sqrt{2V_B - 2}/g - \sqrt{T_B V_B + T_B}\right)^2 / T_A + T_B(\chi_B - 1)T_A + \chi_A + 1$，其中 $\chi_j = (1 - T_j)/T_j + \varepsilon_j$，$j \in \{A, B\}$。为使等效过噪声 ε_{th} 最小化，取 $g^2 = 2(V_B - 1)/[T_B(V_B + 1)]$，于是有

$$\varepsilon_{\text{th}} = \frac{T_B}{T_A}(\varepsilon_B - 2) + \varepsilon_A + \frac{2}{T_A} \tag{5-67}$$

此外，从实际角度来看，Charlie 探测的非完美性是不可被忽视的，并且探测器的非完美性可以通过探测效率 η 和电噪声 v_{el} 来表征。值得注意的是，$(\eta, v_{\text{el}}) \in (1, 0)$ 对应理想探测情况。于是，探测端添加的噪声可以表示为 $\chi_{\text{hom}} = (v_{\text{el}} + 1 - \eta)/\eta$，从而进一步得到信道输入的总噪声，即 $\chi_{\text{tot}} = \chi_{\text{line}} + 2\chi_{\text{hom}}/T_A$，其中 $\chi_{\text{line}} = (1 - T_C)/T_C + \varepsilon_{\text{th}}$ 对应于信道添加的噪声。

在对所提方案进行性能评估前，本节将深入讲解零光子催化的物理特性。图 5-17（a）所示为零光子催化（蓝绿色盒子）的具体构造：对于辅助模 D 的输入端，真空态 $|0\rangle_D$ 射入透射率 T 的分束器内；同时，在输出端采用一个开关探测器来记录零光子。值得注意的是，如果开关探测器没有响应，则零光子催化操作不仅具有概率性，还可以被预知。换而言之，该过程实际上是随机的，这是因为开关探测器随机地发生响应和不响应状态。如果开关探测器不响应，则可称为零光子催化操作。由 5.2 节内容可知，这种量子催化过程可以被表示为一个等效算符形式，即 $\hat{O}_0 \equiv \sqrt{T}^{a_2^\dagger a_2}$（$a_2^\dagger$ 和 a_2 分别表示模 A_2 的产生算符和湮灭算符）。于是，对 EPR$_1$ 进行零光子催化后，量子态 $|\Phi\rangle_{A_1 \tilde{A}_2}$ 可以表示为

$$|\Phi\rangle_{A_1 \tilde{A}_2} = \frac{\hat{O}_0}{\sqrt{P_d}}|\text{EPR}_1\rangle_{A_1 A_2} = \sqrt{\frac{1 - \lambda^2}{P_d}} \exp\left(\lambda\sqrt{T}a_1^\dagger a_2^\dagger\right)|00\rangle_{A_1 \tilde{A}_2} \tag{5-68}$$

其中，$\lambda = \sqrt{(V_A - 1)/(V_A + 1)}$ 和归一化系数 $P_d = 2/(1 + T + RV_A)$ 表示为实现零光子催化的成功概率。所以，量子态 $|\Phi\rangle_{A_1 \tilde{A}_2}$ 的协方差矩阵 $\Gamma_{A_1 \tilde{A}_2}$ 可进一步被计算为

$$\Gamma_{A_1 \tilde{A}_2} = \begin{pmatrix} x\boldsymbol{II} & z\boldsymbol{\sigma}_z \\ z\boldsymbol{\sigma}_z & y\boldsymbol{II} \end{pmatrix} \tag{5-69}$$

其中，$\boldsymbol{II}$ 表示二维单位矩阵；$\boldsymbol{\sigma}_z = \text{diag}(1, -1)$，并且有

$$x = y = \frac{2V_A - RV_A + R}{1 + T + RV_A} \tag{5-70}$$

及

$$z = \frac{2\sqrt{V_A^2 - 1}}{1 + T + RV_A} \tag{5-71}$$

对于测量设备无关 CVQKD 的制备-测量型方案，相干态作为一种重要的信息载体，经零光子催化操作后，这种输入-输出过程可以表示为 $\hat{O}_0\,|\alpha\rangle \rightarrow |\sqrt{T}\alpha\rangle$［图 5-17（a）］。需要注意的是，当 $T=1$ 时，输出态简化为输入的相干态，即无任何量子催化效应。为直观地看出这种量子催化的物理特性，当给定振幅值 $|\alpha|=1$ 时，对于不同的透射率 $T\in\{1.0,0.9,0.8,0.7\}$，图 5-17（b）所示为相空间 $\gamma\in(q,p)$ 中输入-输出量子态之间的 Wigner 函数随 $\mathrm{Re}(\gamma)$ 的变化曲线，其中 q 为位移正交分量，p 为动量正交分量。从 Wigner 函数的曲线特征来看，对于不同的透射率，零光子催化不仅能够有效地保持 Wigner 函数的高斯特性，而且不引入额外噪声。由此可见，零光子催化正好被认为是一种无噪衰减的高斯操作。

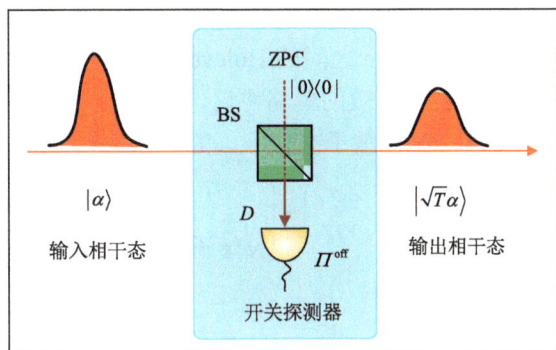

（a）当相干态输入时，经过零光子催化的输入-输出关系示意图

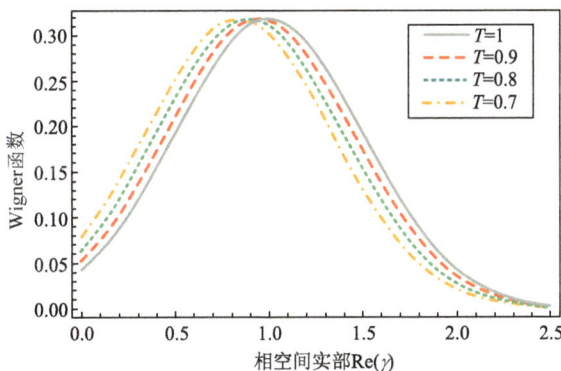

（b）对于不同透射率 $T=1.0,0.9,0.8,0.7$（从右到左），Wigner 函数随相空间实部的变化曲线

图 5-17　零光子催化模型及其高斯特征

5.3.2　安全性分析与比较

到目前为止，量子催化的测量设备无关 GMCS-CVQKD 系统特征已被熟知。本节首先将在外差探测和逆向协商的场景下利用等效单路协议来计算所提方案的渐近密钥率。然后，通过数值仿真分析所提方案的安全性，并从密钥率和传输距离两个方面来展示该方案的性能优越性。

1. 渐近密钥率的计算

根据上述分析可知，零光子催化能够有效地保持 Wigner 函数的高斯特性。于是，在执行零光子催化后，量子态 $|\Phi\rangle_{A_1\tilde{A}_2}$ 仍然是一种高斯态，这使它适合直接从传统的 GMCS-CVQKD 计算结果中推导密钥率。根据高斯攻击的最优性[91,134,138]，利用式（5-69）中的协方差矩阵可以计算出渐近密钥率 K。因此，利用等效的单向 GMCS-CVQKD 方案，本节进一步给出量子催化的测量设备无关 GMCS-CVQKD 方案在单模集体攻击和逆向协商场景下的渐近密钥率为

$$K = P_d\{\beta I(A:B) - \chi(B:E)\} \tag{5-72}$$

其中，P_d 由式（5-68）给出；β 为协商效率；$I(A:B)$ 为 Alice 与 Bob 之间的 Shannon 互信息量；$\chi(B:E)$ 为 Bob 与 Eve 之间的 Holevo 界。

如图 5-16（c）所示，对于等效的单路协议，当状态 $|\Phi\rangle_{A_1\tilde{A}_2}$ 通过以信道透射率 T_C 和过噪声 ε_{th} 为特征的量子信道时，量子态 $|\Phi\rangle_{A_1\tilde{A}_2}$ 的协方差矩阵可以被表示为

$$\Gamma_{A_1\tilde{B}_1} = \begin{pmatrix} X\boldsymbol{II} & Z\boldsymbol{\sigma}_z \\ Z\boldsymbol{\sigma}_z & Y\boldsymbol{II} \end{pmatrix} = \begin{pmatrix} x\boldsymbol{II} & \sqrt{T_C}z\boldsymbol{\sigma}_z \\ \sqrt{T_C}z\boldsymbol{\sigma}_z & T_C(x+\chi_{tot})\boldsymbol{II} \end{pmatrix} \tag{5-73}$$

因此，Shannon 互信息量 $I(A:B)$ 为

$$I(A:B) = \log_2 \frac{V_{A_M}}{V_{A_M}|_{B_M}} = \log_2 \frac{(X+1)(Y+1)}{(X+1)(Y+1)-Z^2} \tag{5-74}$$

为得到 Holevo 界 $\chi(B:E)$，假设 Eve 能够纯化整个 $\rho_{A_1\tilde{B}_1E}$ 系统，有

$$\chi(B:E) = S(E) - S(E|B) = S(A_1\tilde{B}_1) - S(A_1|\tilde{B}_1^{mB})$$
$$= \sum_{i=1}^{2} G\left(\frac{\lambda_i-1}{2}\right) - G\left(\frac{\lambda_3-1}{2}\right) \tag{5-75}$$

式中，冯·诺依曼熵 $G(x)$ 已经在式（5-27）给出；$S(A_1\tilde{B}_1)$ 是 $\Gamma_{A_1\tilde{B}_1}$ 的辛特征值 $\lambda_{1,2}$ 的函数，其中，$\lambda_{1,2}^2 = \left(\Delta \pm \sqrt{\Delta^2-4\xi^2}\right)/2$，$\Delta = X^2+Y^2-2Z^2$ 和 $\xi = XY-Z^2$。此外，Eve 条件熵 $S(A_1|\tilde{B}_1^{mB})$ 是协方差矩阵 $\Gamma_{A_1}^{\tilde{B}_1^{mB}} = \Gamma_{A_1} - \boldsymbol{\sigma}_{A_1\tilde{B}_1}(\Gamma_{\tilde{B}_1}+\boldsymbol{II})^{-1}\boldsymbol{\sigma}^{\mathrm{T}}_{A_1\tilde{B}_1}$ 的辛特征值 $\lambda_3 = X - Z^2/(Y+1)$ 的函数。

另外，为突出所提方案的性能优越性，图 5-18 所示为基于纠缠型的单光子扣除测量设备无关 GMCS-CVQKD 系统。在图 5-18（a）中，Alice 和 Bob 分别制备出双模压缩真空态（为便于讨论，这里假设所制备的纠缠源也标记为 EPR$_1$ 和 EPR$_2$，相应的方差为 V_A 和 V_B）。同样地，Alice 保留模 A_1 来进行外差探测，并在模 A_2 发生单光子扣除操作后，通过长度为 L_{AC} 的量子信道将模 $\tilde{A}_2$ 发送给不可信任的第三方 Charlie。Bob 保留模 B_1，并通过长度为 L_{BC} 的量子信道将 B_2 模发送给 Charlie。除此之外，其他步骤与量子催化的测量设备无关 GMCS-CVQKD 方案相同。值得注意的是，与零光子催化操作不同，单光子扣除是一种常见的非高斯操作，这导致其无法直接使用典型的高斯方法推导密钥率。但是，根据高斯最优性定理[138]，可得单光子扣除的测量设备无关 GMCS-CVQKD 方案

在单模集体攻击和逆向协商场景下的渐近密钥率下界，即

$$K_{\text{asy}} = P_1\left\{\beta\tilde{I}(A:B) - \tilde{\chi}(B:E)\right\} \tag{5-76}$$

其中，P_1 表示实现单光子扣除的成功概率；β、$\tilde{I}(A:B)$ 和 $\tilde{\chi}(B:E)$ 的定义与式（5-72）相同。

为得到式（5-76）的解析表达式，首先需要求出单光子扣除后的量子态 $|\Psi\rangle_{A_1\tilde{A}_2}$，即

$$|\Psi\rangle_{A_1\tilde{A}_2} = \frac{W_1 W_2}{\sqrt{P_1}}\exp[W_2 a^\dagger_1 a_2]a^\dagger|00\rangle_{A_1\tilde{A}_2} \tag{5-77}$$

其中，

$$W_1 = \sqrt{\frac{(1-\lambda^2)(1-T)}{T}} \tag{5-78}$$

$$W_2 = \lambda\sqrt{T} \tag{5-79}$$

$$P_1 = \frac{W_1^2 W_2^2}{1 - 2W_2^2 + W_2^4} \tag{5-80}$$

同样地，如图 5-18（b）所示，根据其等效的单向协议，在量子态 $|\Psi\rangle_{A_1\tilde{A}_2}$ 通过以信道透射率 T_C 和过噪声 ε_{th} 为特征的量子信道后，相应的协方差矩阵 $\boldsymbol{\Gamma}_{A_1\tilde{B}_1}$ 可表示为

$$\boldsymbol{\Gamma}_{A_1\tilde{B}_1} = \begin{pmatrix} a\boldsymbol{II} & c\tilde{Z}\boldsymbol{\sigma}_z \\ c\boldsymbol{\sigma}_z & b\boldsymbol{II} \end{pmatrix} = \begin{pmatrix} \tilde{X}\boldsymbol{II} & \sqrt{T_C}\tilde{Z}\boldsymbol{\sigma}_z \\ \sqrt{T_C}\tilde{Z}\boldsymbol{\sigma}_z & T_C(\tilde{Y}+\chi_{\text{tot}})\boldsymbol{II} \end{pmatrix} \tag{5-81}$$

其中，

$$\tilde{X} = \frac{4W_1^2 W_2^2}{P_1(1-W_2^2)^3} - 1 \tag{5-82}$$

$$\tilde{Y} = \frac{2W_1^2 W_2^2(1+W_2^2)}{P_1(1-W_2^2)^3} - 1 \tag{5-83}$$

$$\tilde{Z} = \frac{4W_1^2 W_2^3}{P_1(1-W_2^2)^3} \tag{5-84}$$

于是，类似推导式（5-74）和式（5-75），可以分别得到光子扣除方案下的 Shannon 互信息量 $\tilde{I}(A:B)$ 和 Holevo 界 $\tilde{\chi}(B:E)$，即

$$\tilde{I}(A:B) = \log_2\frac{(a+1)(b+1)}{(a+1)(b+1)-c^2} \tag{5-85}$$

$$\tilde{\chi}(B:E) = \tilde{S}(E) - \tilde{S}(E|B) = \tilde{S}(A_1\tilde{B}_1) - \tilde{S}(A_1|\tilde{B}_1^{mB})$$

$$= \sum_{i=1}^{2}G\left(\frac{\lambda_i-1}{2}\right) - G\left(\frac{\lambda_3-1}{2}\right) \tag{5-86}$$

其中，冯·诺依曼熵 $G(x)$ 已经在式（5-27）中给出，$\lambda_{1,2}^2 = (\Delta\pm\sqrt{\Delta^2-4\xi^2})/2$ 和 $\lambda_3 = a - c^2/(b+1)$，式中 $\Delta = a^2 + b^2 - 2c^2$，$\xi = ab - c^2$。

（a）量子催化的测量设备无关 GMCS-CVQKD 的纠缠型方案

（b）在 Bob 的 EPR$_2$ 和平移操作 $D(\beta)$ 都是不可信的条件下，其等效的单向 GMCS-CVQKD 方案

EPR$_1$ 和 EPR$_2$——纠缠源；$B(T)$——透射率 T 的分束器算符；PNRD——光子数计数器；
Hom——零差探测；Het——外差探测。

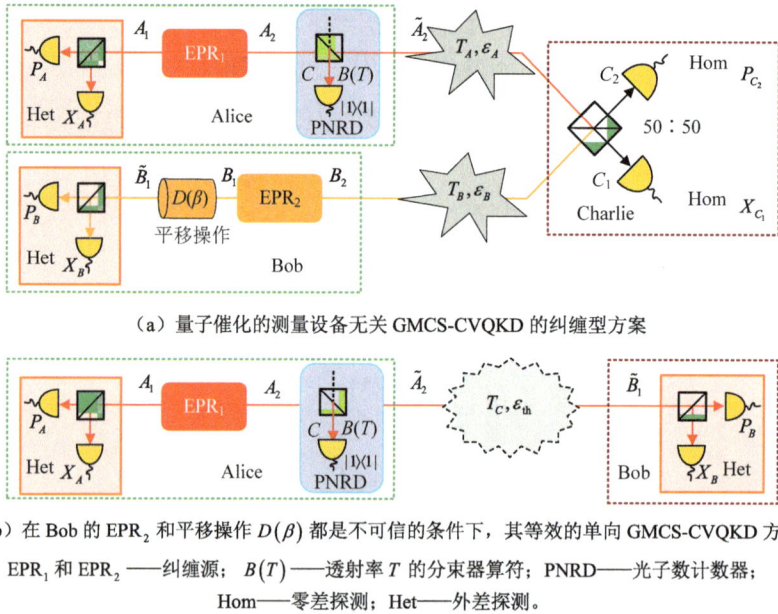

图 5-18　单光子扣除测量设备无关 GMCS-CVQKD 方案的原理图

2. 仿真结果讨论与比较

在传统的测量设备无关 GMCS-CVQKD 协议中，对称（$L_{AC}=L_{BC}$）情况下的最大传输距离比不对称（$L_{AC}\neq L_{BC}$）情况差。特别是，在极端不对称（$L_{BC}=0$）的场景下，测量设备无关 CVQKD 协议的总传输距离 $L_{AB}=L_{AC}+L_{BC}$ 可以达到最长。在这种背景下，下面着重考察在极端不对称情况下所提量子催化测量设备无关 GMCS-CVQKD 方案的性能，并在相同参数下比较所提方案与单光子扣除测量设备无关 GMCS-CVQKD 方案的密钥率、传输距离和可容忍过噪声。

为在极端不对称的情况下获得最大的密钥率，首先需要找到所提方案的最优方差值（$V_A=V_B=V$）和相应的最优区域，这是由于调制方差是一个对 CVQKD 系统性能有很大影响的重要参数。如图 5-19（a）所示，当给定不同的参数，如过噪声 $\varepsilon_A=\varepsilon_B=\varepsilon=0.01\text{SNU}$、协商效率 $\beta=0.95$、传输距离 $L_{AC}=25\text{km}$ 和 30km 时，原始测量设备无关方案（黑色线）和量子催化的测量设备无关 GMCS-CVQKD 方案（蓝色线）下密钥率随方差 V 的变化曲线。值得注意的是，对于所提方案，本节已经优化透射率 T，并且它随方差的变化关系可参考图 5-19（b）。由图 5-19（a）可以清楚地看到，当密钥率达到峰值时，尽管密钥率随传输距离的增加而直观地降低，但这两种方案的最优方差 V 都大约为 15，主要原因是对于所提方案，当方差取最优值 15 时，相应的透射率 $T=1$［图 5-19（b）］。此外，在方差大于最优值 15 时，与原始测量设备无关方案相比，量子催化的测量设备无关 GMCS-CVQKD 方案的密钥率下降缓慢，这在某种程度上反映了采用零光子催化操作可以使 CVQKD 系统表现出更大的灵活性和稳定性。另外，在给定方差范围 $V\in[0,100]$，随着传输距离的增加 $L_{AC}=25\text{km}$ 和 30km，相应的透射率取值范围从 $T\in[1,0.97)$ 变为 $T\in[1,0.93)$。

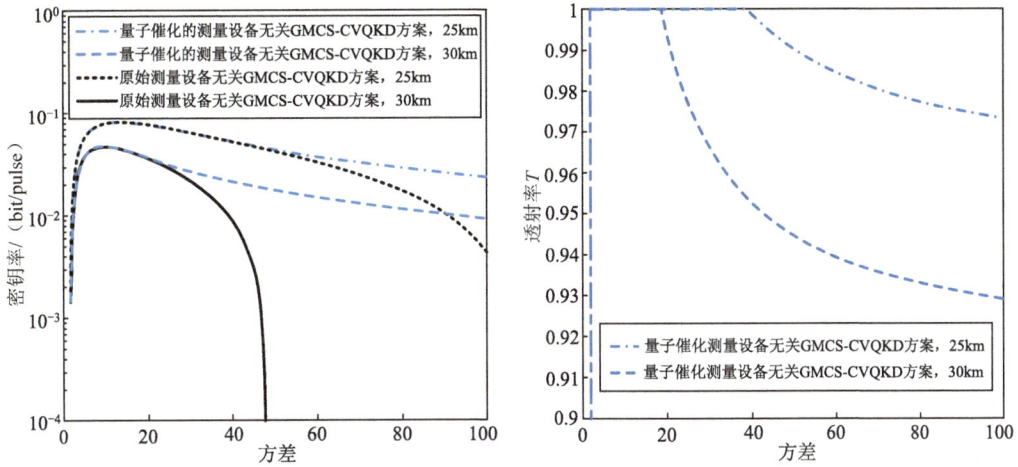

（a）量子催化的测量设备无关 GMCS-CVQKD 方案和原始
测量设备无关 GMCS-CVQKD 方案的密钥率随方差的变化
曲线

（b）对于量子催化的高斯调制下测量设备无关 GMCS-
CVQKD 方案，最优透射率随方差的变化曲线

图 5-19　所提方案在最优透射率条件下的密钥率和方差关系

于是，为便于性能讨论和分析，在表 5-2 中设置一些性能仿真的固定参数。当优化透射率 T 时，图 5-20（a）所示为不同的探测效率和电噪声下量子催化的测量设备无关方案（蓝色线）和单光子扣除的测量设备无关方案（品红色线）的密钥率随传输距离的变化曲线。此外，作为一种比较，黑色线代表原始测量设备无关方案。研究结果表明，所提方案即使在非理想探测的情况下，如 $(\eta, \epsilon_{el}) \in (0.975, 0.002)$，也可以优于原始测量设备无关方案。换而言之，使用零光子催化操作不仅可以提高密钥率，还可以延长传输距离。然而，当 $(\eta, \epsilon_{el}) \in (0.95, 0.01)$ 时，所提方案的性能却与原始测量设备无关方案始终保持一致，这侧面反映出随着 (η, ϵ_{el}) 的增加，所提方案与原始测量设备无关方案的性能差距减小，甚至消失。这是因为随着探测器非完美性的增强，量子催化的有效透射率在减小[图 5-20（b）]。值得注意的是，这里引入的有效透射率可理解为透射率 T（$T \neq 1$）和传输距离所围成的面积。此外，对于给定的密钥率 10^{-4}bit/pulse，相比于原始测量设备无关方案的性能，所提方案的最大传输距离在理想探测场景下可以达到 45km 左右[在 $(\eta, \epsilon_{el}) \in (0.975, 0.002)$ 场景下可以达到 16km 左右]。在较短的传输距离下，所提方案的性能仍与原始测量设备无关方案相同。值得注意的是，在相同参数条件下，单光子扣除的测量设备无关方案的密钥率和最大传输距离都比原始测量设备无关方案（黑色线）的情况差，反映出光子扣除操作具有某些局限性。

表 5-2　量子催化的测量设备无关 GMCS-CVQKD 性能仿真参数设置

参数	取值	描述
V_A	15	Alice 的调制方差
V_B	15	Bob 的调制方差
β	0.95	协商效率

参数	取值	描述
ε_A	0.01	Alice-Charlie 信道的过噪声
ε_B	0.01	Bob-Charlie 信道的过噪声
η	$\{1, 0.975, 0.95\}$	探测器的探测效率
ϵ_{el}	$\{0, 0.002, 0.01\}$	探测器的电噪声

注：其中所有方差和噪声都归为散粒噪声单位。

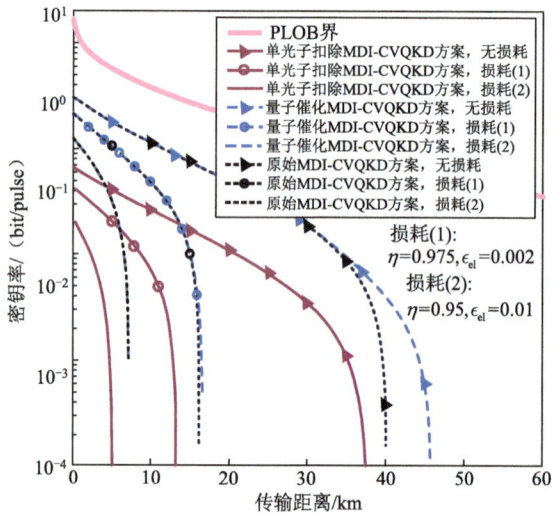

（a）3 种方案的 GMCS-CVQKD 的密钥率和传输距离的关系

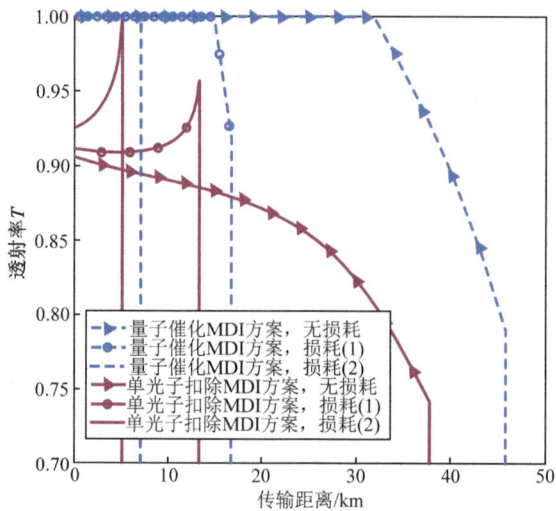

（b）对于量子催化方案和单光子扣除方案，相应的最优透射率随传输距离的变化曲线

图 5-20　3 种方案在最优透射率条件下的密钥率和传输距离的关系

为进一步评估所提方案的可容忍过噪声，当优化透射率 T 时，本节给出不同的探测效率和电噪声 $(\eta, \epsilon_{el}) \in \{(1, 0), (0.975, 0.002), (0.95, 0.01)\}$ 下量子催化的测量设备无关方案

（蓝色虚线）和单光子扣除的测量设备无关方案（蓝色虚线）的最大可容忍过噪声随传输距离的变化曲线，如图 5-21 所示。同样地，黑色虚线代表原始测量设备无关方案来作为一种比较。数值仿真结果表明：在参数相同的情况下，所提方案在最大可容忍过噪声方面优于其他两种方案，某种程度上表明采用零光子催化可使 CVQKD 系统容忍更多的过噪声。这是因为零光子催化确实可被视为一种无噪衰减，并且已经证明无噪衰减可以提高最大可容忍过噪声。具体来看，当最大可容忍过噪声为 0.001SNU 时，所提方案的传输距离在理想探测场景下可以延长至 90km[在 $(\eta, \epsilon_{\mathrm{el}}) \in (0.95, 0.002)$ 场景下可达到 20km 左右]。当 $(\eta, \epsilon_{\mathrm{el}}) \in (0.95, 0.01)$ 时，所提方案在最大可容忍过噪声方面的性能与原始测量设备无关方案一致，这意味着探测器不完美性的增加会导致所提方案的性能提升效果降低，甚至消失。但是，有研究表明，使用相位灵敏放大器能够克服探测器不完美性的缺陷。此外，由图 5-21 可以清晰地看出，在相同参数下，所提方案的最大可容忍过噪声性能总是优于单光子扣除的测量设备无关方案。造成该现象的原因有两个：其一，这可能是因为零光子催化的成功概率远高于单光子扣除的情况，从而避免 Alice 和 Bob 在提取密钥率时丢失部分信息；其二，零光子催化实际上是一种无噪声衰减，使信号态对 Eve 具有很强的不可区分性，从而减少被窃取的信息量。尽管如此，这两种方案都不能突破 Pirandola-Laurenza-Ottaviani-Banchi（PLOB）界限（粗粉色实线），它表征单路协议通信的最终极限[146]。但是，相比于单光子扣除的测量设备无关方案，所提方案更接近 PLOB 边界。

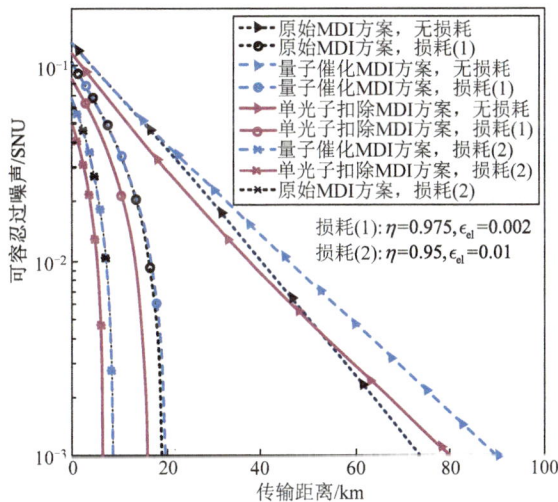

图 5-21　比较 3 种方案在最优透射率下的可容忍过噪声和传输距离

从上述分析可知，不仅仅只有信道缺陷对测量设备无关 GMCS-CVQKD 系统构成了安全威胁，同时，探测效率 η 和电噪声 ϵ_{el} 也会影响整个 CVQKD 系统的密钥率信息。为直观地看出该要点，这里同样给出一些固定参数值来进行仿真，如最优方差 $V_A = V_B = V = 15$，协商效率 $\beta = 0.95$，过噪声 $\varepsilon_A = \varepsilon_B = \varepsilon = 0.01\,\mathrm{SNU}$。如图 5-22 所示，当优化透射率 T 时，这里描绘了在取固定值 $\epsilon_{\mathrm{el}} = 0$（$\eta = 0.95$）条件下，量子催化的测量设备无关 GMCS-CVQKD 方案的密钥率与探测效率 η（电噪声 ϵ_{el}）和传输距离的关系。

从图 5-22（a）可以看出，在可取安全密钥条件下（如 $(1\times10^{-6})\sim(1\times10^{0})$ bit/pulse），探测效率值 η 随着传输距离的增加而增加。特别是，当 $\eta=1$ 时，最大传输距离约达到 45km。此外，在可取安全密钥内，探测效率可容忍的范围大致为 $\eta\in(0.893,1)$，这暗示着测量设备无关 GMCS-CVQKD 系统对探测器的缺陷极为敏感。为进一步阐述该观点，如图 5-22（b）所示，当 $\eta=0.95$ 时，测量设备无关 GMCS-CVQKD 系统可以容忍最大电噪声达到 0.065SNU 左右，但它的传输距离仅达到 9.2km 左右。

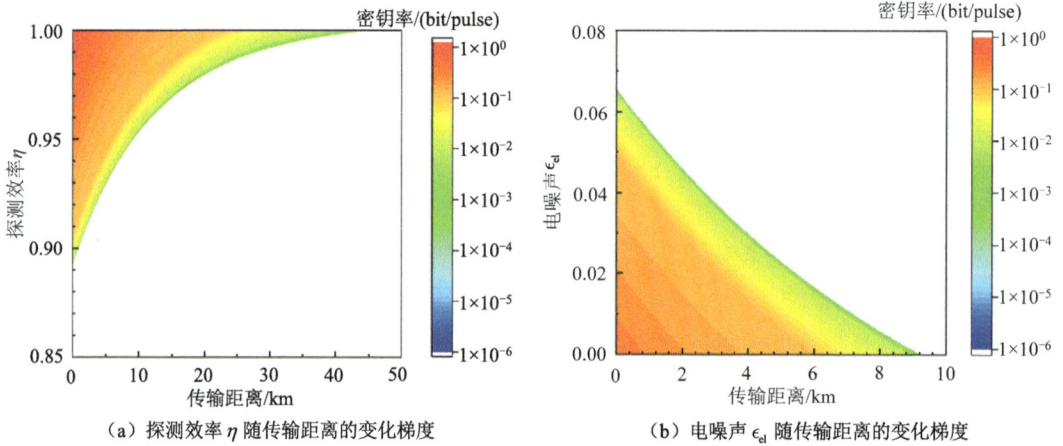

（a）探测效率 η 随传输距离的变化梯度　　（b）电噪声 ϵ_{el} 随传输距离的变化梯度

图 5-22　探测器的非完美性随传输距离的变化梯度

为了比较探测器非完美性对不同方案密钥率的影响，当给定传输距离 20km 时，绘制了量子催化的测量设备无关 GMCS-CVQKD 方案和单光子扣除的测量设备无关 GMCS-CVQKD 方案的密钥率随 η 和 ϵ_{el} 的变化曲面，如图 5-23 所示。同样地，黑色曲面表征着原始测量设备无关方案的情况。研究结果表明，在城际之间测量设备无关 GMCS-CVQKD 系统中，当探测效率 η 和电噪声 ϵ_{el} 取确切值时，所提量子催化方案的性能优于其他两种方案。换而言之，所提方案允许在低探测效率和高电噪声的情况下实现相同的性能。

此外，由 5.1 节内容可知，量子催化操作可以被用来提升自参考 GMCS-CVQKD 系统的性能。于是，在相同参数下，如 $V=15$、$\beta=0.95$ 和 $\varepsilon=0.01\mathrm{SNU}$，图 5-24（a）比较了自参考 GMCS-CVQKD 方案和测量设备无关 GMCS-CVQKD 方案在使用和不使用量子催化操作时的性能状况。研究结果表明，在理想探测和无任何量子催化操作下，相比于自参考 GMCS-CVQKD 方案，测量设备无关 GMCS-CVQKD 方案在密钥率和传输距离方面都有优越性。例如，在相同参数下，自参考 GMCS-CVQKD 方案的最大传输距离可以达到 25km 左右，而测量设备无关 GMCS-CVQKD 方案的最大传输距离可达到 40km。在使用量子催化的情况下，自参考 GMCS-CVQKD 方案在传输距离方面优于测量设备无关 GMCS-CVQKD 方案，主要原因是自参考 GMCS-CVQKD 方案的传输距离过度地依赖于参考脉冲的振幅 $\sqrt{V_R}$。尽管存在这样的优越性，与参考脉冲振幅相关的可信噪声仍会导致安全漏洞，如本征光波长攻击。此外，由于测量设备无关 GMCS-CVQKD 方案可以解决所有的侧信道攻击问题，这说明对该方案研究仍然具有

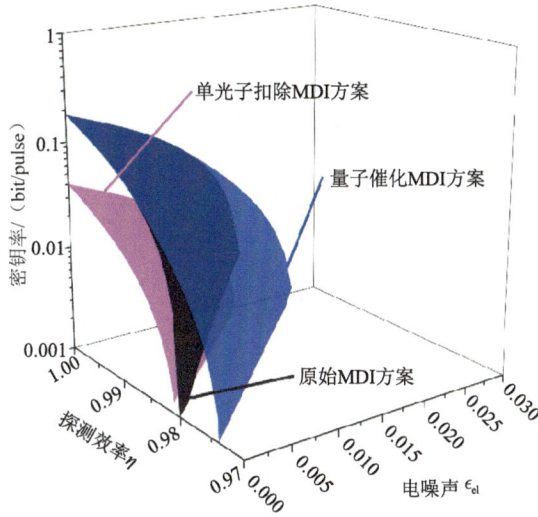

图 5-23　3 种方案的探测器非完美性对密钥率的影响状况

实际意义。另外，图 5-24（b）还比较了自参考 GMCS-CVQKD 方案和测量设备无关 GMCS-CVQKD 方案对探测器缺陷的敏感程度。研究发现，相比于自参考 GMCS-CVQKD 方案，测量设备无关 GMCS-CVQKD 方案对探测器缺陷相当敏感，从而导致所提量子催化的测量设备无关 GMCS-CVQKD 方案在传输距离上表现得比量子催化的自参考 GMCS-CVQKD 方案差。这种探测器缺陷可以通过在 CVQKD 系统中使用相位灵敏放大器来补偿。值得注意的是，有研究表明，测量设备无关 GMCS-CVQKD 方案对过噪声极度敏感，但是可通过设计双路的 CVQKD 协议规避过噪声的影响。

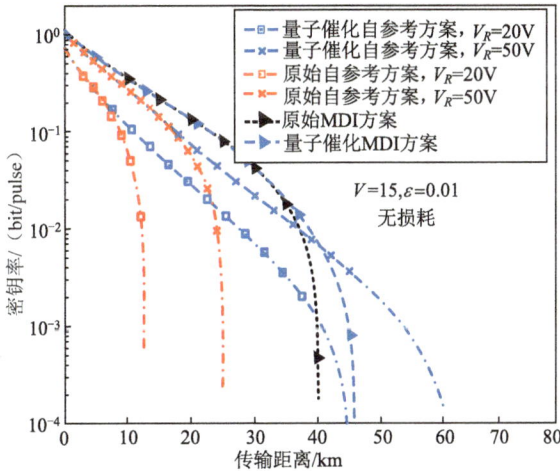

（a）在理想探测场景下，量子催化的测量设备无关 GMCS-CVQKD 方案（蓝色划线）和量子催化的自参考 GMCS-CVQKD 方案（蓝色虚线）的密钥率随传输距离的变化

图 5-24　自参考和测量设备无关的 GMCS-CVQKD 方案性能比较

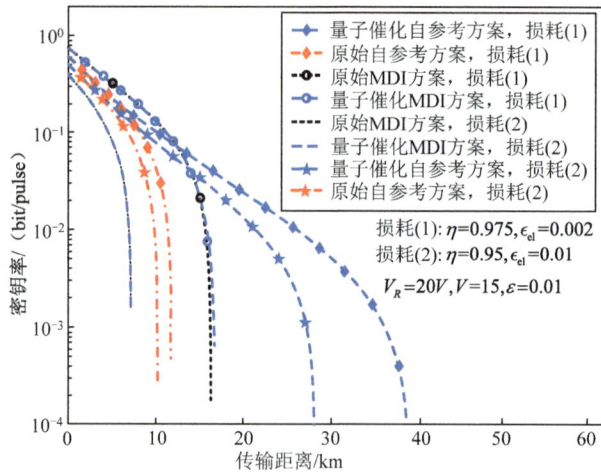

（b）在实际探测场景下，量子催化的测量设备无关 GMCS-CVQKD 方案（蓝色划线）和量子催化的自参考 GMCS-CVQKD 方案（蓝色虚线）的密钥率随传输距离的变化

图 5-24（续）

5.4 基于量子催化的离散调制连续变量量子密钥分发方案

与 DVQKD 协议相对比，CVQKD 具有安全码率更高的优点，但在安全传输距离方面稍显不足。由 5.1 节的内容可知，虽然量子催化的应用可以显著提高高斯调制 CVQKD 的性能，但目前尚不清楚它是否可以用来提高离散调制 CVQKD 协议的性能。鉴于以上分析，本节展示了一种基于量子催化的离散调制 CVQKD 方案，试图更为有效地提高该协议在安全密钥率、安全传输距离和最大可容忍过噪声方面的性能。

二十多年来，QKD 在量子信息领域中蓬勃发展，根据实现方式的差异，目前 QKD 主要分为两大类：DVQKD 和 CVQKD。对于前者而言，单光子极化通常被当作一种传输密钥比特信息的载体，从而使 DVQKD 具有长距离安全通信的显著优势。然而，单光子探测器的运用会使 DVQKD 的密钥率相对较低。不同于前者，在 CVQKD 系统中，发送方 Alice 通常将信息编码到相干态或压缩态的正则分量上，再经过信道传输，使接收方 Bob 通过高效的相干探测（包含零差探测和外差探测）到并进行信息的解码。相比于 DVQKD 系统，CVQKD 具有高密钥率和易与传统光纤技术相容等优势，但是它的通信距离仍然存在一定的局限性。例如，2002 年，Grosshans 和 Grangier[27]提出的高斯调制 GG02 协议，该协议虽然采用常见的相干态进行信息编码，使它具有很好的实用价值，但是其传输距离不超过 15km。同年，Silberhorn 等[166]采用的逆向协商协议打破了这种安全距离的局限性，进一步提升了该协议的实用性。2007 年，Lodewyck 等[167]实验研究报道，在全光纤连续变量系统下，量子密钥在 25km 的分布情况。因此，如何有效地提升 QKD 性能，尤其是安全通信距离，成为连续变量量子通信研究的前沿热点之一。

为实现长距离安全通信的目标，人们提出了两种解决方案：一种解决方案是引入非高斯操作来提高量子态的抗噪能力，使信息保持稳定传输；另一种方案则是采用离散调制协议，如四态离散调制协议、八态离散调制协议等。例如，2013 年，Huang 等[120]将光子扣除操作运用到 CVQKD 系统。研究表明，使用这种操作能够显著提高安全传输距离和最大可容忍过噪声。尤其是，应用单光子扣除对协议性能改善最为明显。但是，光子扣除操作需要多光子探测器，增加实验操作的复杂性。为解决这个问题，2016 年，Li 等[114]指出光子扣除操作可等效于一种虚拟后处理方案。此外，除单路协议外，光子扣除操作在双路协议[31]、测量设备无关协议[51,165]中占据着显著的性能优势。另外，由于具有高效率的纠错码，离散调制协议可以极大地提高安全距离[40,43]。在安全性分析方面，该协议也对应低调制方差的高斯调制的 CVQKD 协议。最近，光子扣除操作运用于四态离散调制协议进一步提升量子密钥分发的性能[168]。尽管光子扣除有上述优势，但是在优化调制方差的情况下，执行光子扣除操作的成功概率却低于 0.25，使它在提升离散调制 CVQKD 性能方面存在某种缺陷。为弥补这种缺陷，量子催化操作被提出，是一种切实有效的方案，这可以从前面几个章节充分地体现出来。特别是，在零光子催化的使用下，它不仅能展现出较高的成功概率，还能在 CVQKD 性能改善方面优于光子扣除操作的情况。基于量子催化的使用优势，本节展示一种离散调制 CVQKD 方案，主要关注量子催化，用来提升离散调制协议的性能指标。

5.4.1　离散调制协议和量子催化

本节首先从纠缠型的视角来回顾离散调制协议，尤其是传统的四态调制协议，同时给出该协议在集体攻击下的渐近密钥率计算。随后，将量子催化运用于离散调制协议中，具体分析零光子催化对信息载体的贡献，并导出量子态输入-输出的关系。

1. 四态调制协议

在标准的制备-测量型四态调制协议中，Alice 采用高斯调制器制备和调制出一个四进制的相干态 $\{|\alpha_k\rangle = |\alpha e^{i\pi(2k+1)/4}\rangle, k = 0,1,2,3\}$，并且通过高斯信道发送给 Bob。当 Bob 接收量子态 $\{|\alpha_k\rangle, k = 0,1,2,3\}$ 后，对其正则分量（x 和 p）进行零差探测或者外差探测。最后，经过经典后处理过程，通信双方 Alice 和 Bob 共享一串密钥。

虽然制备-测量型方案易于实际操作，但是在安全性能分析方面却显得无能为力。为此，Leverrier 和 Grangier[43]提出一种纠缠型四态调制协议，如图 5-25 所示。Alice 制备一种双模纠缠态 $|\varphi_{AB}(\alpha)\rangle$，对模 A 进行投影测量 $\sum_{k=0}^{3}|\psi_k\rangle_A\langle\psi_k|$，则将待发送的量子态塌缩到相应的态 $|\alpha_k\rangle_B$ 上，经高斯信道传输给 Bob 进行零差探测（信道参数为透射率 T_C

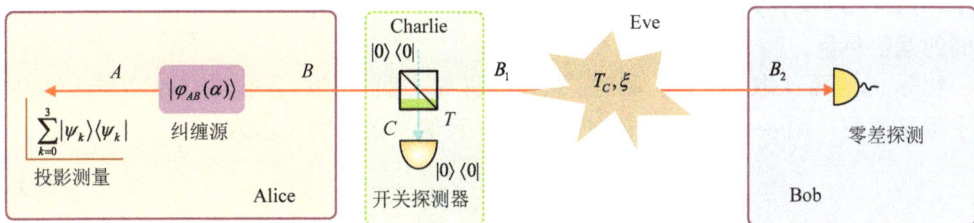

图 5-25　纠缠型的量子催化四态调制协议原理图

和可容忍过噪声 ξ）。利用 Schmidt 分解，发送方 Alice 所制备的纠缠态可表示为

$$\left|\varphi_{AB}(\alpha)\right\rangle = \frac{1}{2}\sum_{k=0}^{3}\left|\psi_k,\alpha_k\right\rangle_{AB} = \sum_{k=0}^{3}\sqrt{\lambda_k}\left|\phi_k,\phi_k\right\rangle_{AB} \tag{5-87}$$

其中，

$$\left|\psi_k\right\rangle = \frac{1}{2}\sum_{n=0}^{3}e^{i(2k+1)n\pi/4}\left|\phi_n\right\rangle \tag{5-88}$$

$$\left|\phi_k\right\rangle = \frac{e^{-\alpha^2}}{\sqrt{\lambda_k}}\sum_{n=0}^{\infty}(-1)^n\frac{\alpha^{4n+k}}{\sqrt{(4n+k)!}}\left|4n+k\right\rangle \tag{5-89}$$

$$\lambda_{0,2} = \frac{1}{2}e^{-\alpha^2}\left[\cosh\left(\alpha^2\right)\pm\cos\left(\alpha^2\right)\right] \tag{5-90}$$

和

$$\lambda_{1,3} = \frac{1}{2}e^{-\alpha^2}\left[\sinh\left(\alpha^2\right)\pm\sin\left(\alpha^2\right)\right] \tag{5-91}$$

对于给定的任意 QKD 协议，其安全性是衡量协议性能优越性的重要体现。根据式（5-87），这种纠缠型四态调制协议通过 Alice 和 Bob 未做测量前构建的协方差矩阵为安全性证明提供了便捷。在上述情况下，Alice 制备的纠缠态 $\left|\varphi_{AB}(\alpha)\right\rangle$ 的协方差矩阵可表示为

$$\boldsymbol{\Gamma}_{AB} = \begin{pmatrix} V\boldsymbol{II} & Z_4\boldsymbol{\sigma}_z \\ Z_4\boldsymbol{\sigma}_z & V\boldsymbol{II} \end{pmatrix} \tag{5-92}$$

其中，$\boldsymbol{II}=\mathrm{diag}(1,1)$；$\boldsymbol{\sigma}_z=\mathrm{diag}(1,-1)$；$V=2\alpha^2+1$；$Z_4=2\alpha^2\sum_{k=0}^{3}\lambda_{k-1}^{3/2}/\lambda_k^{1/2}$。于是，经过高斯信道后，量子态 ρ_{AB_1} 的协方差矩阵为

$$\boldsymbol{\Gamma}_{AB_1} = \begin{pmatrix} V\boldsymbol{II} & \sqrt{T_C}Z_4\boldsymbol{\sigma}_z \\ \sqrt{T_C}Z_4\boldsymbol{\sigma}_z & T_C(V+\chi)\boldsymbol{II} \end{pmatrix} \tag{5-93}$$

其中，$\chi=(1-\eta)/\eta+\xi$，表示高斯信道引入的过噪声，η 表示信道的透射率。

2. 密钥率的计算

为获取四态调制协议的安全码率，首先假设敌手 Eve 采取集体攻击，并且 Alice 和 Bob 使用逆向协商（协商效率为 β）。于是，渐近密钥率表达式可写为

$$K = \beta I(A:B) - S(B:E) \tag{5-94}$$

其中，$I(A:B)$ 表示 Alice 和 Bob 之间的 Shannon 互信息量；$S(B:E)$ 表示 Bob 和 Eve 之间的互信息量。

实际上，Bob 采取的零差探测对于密钥率有着显著的影响。结合式（5-93）和式（5-94），对于零差探测，Alice 和 Bob 之间的 Shannon 互信息量分别表示为

$$I_{\mathrm{Hom}}(A:B) = \frac{1}{2}\log_2\frac{V+\chi}{1+\chi} \tag{5-95}$$

为计算出 Bob 和 Eve 之间的最大 Holevo 信息 $S(B:E)$，需要借助传统的高斯调制

方案。根据式（5-93）可知，这种四态协议的离散调制协方差矩阵表达形式与常用的高斯调制根情况相似，即

$$\Gamma_{GAB_1} = \begin{pmatrix} V\boldsymbol{II} & \sqrt{T_C}Z_G\boldsymbol{\sigma}_z \\ \sqrt{T_C}Z_G\boldsymbol{\sigma}_z & T_C(V+\chi)\boldsymbol{II} \end{pmatrix} \tag{5-96}$$

其中，$Z_G = \sqrt{(V-1)^2 + 2(V-1)}$。因此，结合式（5-93）和式（5-96）可得，$Z_4$ 和 Z_G 随 V 的变化曲线，如图 5-26 所示。显然，当 $V < 1.5$ 时，Z_4 与 Z_G 不可区分，这意味着 $S_4(B:E) \approx S_G(B:E)$。于是有

$$S_4(B:E) = \sum_{j=1}^{2} G\left(\frac{\lambda_j - 1}{2}\right) - G\left(\frac{\lambda_3 - 1}{2}\right) \tag{5-97}$$

其中，$G(x) = (x+1)\log_2(x+1) - x\log_2 x$。此外，辛本征值 $\lambda_{1,2,3}$ 可由式（5-93）的协方差矩阵获取，即

$$\lambda_{1,2}^2 = \frac{1}{2}\left(A \pm \sqrt{A^2 - 4B}\right) \tag{5-98}$$

$$\lambda_3^2 = V^2 - \frac{V^2 Z_4^2}{V + \chi} \tag{5-99}$$

其中，

$$A = V^2 + T_C^2(V+\chi)^2 - 2T_C Z_4^2 \tag{5-100}$$

$$B = \left(T_C V^2 + T_C V\chi - T_C Z_4^2\right)^2 \tag{5-101}$$

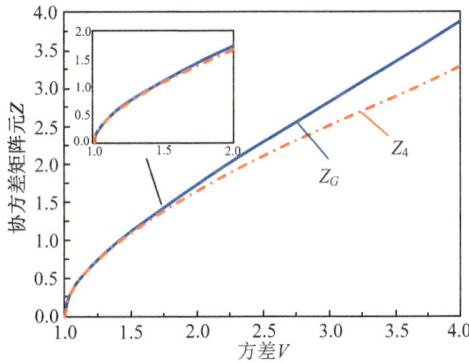

图 5-26　协方差矩阵元 Z_4 和 Z_G 随方差 V 的变化曲线

5.4.2　量子催化的离散调制协议

本节将量子催化（浅绿色框）运用于四态调制协议，如图 5-25 所示。值得注意的是，为节约发送端 Alice 的实验器材成本，这里假设量子催化操作受不可信的第三方 Charlie 操控。此外，为便于安全性分析，又假设 Eve 其实意识到了 Charlie 的存在。自从量子催化的概念首次被文献[162]提出，这种新颖的量子操作就受到人们的广泛关注，在量子态工程、量子相干和量子度量领域中起着重要作用。对于零光子催化过程，辅助模 C 的输入端口注入零光子，经过透射率 T 的光分束器后，开关探测器在输出端口仅探测零光子。值得注意的是，当开关光子探测器无响应时，意味着探测到零光子。于是，

输入的真空态 $|0\rangle_C$ 在辅助模 C 与模 B 的待输入量子态 $|\varphi\rangle_{\text{in}}$ 进行光分束器干涉；随后，开关光子探测器在模 C 的输出端进行无响应探测。由此可见，尽管在辅助模输入端输入真空态，而输出端探测真空态，模 C 的输入和输出似乎没有发生变化，但是这种催化效果确实能够促进模 B 中输入-输出的量子态之间的转换。为表述量子态输入-输出的关系，零光子催化的等效算符形式为

$$\hat{O}_0 = (T)^{b^{\dagger}b/2}$$

因此，输入-输出量子态的关系式可表示为

$$|\psi\rangle_{\text{out}} = \frac{\hat{O}_0}{\sqrt{P_d}} |\varphi\rangle_{\text{in}} \tag{5-102}$$

其中，P_d 表示量子态 $|\psi\rangle_{\text{out}}$ 的归一化系数。如图 5-25 所示，对于四态调制协议，传输给接收方 Bob 的量子态是相干态 $|\alpha_k\rangle$。于是，经过量子催化的量子态可表示为

$$|\tilde{\alpha}_k\rangle = \frac{\text{e}^{\frac{1}{2}(T-1)|\alpha_k|^2}}{\sqrt{P_d}} |\sqrt{T}\alpha_k\rangle \tag{5-103}$$

其中，

$$P_d = \text{e}^{(T-1)|\alpha_k|^2} \tag{5-104}$$

根据式（5-103）可知，经零光子催化后，输入-输出量子态的振幅变化关系可写成 $\tilde{\alpha}_k = \sqrt{T}\alpha_k$。因此，只要将 5.4.1 节的符号 "$\alpha$" 替换成 "$\sqrt{T}\alpha$"。需要注意的是，当 $T=1$ 时，输出态可简化成输入态的形式，即 $|\tilde{\alpha}_k\rangle = |\alpha_k\rangle$，这暗示着不存在任何量子催化效应。此外，由于执行零光子催化是一种概率性事件，相应的密钥率的计算公式应改写成如下形式：

$$K_0 = P_d \big[\beta I(A:B) - S(B:E) \big] \tag{5-105}$$

由式（5-105）可知，量子催化的成功概率 P_d 与密钥率安全性边界（$K_0 = 0$）密切相关。值得一提的是，当 $P_d = 0$ 时，则存在 $K_0 = 0$；若 $0 < P_d \leqslant 1$，则成功概率 P_d 不会影响密钥率的安全性边界。此外，根据式（5-103），图 5-27 所示为不同的方差 $V = 1.2$、1.3、1.4、1.5 下量子催化的成功概率 P_d 随透射率 T 的变化曲线。显然，在固定透

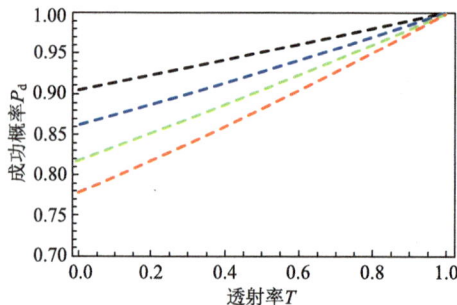

图 5-27 量子催化的成功概率 P_d 随透射率 T 的变化曲线

注：图中从上往下的虚线分别表示 $V = 1.2$、1.3、1.4、1.5。

射率 T 下，成功概率 P_d 随着方差 V 的减小而增大，这意味着调制方差越小，量子催化操作越容易实现。当给定方差 V 时，成功概率 P_d 随透射率 T 的增加而增大。这意味着零光子催化易于实现，极大地促进了输入–输出量子态之间的转换，从而能够避免通信双方量子信息的丢失。

5.4.3　安全性分析与比较

一般而言，量子密钥分发协议的性能评估有 3 个重要指标：安全密钥率、最大安全传输距离及最大可容忍过噪声。本节基于以上 3 个关键性指标对所提的量子催化离散调制方案进行性能分析和讨论。

从图 5-26 中可以看出，在离散调制协议下，方差 V 需控制在 $V \in [1, 1.5)$ 范围内才能使该方案与高斯调制的 CVQKD 协议等价，极大地简化了求解 Holevo 信息问题。在信道损耗为 0.2dB/km 的情况下，假设 $\beta = 0.95$、$\xi = 0.005\text{SNU}$，对不同方差 $V = 1.2$、1.3、1.4，当优化透射率 T 时，图 5-28（a）所示为基于量子催化的离散调制方案在不同传输距离下的安全码率，其中黑色线表示原始离散调制方案。当方差取某些值（如 1.3、1.4）时，零光子催化离散调制方案能够在最大安全传输距离及安全密钥率性能方面优于原始离散调制方案。这是由于零光子催化实际上是一种无噪衰减过程，而无噪声衰减已被证实可以提升 CVQKD 系统的性能。另外，通过优化量子催化引入的透射率 T 来调控和获取最优调制方差，进一步提高 CVQKD 协议的性能。同时，透射率 T 在不同传输距离下的曲线图如图 5-28（b）所示。由此可见，量子催化引入的透射率 T 的可取范围为 $(0.5,1]$。此外，这种透射率可以随着传输距离的增加先维持不变，再进行递减，即可以通过调控量子催化所引入的透射率来获取相应的传输距离。值得注意的是，当 $T=1$ 时，不存在任何量子催化效果。一方面，这导致在短距离安全通信下所提量子催化离散调制方案与原始离散调制方案的性能保持一致。另一方面，如图 5-28（a）所示，这也使 $V=1.2$ 时所提量子催化离散调制方案（蓝色虚线）与原始离散调制方案（黑色实线）的性能曲线重合。在某种程度上意味着，当调制方差低于某个值时，量子催化不能用于提高离散调制协议的性能。此外，图 5-28（a）可以看出，对于原始离散调制方案（黑色线）而言，调制方差的减小可以提高安全传输距离，并且量子催化的引入可以进一步提升原始离散调制方案的安全传输距离。

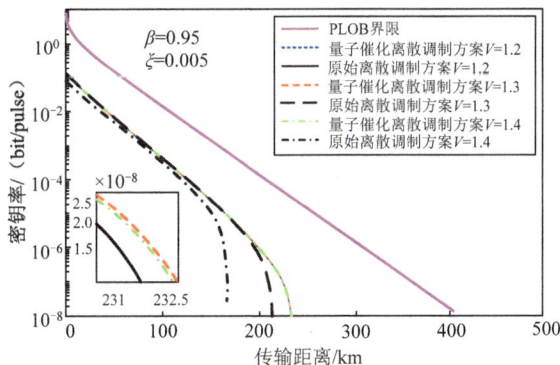

（a）在固定参数 $\beta = 0.95$、$\xi = 0.005$ 下，当优化透射率 T 时，密钥率在不同调制方差下随传输距离的变化曲线

图 5-28　不同方差下的量子催化四态调制 CVQKD 的性能比较

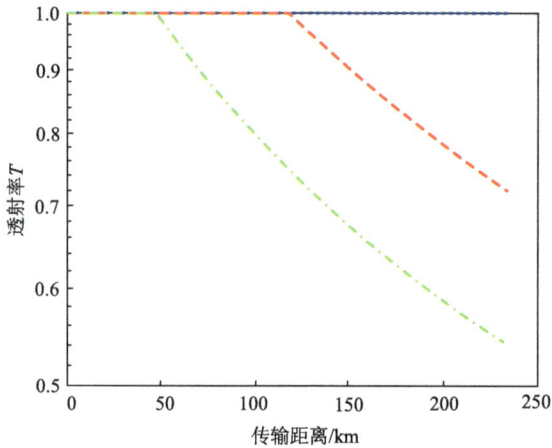

（b）对应（a）的情况下，透射率 T 随传输距离的变化曲线

图 5-28（续）

此外，可容忍过噪声是度量 CVQKD 性能的另一项重要指标。为清晰地理解可容忍过噪声对量子催化离散调制方案的影响，适当选取一些固定参数，如 $\beta=0.95$、$V=1.3$，当优化透射率 T 时，对于不同的可容忍过噪声 $\xi=0.002$、0.005、0.008（SNU），图 5-29（a）所示为安全密钥率随传输距离的变化曲线。显然，可容忍过噪声越低，离散调制 CVQKD协议的性能越好。值得注意的是，量子催化可以有效地改善离散调制 CVQKD 的性能，尤其是对较小的可容忍过噪声，其性能改善效果是比较明显的，如图 5-29（a）所示，对于不同的可容忍过噪声，如 0.002SNU（点划线）和 0.005SNU（划线），量子催化离散调制方案在传输距离和安全密钥率方面都优于原始离散调制方案。然而，对于可容忍过噪声取 $\xi=0.008$SNU 的情况，其性能改善并不明显，主要原因是透射率 T 随可容忍过噪声的增加而在安全传输距离上降低[图 5-29（b）]。同时，这也意味着可容忍过噪声的增加可以抑制量子催化对 CVQKD 性能的提升效果。

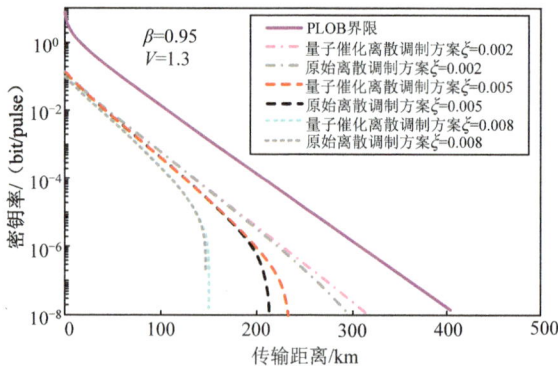

（a）在固定参数 $\beta=0.95$、$V=1.3$ 下，当优化透射率 T 时，密钥率在不同可容忍过噪声下随传输距离的变化曲线

图 5-29 不同过噪声下的量子催化四态调制 CVQKD 的性能比较

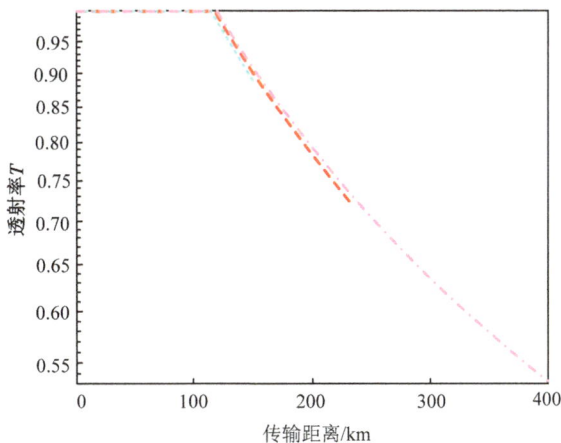

（b）对应（a）情况下，透射率 T 随传输距离的变化曲线

图 5-29（续）

　　为进一步研究协商效率对量子催化离散调制 CVQKD 协议性能的影响，假定 $V=1.3$ 和 $\xi=0.005$SNU，当优化透射率 T 时，图 5-30（a）所示为不同的协商效率 β=0.90、0.95、1.00 下安全密钥率随传输距离的变化曲线。由此可见，协商效率越高，离散调制 CVQKD 的性能表现越好。特别是，当实际的协商效率为 0.90（点划线）时，采用量子催化操作能够提升原始离散调制方案的传输距离至约 210km，密钥率为 10^{-8} bit/pulse，对应量子催化离散调制方案的透射率 T 随传输距离的变化曲线如图 5-30（b）所示。研究结果发现，量子催化引入的透射率 T 的分布在高透射率 [0.7,1] 范围内，而且随着传输距离的增加先维持不变，再进行递减。此外，从图 5-30（a）与图 5-29（a）的比较可以看出，可容忍过噪声对离散调制 CVQKD 的性能影响程度要大于协商效率。

　　由上述研究结果可知，可容忍过噪声一直是影响 CVQKD 性能的关键因素。为看清量子催化能否提升离散调制 CVQKD 协议的最大可容忍过噪声，对于不同的协商效率 β=0.90、0.95、1.00，最大可容忍过噪声随传输距离的变化曲线如图 5-31 所示。所提量

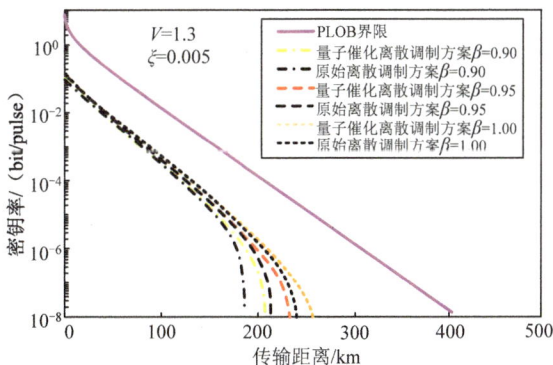

（a）在固定参数 $V=1.3$、$\xi=0.005$ 下，当优化透射率 T 时，密钥率在不同协商效率下随传输距离的变化曲线

图 5-30　不同协商效率下的量子催化四态调制 CVQKD 的性能比较

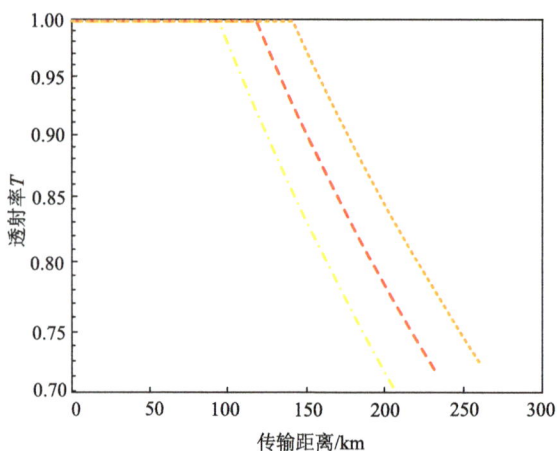

（b）对应（a）情况下，透射率 T 随传输距离的变化曲线

图 5-30（续）

子催化离散调制 CVQKD 协议的性能随着协商效率降低而明显提升。例如，当给定可容忍过噪声为 $\xi = 0.003\,\mathrm{SNU}$ 时，原始离散调制方案的传输距离可达到 240km；而相同参数下，量子催化离散调制 CVQKD 协议的传输距离大约达到 320km。这些研究结果充分表明，零光子催化可以提升原始离散调制方案的可容忍过噪声。此外，值得注意的是，图 5-28～图 5-30 中优化透射率 T 是指在可取范围 $T \in [0,1]$ 内找到某个透射率使密钥率最大或者密钥率为零（图 5-31）。另外，为与 5.1 节的内容进行比较，在相同的协商效率下（如 $\beta = 0.95$），图 5-32 所示为高斯调制和离散调制方案的可容忍过噪声随传输距离的变化曲线，其中黑色实线表示原始高斯调制方案，黑色点划线表示原始离散调制方案，蓝色划线表示量子催化高斯调制方案，红色点线表示量子催化离散调制方案。由此可见，对于原始方案，高斯调制（黑色实线）在短距离的可容忍过噪声方面比离散调制（黑色点划线）更具有明显优势。然而，当传输距离约大于 100km 时，后者的远距离可容忍过噪声要比前者更具显著优势，这也反映出离散调制在延长安全通信距离方面发挥着关键作用。此外，在都使用量子催化的条件下，高斯调制方案（蓝色划线）在各项 CVQKD 性能指标上明显要优于离散调制方案（红色点线），这也意味着量子催化操作运用到高斯调制方案可视为一种最佳选择。造成该现象的原因主要在于，在离散调制协议下，为简化求解 Holevo 信息的问题，由图 5-26 可知，方差 V 只能限制在 $V \in [1, 1.5)$ 范围内，并且该方差值一般远小于 5.1 节中高斯调制方案的情况。

为进一步突出量子催化的使用优势，图 5-28（a）、图 5-29（a）和图 5-30（a）所示为 PLOB 边界（品红实线），它表征着点对点量子通信的最终极限，并为量子中继器提供精确和通用的基准。通过仿真结果发现，虽然量子催化离散调制方案和原始离散调制方案都无法突破 PLOB 边界，但是相比后者，前者的远距离传输更能逼近这种边界，这在某种程度上也充分表明量子催化的离散调制协议在远距离安全密钥通信上发挥着显著优势。

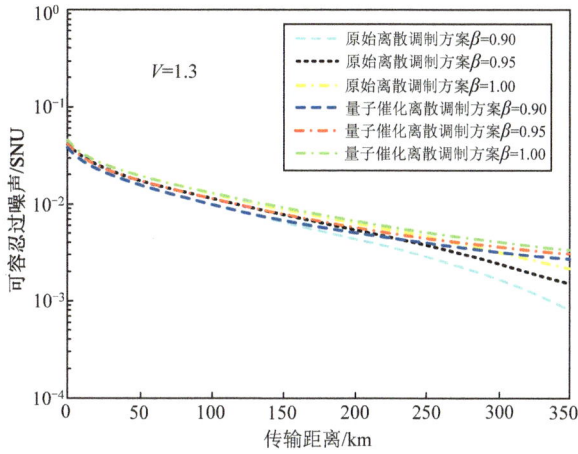

图 5-31 不同协商效率下可容忍过噪声随传输距离的变化曲线

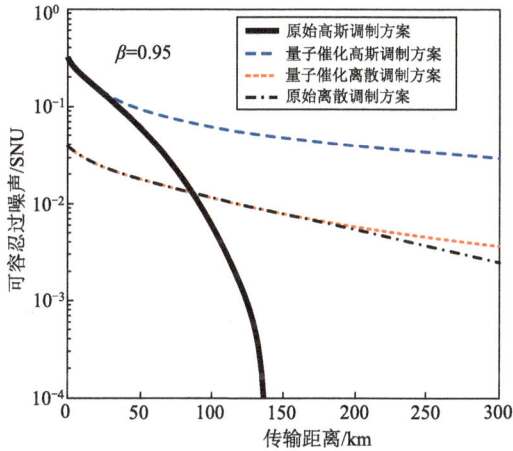

图 5-32 高斯调制和离散调制方案的可容忍过噪声随传输距离的变化曲线

第6章 连续变量量子密钥分发方案的实际攻击防御

CVQKD 的理论安全性已经被证明，但是实际中的设备不能完美运行，因此引发了许多实际的安全漏洞。本章重点讨论 CVQKD 的实际安全性，介绍几种防御方案来抵御针对 CVQKD 的实际漏洞发起的攻击，并分别从背景、方案的具体实现及安全性分析等角度进行详细阐述。

6.1 基于双相位调制的往返式测量设备无关的连续变量量子密钥分发方案

本节提出了一个基于双相位调制（dual-phase modulation，DPM）的往返式（plug-and-play，PP）测量设备无关的 CVQKD 方案。该方案旨在解决 MDI-CVQKD 在没有额外性能损失的情况下的实现问题。具体来说，将 PP 架构引入 MDI-CVQKD 中可以解决 Alice 和 Bob 两端发射出的不同光同步漏洞的问题。同时，本振光不再通过不安全的量子信道而是由可信任的第三方 Charlie 直接产生，从而使利用本振光发动的攻击失效。此外，采用双相位调制替代高斯调制，极大地减少了系统的实现困难。通过安全性分析，研究得到本节所提方案在最优高斯集体攻击下的安全界限，从而证明该方案的安全性。另外，考虑到在有限长效应的影响下，该方案产生的几乎所有原始密钥能被充分地用于生成最终的安全密钥，而不需要牺牲一部分数据进行参数估计，因此其安全密钥率进一步提高。

目前，CVQKD 协议已经可以通过现有的标准通信设施实现，它比对应的 DVQKD 协议更为方便且实际。然而，在设计各类 CVQKD 协议时，人们总是基于一种假设，即设备是完美的且无法被第三方窃听。这样的假设引起了越来越多的质疑，对于实际 CVQKD 系统而言，CVQKD 协议的理想模型不足以保证其安全性。例如，在设计理想 CVQKD 协议时，忽略了本振光对系统的影响，而在实际的 CVQKD 系统中，本振光的影响必须被考虑在内。这是因为窃听者在实际中很可能发起针对本振光漏洞的攻击，如波长攻击[57,169]、饱和攻击[170]、校准攻击[55]和本振光抖动攻击[171]等。此外，检测器的不完美也可能被攻击者利用，使实际 CVQKD 系统易受到各种类型的攻击。为防御所有存在或潜在的检测器边信道攻击，测量设备无关协议（measurement device independent，MDI）给出了一个较好的解决方案，并且其理论上具有双倍延长 CVQKD 系统安全传输距离的优点[140]。

目前，研究者在 MDI-DVQKD[139,172-174]和 MDI-CVQKD[48,145]上已经取得很多进展。在 MDI-CVQKD 协议中，Alice 和 Bob 作为可信任的发送方，而 Charlie 作为不可信的第三方对信号进行贝尔态测量（Bell stute measurement，BSM）。Alice 和 Bob 根据该测

量结果进行数据后处理以产生安全密钥。MDI-CVQKD 具有许多实际应用上的优点，如大规模城际 QKD 网络的建设[83]，使 MDI-CVQKD 成为目前研究的一大热点。Lupo 等[175]给出了 MDI-CVQKD 在相干攻击下的组合安全性证明，完善了 MDI-CVQKD 理论上的安全体系。然而，虽然 MDI-CVQKD 理论安全性已经被证明，但理论上的可行性并不等同于实验实现上的可行性。事实上，现阶段 MDI-CVQKD 的实验实现非常不现实。例如，实际 CVQKD 系统需要强光（本振光）和弱信号光共同完成[106]，这是因为零差或外差检测器要求两路入射光进行非常精确的干涉，而这两路光的同步问题实现是CVQKD 系统通信的关键。在 MDI-CVQKD 系统中，这个关键的实现问题被进一步放大，因为发送双方 Alice 和 Bob 的信号光与本振光需要同时进行同步，这使得 MDI-CVQKD系统难以实现稳定的运行。此外，Alice 和 Bob 需要对称地制备高斯调制相干态，这通常是由一个振幅调制器（amplify modulator，AM）和一个相位调制器（phase modulator，PM）来实现。然而，使用的大部分振幅调制器（如 LiNbO3 调制器），对偏振非常敏感（polarization-sensitive），这意味着如果入射光的偏振方向没有对齐，那么这部分入射光将无法传输，进而实际 MDI-CVQKD 系统的性能也会因此降低。

为解决上述关键问题，本节提出了一个基于双相位调制的往返式测量设备无关的连续变量量子密钥分发（PP DPM-based MDI-CVQKD）方案。该方案摒弃了传统的本振光需要分别从 Alice 和 Bob 端发送到不可信量子信道的方式，而是将本振光由 Charlie 与信号光一同发出，这样的结构巧妙地避免了不同激光器产生的光信号的同步问题，同时也使所有针对本振光的攻击失效。此外，整个系统仅需要一个激光器，因此能够确保两路信号光的参考系校准的一致性，并且相位漂移也能够自动地补偿。同时，在 Alice 和 Bob两端采用偏振不敏感（polarization-insensitive）的双相位调制策略，该策略所采用的高斯相干态在实验制备上具有高可行性。在安全性分析中，本节得到该方案在最优高斯集体攻击下的安全界限，表明提出的方案在理论安全性方面等同于对称调制下的高斯态MDI-CVQKD 协议。另外，在考虑有限长效应对本节方案的影响时，可以发现几乎所有的原始密钥可以被用于产生最终安全密钥，而不需要牺牲一部分原始密钥进行参数估计。因此，该方案下 CVQKD 的性能可以得到一定程度的提升。

6.1.1　测量设备无关连续变量量子密钥分发方案

前面的章节已经介绍了传统的 MDI-CVQKD 协议，本节将它扩展至基于往返式双相位调制（PP DPM-based）的 MDI-CVQKD 协议。

1. MDI-CVQKD 协议

传统的 MDI-CVQKD 协议不需要对测量设备做任何假设，因此边信道（side-channel）攻击对此类协议无效。测量设备无关连续变量量子密钥分发方案图如图 6-1 所示。两个激光器分别部署在 Alice 端和 Bob 端，其中每一端分别独立使用 AM 和 PM 进行调制后，产生的两个高斯调制脉冲信号都被发送给 Charlie，由其对发送来的模式进行贝尔态测量。具体来说，MDI-CVQKD 协议的制备和测量模型可以描述为如下内容。

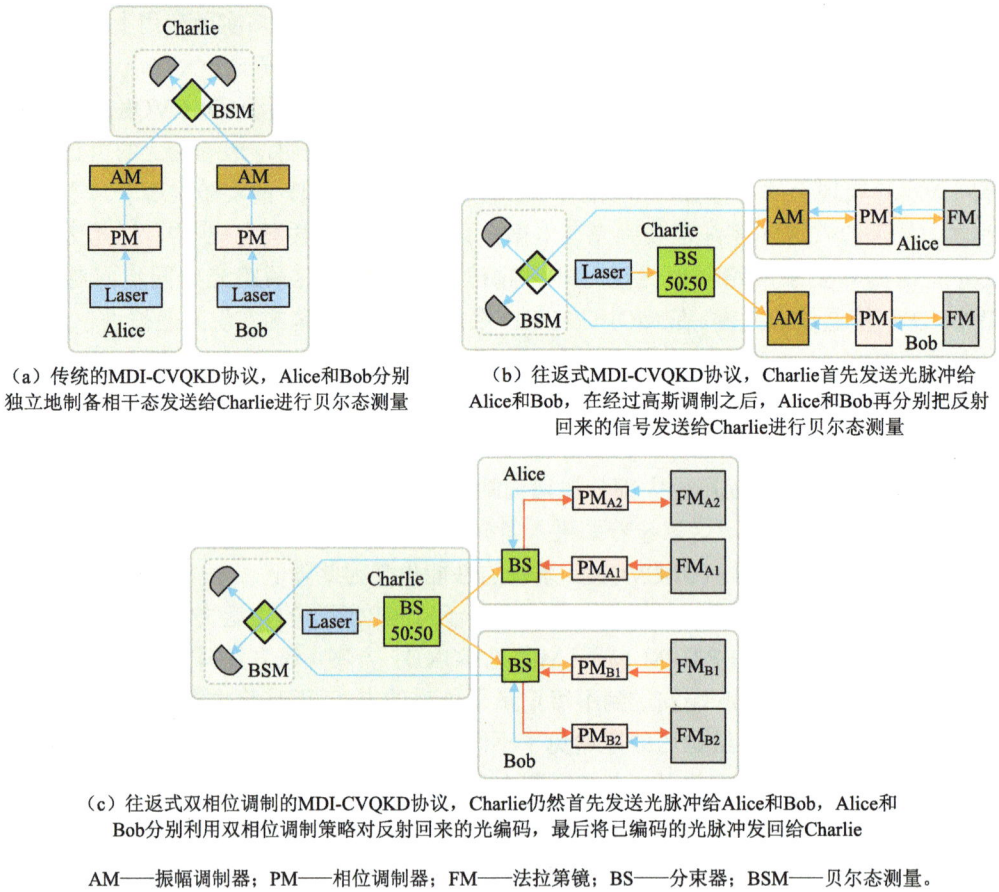

（a）传统的MDI-CVQKD协议，Alice和Bob分别
独立地制备相干态发送给Charlie进行贝尔态测量

（b）往返式MDI-CVQKD协议，Charlie首先发送光脉冲给
Alice和Bob，在经过高斯调制之后，Alice和Bob再分别把反射
回来的信号发送给Charlie进行贝尔态测量

（c）往返式双相位调制的MDI-CVQKD协议，Charlie仍然首先发送光脉冲给Alice和Bob，Alice和
Bob分别利用双相位调制策略对反射回来的光编码，最后将已编码的光脉冲发回给Charlie

AM——振幅调制器；PM——相位调制器；FM——法拉第镜；BS——分束器；BSM——贝尔态测量。

图 6-1　测量设备无关连续变量量子密钥分发方案图

步骤 1：Alice 和 Bob 分别制备一个复振幅为 $\alpha' = (x_{A'} + \mathrm{i}p_{A'})/2$ 和 $\beta' = (x_{B'} + \mathrm{i}p_{B'})/2$ 的相干态，其中 $X' = (x_{A'}, p_{A'})$ 和 $Y' = (x_{B'}, p_{B'})$ 分别服从方差为 V_A 和 V_B 的高斯分布，然后将他们制备的相干态发送给 Charlie。

步骤 2：在接收到 Alice 和 Bob 发送来的相干态后，Charlie 将这些相干态发送到零差检测器中进行干涉和测量。测量结果由复值为 $\gamma = (x_Z + \mathrm{i}p_Z)/2$ 的变量 Z 描述。随后，Charlie 将测量结果公布。

步骤 3：在收到 Charlie 的测量结果后，Alice 和 Bob 就可以估计出三重态 ρ_{XYZ} 的协方差矩阵 $\boldsymbol{\Gamma}_{XYZ}$，从而进行协议的安全性分析[33,34,122]。

步骤 4：Alice 和 Bob 将他们的数据更改为 $X = (x_A, p_A)$ 和 $Y = (x_B, p_B)$，其中，

$$\begin{cases} x_A = x_{A'} - k_{x_A}(\gamma) \\ p_A = p_{A'} - k_{p_A}(\gamma) \end{cases} \tag{6-1}$$

$$\begin{cases} x_B = x_{B'} - k_{x_{B'}}(\gamma) \\ p_B = p_{B'} - k_{p_{B'}}(\gamma) \end{cases} \tag{6-2}$$

其中，k 为与信道损耗相关的放大系数；变量 X 和 Y 分别表示 Alice 和 Bob 的本地原始

密钥。

步骤 5：Alice 和 Bob 通过可靠的公共信道完成纠错和秘密放大，最后生成相同的安全密钥。

虽然 MDI-CVQKD 协议的制备和测量模型易于部署，但当考察其安全性时，制备和测量模型等价于对应的基于纠缠模型，并且后者更方便进行安全性分析[176]。如图 6-2 所示，Alice 和 Bob 首先分别制备双模压缩真空态（einstein-podolsky-rosen-state，EPR state），每个发送方都保留一个模 A_1（或 B_1），然后将另一个模 A_2（或 B_2）通过不可信的量子信道发送给第三方 Charlie。窃听者 Eve 可以用自己的量子信道替换发送方和 Charlie 之间的量子信道，以发起纠缠克隆攻击，该攻击被认为是一种最优高斯集体攻击[118-119]。

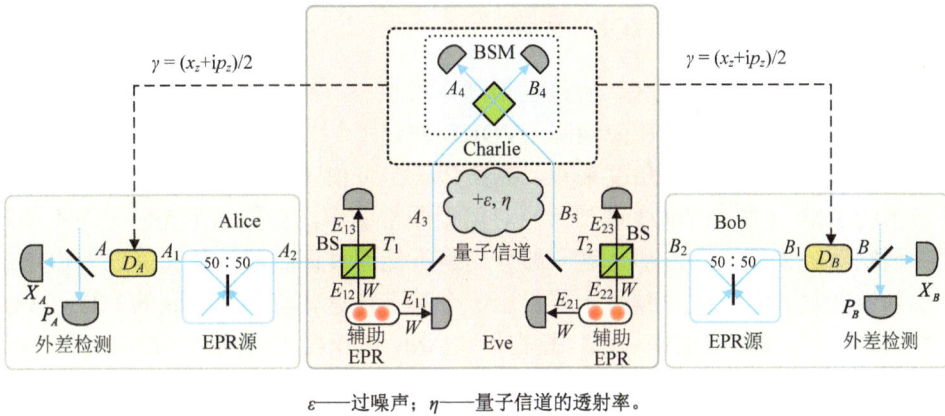

ε——过噪声；η——量子信道的透射率。

图 6-2 MDI-CVQKD 协议的基于纠缠模型

注：Alice 和 Bob 分别制备 EPR 态并通过不可信量子信道发送给 Charlie。Charlie 对接收到的量子态进行贝尔态测量，随后将测量结果返回给 Alice 和 Bob。

Charlie 收到输入模 A_3 和 B_3 后，将这两个模送入一个分束器进行干涉获得两个输出模 A_4 和 B_4。此时，利用两个零差探测器分别测量模 A_4 的正交分量 x 和模 B_4 的正交分量 p，随后 Charlie 公布测量结果 $\gamma = (x_z + \mathrm{i}p_z)/2$。在接收到 Charlie 的测量结果后，Alice 和 Bob 分别使用算符 $\hat{D}_A(\gamma)$ 和 $\hat{D}_B(\gamma)$ 对他们自己的模 A_1（B_1）进行位移操作。最后，Alice 和 Bob 分别使用外差检测器测量模 A 和模 B，从而生成原始密钥 $\{X, Y\}$。

2. PP MDI-CVQKD 方案

如图 6-1（b）所示，在 PP MDI-CVQKD 协议中，激光器不再像传统的 MDI-CVQKD 协议那样分别部署在 Alice 端和 Bob 端，而是仅在 Charlie 端部署一个激光器。虽然其数据处理与传统的 MDI-CVQKD 协议相似，但还是存在如下不同：首先，Charlie 发射一束强相干光通过一个透射率为 50∶50 的分束器，被分束器分开的两路光分别通过光纤传输给 Alice 和 Bob，在到达 Alice 和 Bob 端后被部署在两端的法拉第镜反射，每个反射光通过部署在反射信道中的振幅调制器和相位调制器以高斯调制的方式编码信息；其次，Alice 和 Bob 将已调制的相干光发送回 Charlie 进行贝尔态测量和数据后处理，从而生成密钥。

PP MDI-CVQKD 协议具有显著优点，它与传统的 MDI-CVQKD 协议相似，从 Charlie 端发送给 Alice 和 Bob 的信号不包含任何高斯调制的信息，因此有用信息仅仅存在于可信方。另外，当遇到诸如同步问题这样的模匹配问题时，PP MDI-CVQKD 协议更加易于实现，这是因为 Alice 和 Bob 返回的光都是由同一个激光器产生，从实验实现角度来看，PP MDI-CVQKD 协议可以自动补偿光在光纤中传输造成的相位漂移。

接下来，考虑 PP MDI-CVQKD 协议的实际安全性。由于 PP 架构不会干扰 MDI-CVQKD 协议的测量，可以确保不会受检测器边信道攻击的影响。此外，该方案可由可信的第三方 Charile 本地产生本振光，即本振光不需要通过不可信信道传输，从而避免所有针对本振光的攻击。

3. PP DPM-based MDI-CVQKD 方案

目前，高斯调制的 CVQKD 协议包括高斯量子态、高斯操作和高斯测量，易于实验实现[83]，因此，除一部分离散调制 CVQKD 协议[40,43]外，许多传统的 CVQKD 协议通常采用高斯调制。从理论角度来看，高斯量子态可由 AM 和 PM 制备，然而大多数广泛应用的 AMs（如 LiNbO3 调制器）对偏振非常敏感，如果相干光的方向不能正确地对齐调制器的偏振方向，那么这一部分光就不能通过调制器，从而降低 CVQKD 协议的实际性能。为解决这个问题，本节提出一个基于往返式双相位调制的 MDI-CVQKD（PP DPM-based MDI-CVQKD）方案，旨在消除 AMs 在 MDI-CVQKD 系统中的负面影响。

如图 6-1（c）所示，PP DPM-based MDI-CVQKD 方案将 PP MDI-CVQKD 方案中 Alice 和 Bob 端的 AM 替换成一条额外的光纤线路并在其上部署一个 PM 和一个法拉第镜（Faraday mirror, FM），这样的架构移除了 AMs，以至于在实验实现中不再需要考虑 AMs 的实际影响。接下来，进行 PP DPM-based MDI-CVQKD 方案等价于高斯调制的 MDI-CVQKD 协议的证明。

一般情况下，法拉第镜的琼斯矩阵可以表示为

$$J_{\mathrm{FM}} = \begin{bmatrix} \cos\theta & \sin\theta \\ -\sin\theta & \cos\theta \end{bmatrix} \begin{bmatrix} 1 & 0 \\ 0 & -1 \end{bmatrix} \begin{bmatrix} \cos\theta & -\sin\theta \\ \sin\theta & \cos\theta \end{bmatrix} = \begin{bmatrix} \cos(2\theta) & -\sin(2\theta) \\ -\sin(2\theta) & -\cos(2\theta) \end{bmatrix} \quad (6\text{-}3)$$

当输入信号到达 FM 并反射回来时，旋转元素的琼斯矩阵可以表示为[177]

$$R = T(-\delta)J_{\mathrm{FM}}T(\delta) = \mathrm{e}^{\mathrm{i}(\varphi_\mathrm{o}+\varphi_\mathrm{e})}J_{\mathrm{FM}} \quad (6\text{-}4)$$

其中，δ 为双折射介质的参考基与本征模基的旋转角度；φ_o 和 φ_e 分别表示寻常和非寻常射线的传播相位；$T(\pm\delta)$ 为当信号经过和返回单模延时线时的双折射介质的琼斯矩阵，它可以表示为

$$T(\pm\delta) = \begin{bmatrix} \cos\delta & \mp\sin\delta \\ \pm\sin\delta & \cos\delta \end{bmatrix} \begin{bmatrix} \mathrm{e}^{\mathrm{i}\varphi_\mathrm{o}} & 0 \\ 0 & \mathrm{e}^{\mathrm{i}\varphi_\mathrm{e}} \end{bmatrix} \begin{bmatrix} \cos\delta & \pm\sin\delta \\ \pm\sin\delta & \cos\delta \end{bmatrix} \quad (6\text{-}5)$$

由于 PP DPM-based MDI-CVQKD 协议结构上的对称性，仅详细考虑 Alice 端的数据处理过程，Bob 端的数据处理过程类似。首先，双相位调制的转换矩阵[75]如下：

$$J_{\mathrm{PM}_{A_1}+\mathrm{FM}_{A_1}} = T(-\delta)J_{\mathrm{PM}_{A_1x}}RJ_{\mathrm{PM}_{A_1y}}T(\delta) = \varsigma_{A_1}\mathrm{e}^{\mathrm{i}(\varphi_{A_1})}R \quad (6\text{-}6)$$

和

$$J_{\mathrm{PM}_{A_2}+\mathrm{FM}_{A_2}} = T(-\delta)J_{\mathrm{PM}_{A_{2x}}}RJ_{\mathrm{PM}_{A_{2y}}}T(\delta) = \varsigma_{A_2}\mathrm{e}^{\mathrm{i}(\varphi_{A_2})}R \tag{6-7}$$

其中，ς_{A_1} 和 ς_{A_2} 分别为 PM_{A_1} 和 PM_{A_2} 的等价衰减系数；φ_{A_1} 和 φ_{A_2} 为 PM_{A_1} 和 PM_{A_2} 的电子调制相位。假设输入的琼斯向量为 $\mathbf{Alice}_{\mathrm{in}}$，那么往返一次后经过双相位调制的输出信号 $\mathbf{Alice}_{\mathrm{out}}$ 可以表示为

$$\begin{aligned}
\mathbf{Alice}_{\mathrm{out}} &= \frac{1}{2}\mathbf{Alice}_{\mathrm{in}}\left(J_{\mathrm{PM}_{A_1}+\mathrm{FM}_{A_1}}+J_{\mathrm{PM}_{A_2}+\mathrm{FM}_{A_2}}\right) \\
&= \frac{1}{2}\left(\varsigma_{A_1}\mathbf{Alice}_{\mathrm{in}}\mathrm{e}^{\mathrm{i}(\varphi_{A_1})}+\varsigma_{A_2}\mathbf{Alice}_{\mathrm{in}}\mathrm{e}^{\mathrm{i}(\varphi_{A_2})}\right)R
\end{aligned} \tag{6-8}$$

在理想的双相位调制系统中，可以相同地插入损耗，即 $\varsigma_{A_1}\approx\varsigma_{A_2}\approx\varsigma$。因此，Alice 端双相位调制的输出可以简化为

$$\mathbf{Alice}_{\mathrm{out}} = \varsigma\mathbf{Alice}_{\mathrm{in}}\exp\left[\frac{\mathrm{i}(\varphi_{A_1}+\varphi_{A_2})}{2}\right]\cos\left(\frac{\varphi_{A_1}-\varphi_{A_2}}{2}\right)R \tag{6-9}$$

同样地，Bob 端双相位调制的输出为

$$\mathbf{Bob}_{\mathrm{out}} = \varsigma\mathbf{Bob}_{\mathrm{in}}\exp\left[\frac{\mathrm{i}(\varphi_{B_1}+\varphi_{B_2})}{2}\right]\cos\left(\frac{\varphi_{B_1}-\varphi_{B_2}}{2}\right)R \tag{6-10}$$

式（6-9）和式（6-10）表明，发送双方利用两个偏振无关的 PMs 同样可以实现传统的分别用一个偏振相关的 AM 和 PM 进行的高斯调制，从而证明 PP DPM-based MDI-CVQKD 协议等价于高斯调制的 MDI-CVQKD 协议。因此，采用双相位调制的往返式 MDI-CVQKD 协议可以更有效地简化和方便实验实现。

6.1.2　方案的安全性分析

本节详细分析 PP DPM-based MDI-CVQKD 协议在渐近情形[36]和有限长效应[178]下的安全性。此外，当考虑有限长效应时，可以发现由该方案产生的几乎所有原始密钥能被用于产生最终密钥。

1. 方案的渐近安全性

图 6-3 所示为 PP DPM-based MDI-CVQKD 方案在遭受纠缠克隆攻击时的基于纠缠模型。在该方案中，由于 Charlie 只用一个激光器制备相干态，而不是在 Alice 和 Bob 的两端通过两个独立的激光器制备相干态，Charlie 端的光源可以用两个 EPR 纠缠对模拟。在 Alice 和 Bob 各自根据 Charlie 公布的 BSM 测量结果对他们的输入模式（A_1 和 B_1）进行位移操作后，模 A_2 和模 B_2 具有一定的相关性。假设模 A_2 和模 B_2 来自同一个 EPR 纠缠对，则此时该方案与纠缠源置于信道中间的 CVQKD 协议非常相似[116,120]。

考虑 Eve 的窃听采用集体高斯攻击，该攻击已经被证明是在正向协商和反向协商协议下的最优攻击策略[118-119]。具体来说，Eve 分别在 Alice 和 Bob 的两端制备辅助的直积态，每一端的辅助模独立地分别与 Charlie 发送给 Alice 和 Bob 的单个脉冲进干涉，从而得到如下混合态：

$$\rho_{A_2E_1B_2E_2} = \sum_{a,b}\left[P(a)|a\rangle\langle a|\otimes\psi^a_{A_2E_1}\oplus P(b)|b\rangle\langle b|\otimes\psi^b_{B_2E_2}\right]^{\otimes n} \tag{6-11}$$

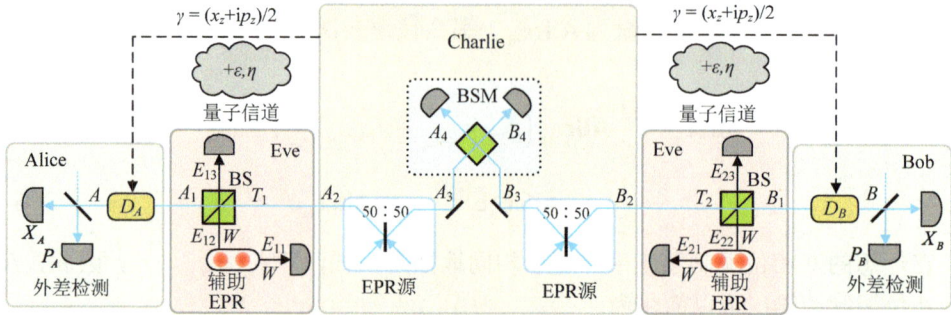

图 6-3 PP DPM-based MDI-CVQKD 方案在遭受纠缠克隆攻击时的基于纠缠模型

注: Charlie 制备两个 EPR 对, 并将每对中的一个模分别通过不安全的量子信道发送给 Alice 和 Bob。Alice 和 Bob 根据 BSM 的测量结果对收到的模式进行相应的位移操作, 随后通过各自的外差检测器对其进行测量。

Eve 通过制备方差为 $W_i(i=1,2)$ 的辅助态 $|E_i\rangle$ 对系统进行攻击。W_i 的值可以通过调整来匹配真实的信道噪声 $\chi = 1/T - 1 + \varepsilon$。值得注意的是, 对于 PP DPM-based MDI-CVQKD 协议来说, Alice 和 Bob 两端是对称的, 即 $T_1 = T_2 = 1$。随后, Eve 保存 $|E_i\rangle$ 中的一个模 E_{i1}, 同时将另一个模 E_{i2} 注入每个分束器未使用的入射端, 从而获得输出模 E_{i3}。对每一个脉冲重复以上过程, Eve 将其辅助模 E_{i1} 和 E_{i3} 存储在量子存储器中。在 Charlie 公布 BSM 结果后, Eve 即可测量出模 E_{i1} 和 E_{i3} 上准确的正交分量。

在受到集体攻击时, 协议的渐近密钥率的下界计算公式如下:

$$K_{asym} = \beta I(A:B) - \chi_E \tag{6-12}$$

其中, β 为协商效率; $I(A:B)$ 为 Alice 和 Bob 的 Shannon 互信息量; χ_E 为 Eve 可以获得信息量的 Holevo 界[179]。若不考虑 Alice 和 Bob 端的检测噪声, 则高斯态 ρ^G_{AB} 的协方差矩阵有如下形式:

$$\Gamma^G_{AB} = \begin{bmatrix} a\boldsymbol{II} & c\boldsymbol{\sigma}_z \\ c\boldsymbol{\sigma}_z & b\boldsymbol{II} \end{bmatrix} = \begin{bmatrix} \left[T_1 V + (1-T_1)W_1\right]\boldsymbol{II} & \sqrt{T_1 T_2 (V^2-1)}\boldsymbol{\sigma}_z \\ \sqrt{T_1 T_2 (V^2-1)}\boldsymbol{\sigma}_z & \left[T_2 V + (1-T_2)W_2\right]\boldsymbol{II} \end{bmatrix} \tag{6-13}$$

因此有

$$I(A:B) = \log_2\left(\frac{b+1}{b+1-\dfrac{c^2}{a+1}}\right) \tag{6-14}$$

不同于传统的单项协议, 由于存在对称性, 数据协商的方向不会影响所提协议的性能, 因此仅考察正向协商下的渐近密钥率 (反向协商下会获得相同的结果)。在正向协商下, Alice 和 Bob 的互信息量可以表示为

$$\chi_E = S(E) - S(E|A) \tag{6-15}$$

由于 Eve 可以纯化 Alice 和 Bob 的密度矩阵, 有 $S(E)=S(AB)$, 其中 $S(AB)$ 为矩阵 Γ^G_{AB} 的辛特征值 λ_1, λ_2 的函数, 即

$$S(AB) = G\left[\frac{(\lambda_1 - 1)}{2}\right] + G\left[\frac{(\lambda_2 - 1)}{2}\right] \qquad (6\text{-}16)$$

剩余详细的推导过程可以参阅文献[133]。

图 6-4 所示为 PP DPM-based MDI-CVQKD 方案在渐近情形下的性能。作为比较，同时绘制出传统 MDI-CVQKD 协议[47]的渐近密钥率曲线。可以发现，除在最大密钥率和最远传输距离上存在一些极小的差别外，上述两类协议的性能表现非常相似，因此 PP DPM-based MDI-CVQKD 协议与传统 MDI-CVQKD 协议的安全性大致相同。值得注意的是，本节的研究重点并不在于如何提高 MDI-CVQKD 协议的性能，而是在同等安全性水平下着力解决 MDI-CVQKD 协议在实验实现上的可行性和可替代性。因此，为简化表达，尽管非对称 MDI-CVQKD 协议（即 $L_{AC} \neq L_{BC}$）[47]已经被证明能极大地提升对称 MDI-CVQKD 协议的传输距离，在这里仅考虑对称拓扑结构下的 MDI-CVQKD 协议。

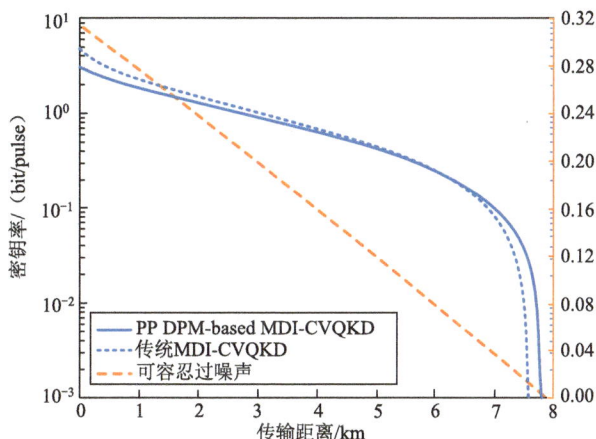

图 6-4 PP DPM-based MDI-CVQKD 方案在渐近情形下的性能

注：蓝色实线和红色虚线分别表示本节所提出的 PP DPM-based MDI-CVQKD 协议的渐近密钥率和可容忍过噪声随 Alice 与 Bob 传输距离的变化趋势。作为比较，蓝色线表示文献[180]中提出的传统 MDI-CVQKD 协议的渐近密钥率。其中，右侧为红色虚线坐标。仿真参数设置如下：调制方差 $V = 20$；协商效率 $\beta = 95\%$；蓝色实线的过噪声 $\varepsilon = 0.001$。

2. 有限长效应下方案的安全性

6.1.2 节"1.方案的渐近安全性"证明基于这样一种假设，即有无限多的信号在 Alice 和 Bob 之间传输，然而对于实验实现来说，这种假设是不现实的。CVQKD 协议在有限长效应影响下的安全性分析方法已经提出[43]，在该方法中，原始密钥不再是无限长度，并且一部分原始密钥数据必须被用于进行参数估计以评估通信信道的特性。这使我们必须在最终密钥率和准确的参数估计中做出权衡。文献[181]的研究表明上述权衡问题在传统 MDI-CVQKD 协议中能够被完美解决。本节将该解决方案扩展至 PP DPM-based MDI-CVQKD 协议，并且给出该协议在有限长效应影响下的详细安全性证明。

众所周知，参数估计是数据后处理阶段的一个重要的步骤，旨在获取相关参数（如与 CVQKD 协议的安全性相关的信道的透射率和过噪声）以评估量子信道的质量。一般在不存在经典信息通信的情况下仅靠本地信息不足以进行有效的参数估计，获取参数估计准确结果的唯一方式是牺牲一部分原始密钥来进行参数评估。然而，用于进行参数估计的原始密钥越多，估计越精确，同时最终的安全密钥率越小，使精确的参数估计和最终安全密钥率之间存在一个权衡。事实上，三体态 ρ_{XYZ} 的协方差矩阵 $\boldsymbol{\Gamma}_{XYZ}$ 的估计可以在本地由 Alice 和 Bob 完成而不需要牺牲部分原始密钥，详细地说，协方差矩阵 $\boldsymbol{\Gamma}_{XYZ}$ 可以表示为

$$\boldsymbol{\Gamma}_{XYZ} = \begin{bmatrix} \boldsymbol{X} & \boldsymbol{0} & \boldsymbol{c}_{Xz} \\ \boldsymbol{0} & \boldsymbol{Y} & \boldsymbol{c}_{Yz} \\ \boldsymbol{c}_{XZ}^{\mathrm{T}} & \boldsymbol{c}_{YZ}^{\mathrm{T}} & \boldsymbol{Z} \end{bmatrix} \tag{6-17}$$

其中，$\boldsymbol{X} = \boldsymbol{Y} = \begin{bmatrix} V & 0 \\ 0 & V \end{bmatrix}$，矩阵 $\boldsymbol{Z}$ 为

$$\boldsymbol{Z} = \begin{bmatrix} \langle x_Z^2 \rangle & \langle x_Z p_Z \rangle \\ \langle x_Z p_Z \rangle & \langle p_Z^2 \rangle \end{bmatrix} \tag{6-18}$$

式（6-18）为 (x_Z, p_Z) 的经验协方差矩阵，并且有

$$\begin{cases} \boldsymbol{c}_{XZ} = \begin{bmatrix} \langle x_A x_Z \rangle & \langle x_A p_Z \rangle \\ \langle p_A x_Z \rangle & \langle p_A p_Z \rangle \end{bmatrix} \\ \boldsymbol{c}_{YZ} = \begin{bmatrix} \langle x_B x_Z \rangle & \langle x_B p_Z \rangle \\ \langle p_B x_Z \rangle & \langle p_B p_Z \rangle \end{bmatrix} \end{cases} \tag{6-19}$$

式（6-19）为相关项。

在 PP DPM-based MDI-CVQKD 方案中，Alice 和 Bob 对各自收到的相干态进行 DPM 调制，并且在 Alice 和 Bob 两端不执行任何测量操作，可知 Alice 可以在本地获取方差 x'_A 和 p'_A；Bob 也可以在本地获取方差 x'_B 和 p'_B。待 Charlie 公布测量结果 $\gamma = (x_Z + \mathrm{i} p_Z)/2$ 后，Alice 可以计算出矩阵 $\boldsymbol{c}_{XZ}$ 的经验相关性，即 $x'_A x_Z$、$x'_A p_Z$、$p'_A x_Z$ 和 $p'_A p_Z$。同样地，Bob 也可以获得矩阵 $\boldsymbol{c}_{YZ}$ 的经验相关性。因此，协方差矩阵 $\boldsymbol{\Gamma}_{XYZ}$ 的所有元素都能在本地由 Alice 和 Bob 各自计算得到，而不需要进行额外的通信。最后，我们就可以进一步计算得到高斯态 ρ_{AB}^G 的协方差矩阵 $\boldsymbol{\Gamma}_{AB}^G$。值得注意的是，放大系数 k 必须严格选择以最优化 Alice 和 Bob 两端的条件位移操作[181]。

基于所得到的协方差矩阵 $\boldsymbol{\Gamma}_{AB}^G$，PP DPM-based MDI-CVQKD 方案在有限长效应影响下的性能可由 Alice 或 Bob 进行评估得到。具体地，考虑到有限长效应影响下的密钥率可通过如下公式计算得到[37]：

$$K_{\mathrm{fini}} = \frac{n}{N} \left[\beta I(A:B) - S_{\epsilon_{PE}} - \Delta(n) \right] \tag{6-20}$$

实际上，在 PP DPM-based MDI-CVQKD 方案中，并不需要根据上述复杂的估计步骤来计算最终安全密钥率，Alice 和 Bob 可以直接从本地获取系统的协方差矩阵 $\boldsymbol{\Gamma}_{XYZ}$，因此该协议的最终安全密钥率可由 Alice 或 Bob 直接求出。这是可行的，因为 Alice 和 Bob 原始密钥的相关性是由中继的后选择操作来完成的，所以公开变量 Z 包含所有 Alice 和 Bob 的关联信息[181]。

图 6-5 所示为 PP DPM-based MDI-CVQKD 方案几乎所有原始密钥被用于产生最终安全密钥（实线）的性能和传统有限长密钥率计算方法（虚线）下方案的性能。从图 6-5 中可以发现，对于每个固定的数据块而言，尤其是对于长度较小的块，通过本地获得协方差矩阵来直接计算密钥率的方法能有效提升协议的最大传输距离。这是因为一部分原本需要进行参数估计的原始密钥数据现在可以被用于产生更多的最终安全密钥。

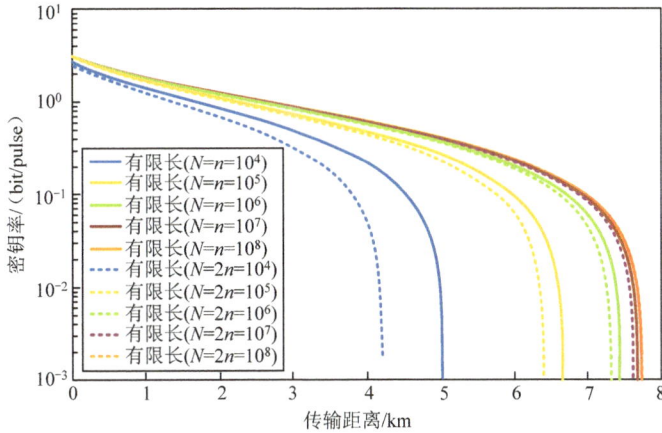

图 6-5 PP DPM-based MDI-CVQKD 方案有限长效应影响下的安全密钥率

注：实线表示安全密钥率由几乎所有原始密钥产生（$N=n$）；虚线表示传统有限长密钥率计算方法（$N=2n$）。两类
线条从左至右依次表示数据块长度为 $N=10^4$、10^5、10^6、10^7 和 10^8。仿真参数与图 6-4 相同。

CVQKD 协议在集体攻击下的组合安全性已经被证明[137]，该安全性证明可以看作基于有限长效应安全性证明的加强版，通过仔细考察 CVQKD 系统中每一个数据处理步骤的错误概率，组合安全性可以获得一条最紧的协议安全界限[106]。本节中并未给出详细的 MDI-based CVQKD 方案的组合安全性证明，但是可以相信 PP DPM-based MDI-CVQKD 方案在组合安全性框架下的性能依然能够提高，因为传统的组合安全性证明仍然需要牺牲部分原始密钥进行参数估计。

3. 方案的实际安全性

本节已经从理论方面详细阐明了 PP DPM-based MDI-CVQKD 方案的特点和安全性，接下来通过图 6-6 进一步讨论该方案的实验可行性和实际安全性。首先，Charlie 利用连续波激光器产生一组强脉冲（紫色线条），这些脉冲随后通过一个透射比为 99∶1 的分束器分为两个部分：一部分（1%，红色线条）用于搭载信号，另一部分（99%，蓝色线条）用于本地产生本振光；信号光进一步被偏振分束器分为两路分别发送给 Alice 和 Bob；在信号到达 Alice 和 Bob 端并被各自的法拉第镜反射后，对反射信号进行双相位调制，然后将其反向发送回 Charlie；这些发回的调制信号随后与各自的本地本振光进行干涉，以校准信号和实时地监控其方差；若校准和监控没有发现问题，这些信号会被用于进行贝尔态测量。

往返式双相位 MDI-CVQKD 方案在其实验实现方面有显著的优点，具体如下：首

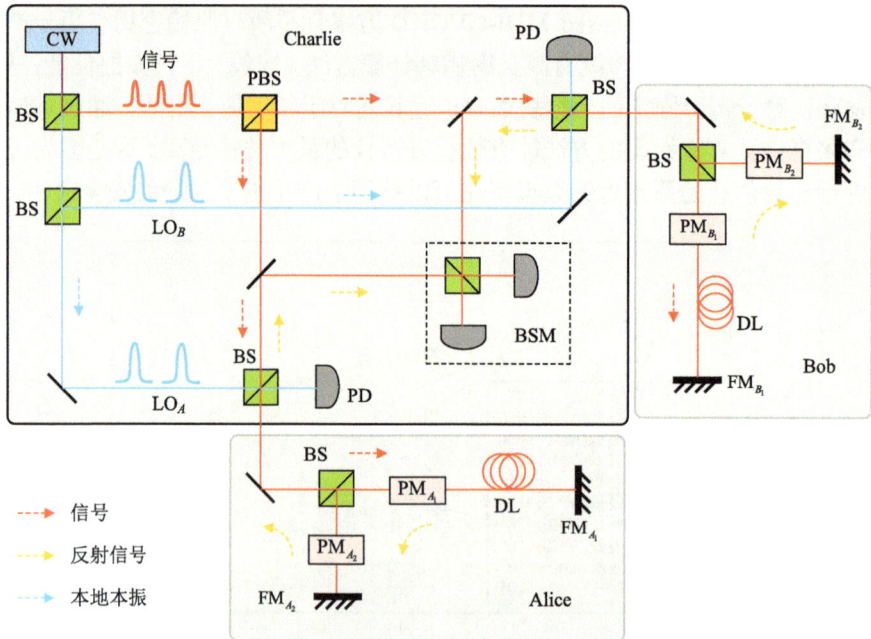

CW——连续波激光器；BS——分束器；PM——相位调制器；PBS——偏振分束器；DL——延时线；FM——法拉第镜；PD——光电探测器；BSM——贝尔态测量。

图 6-6　PP DPM-based MDI-CVQKD 方案系统实验概念图

先，本振光由 Charlie 本地产生，因此该协议能够非常好地抵御所有针对本振光的攻击，如波长攻击、饱和攻击、校准攻击及本振光抖动攻击等；其次，Alice 和 Bob 两端之间信号的同步问题也能最大限度地减弱甚至消除，这是因为无论是信号光还是本振光都出自同一个激光器；再次，两个信号的参考系校准问题能够被很好地解决，并且其相位漂移可以自动进行补偿，这也是因为整个系统中仅使用了一个激光器；最后，通过采用双相位调制技术，不再需要使用传统的 LiNbO3 调制器进行幅度调制，杜绝该调制器偏振敏感的缺点，因此相干态的制备不再会被光纤信道的偏振漂移影响。

6.2　基于隐马尔可夫模型的校准攻击识别方案

本节和 6.3 节将研究 CVQKD 系统中的另一个重要问题——实际安全性问题，并利用人工智能中的几个常用机器学习算法来实现对攻击的检测与防御。本节首先针对校准攻击进行分析与讨论。

在实际 CVQKD 系统中，接收端测量的正则分量值会受到各种干扰因素的影响，如环境扰动、不完美的设备或者攻击，通过直接观察测量值很难确定哪些值处于正常波动范围，哪些值又受到攻击。本节以校准攻击为例，提出一种基于隐马尔可夫模型的校准攻击识别方案，利用该模型来学习干扰因素与测量值之间的对应关系，将不可见的干扰因素当作隐马尔可夫模型的隐藏状态，而将处理后的测量值当作隐马尔可夫模型的观测序列，这样就能基于未被攻击时的观测序列来学习模型，使学习到的模型有效识别被攻击的异常序列。本节将详细介绍隐马尔可夫模型的学习与攻击识别过程，并讨论在攻击识别后系统的估计密钥率与实际密钥率情况。数值仿真结果显示，当攻击比例为 50%、传输距离为 25km 时，该模型的识别准确率能达到 98.735%。

校准攻击是基于本振光校准和时钟产生程序中的漏洞进行的一种强有力的攻击方式，不恰当的校准程序会使合法通信双方高估散粒噪声，从而低估系统过噪声。目前，已有的针对校准攻击的防御措施主要有以下几种。

1）Bob 的信号光路中增加随机强衰减，以选择一部分脉冲实时测量散粒噪声。但这种方法需要牺牲一部分密钥，也会给信号支路带来额外的插入损耗[56]。

2）从 Bob 的本振光路中分离一部分脉冲，输入一个额外的零差探测器进行实时散粒噪声测量。但这种方法需要添加额外探测器，会增加系统的结构复杂性[56]。

3）Kunz 和 Jouguet[182]提出一种稳健的散粒噪声测量方法，该方法可以检测所有改变信号方差与噪声方差之间线性关系的攻击。但是它需要对不同的脉冲设置随机衰减，不仅降低了密钥产生率，还增加了系统的复杂度。特别是，只要采取了以上这几种防御措施，不论 Eve 是否发起攻击，这些措施带来的不利因素都会影响整个密钥分发过程。此外，大多数 CVQKD 系统是在量子通信过程完成后，通过评估所有正则分量的二阶矩来分析系统的安全性[183]，在这种情况下，一旦发现被攻击，就有可能需要丢弃所有交换的数据保证密钥的绝对安全。为了克服已有校准攻击防御方案的这些问题，本节提出一种基于隐马尔可夫模型的校准攻击识别方案，使 Bob 只需要监测正则分量值就能判断是否遭受攻击，并且这是一种基于软件的攻击识别方法，不需要给系统增加任何额外设备。

6.2.1　方案描述

1. 校准攻击原理

校准攻击的基本原理是改变散粒噪声方差，使 Alice 和 Bob 低估系统过噪声[110]。对于 CVQKD 系统而言，散粒噪声是一个非常重要的参数，因为用于计算密钥率的所有变量都是以散粒噪声为单位的。原则上，散粒噪声方差可以通过测量本振光和真空模之间的干涉方差来获得，但在实践中，为简便起见，会在密钥分发前，在安全的实验室中先对干涉方差和本振光功率之间的线性关系进行校准[184]，这样在量子通信时 Bob 只需要测量本振光功率就能推测散粒噪声。然而，在这类系统中，本振光不仅仅作为零差探测的偏振和相位参考，也用于产生触发零差探测的时钟信号，以同步整个系统的时钟。例如，当输入光电二极管的本振光强度高于某个阈值时，时钟电路会产生一个上升触发信号，该信号直接决定了零差探测的测量时间。这种机制给 Eve 打开了一个安全性漏洞，可以通过修改本振光脉冲波形来延迟触发信号[58]，使零差探测未在最佳时刻进行，导致输出的测量结果小于脉冲的实际正则分量值，并因此改变本振光功率和散粒噪声方差之间线性关系的斜率，这种影响已经在实验中得到验证[56]。在这种情况下，如果 Alice 和 Bob 仍使用之前校准的线性关系来估计散粒噪声，将得到一个比实际值更高的结果。

校准攻击的具体过程包括两个部分：一方面，Eve 使用一个相位无关衰减器衰减本振光脉冲的前面一小段，以将触发信号延迟 τ；另一方面，Eve 采取部分截取重发（partial intercept-resend，PIR）攻击，随机选择 μ 部分量子信号进行外差探测，并根据探测结果制备新的量子态发送给 Bob。关于校准攻击的具体描述与分析在 Jouguet 等[56]2013 年的研究工作中有详细介绍，根据该文献，可得到校准攻击下估计的过噪声，以散粒噪声为单位时表示为

$$\frac{\widehat{\xi_{\text{calib}}^{\text{PIR}}}}{N_0'} = \frac{N_0}{N_0'}\left[\frac{\xi + 2\mu N_0}{N_0} + \frac{1}{\eta T}\left(1 - \frac{N_0'}{N_0}\right)\right] \tag{6-21}$$

其中，$\widehat{\xi_{\text{calib}}^{\text{PIR}}}$ 表示不以散粒噪声为单位时的估计过噪声；ξ 表示不以散粒噪声为单位时的系统技术噪声；N_0' 表示由提前校准的线性关系估计得到的散粒噪声方差；N_0 表示在校准攻击下真实的散粒噪声方差；$2\mu N_0$ 表示 Eve 的 PIR 攻击引入的过噪声；η 表示零差探测器的探测效率；T 表示信道透射率。图 6-7 给出了校准攻击下，估计的过噪声与比值 N_0'/N_0 之间的关系，其中令 $\eta = 0.6$，$\xi = 0.1N_0$，$\xi^{\text{PIR}} = 2N_0$，$\mu = 1$，ξ^{PIR} 表示由 PIR 攻击引入的过噪声。从图中可知，当 T 分别等于 0.3 和 0.7 时，只要令散粒噪声之比 N_0'/N_0 的值分别等于 1.37 和 1.88，就能使 Alice 和 Bob 估计的过噪声为 0。也就是说，Eve 可以通过校准攻击改变散粒噪声来完全控制合法通信方对过噪声的估计值。

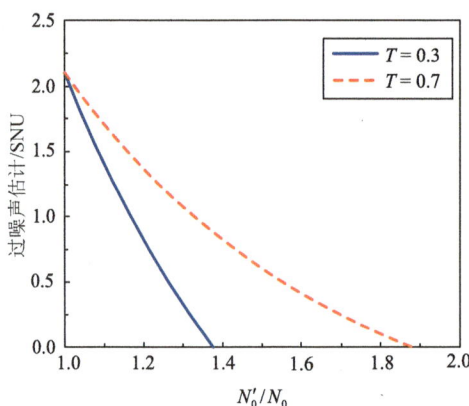

图 6-7　估计的过噪声与比值 N_0'/N_0 之间的关系

对于一个 CVQKD 系统，总会存在一个最大可容忍过噪声值 $\varepsilon_{\max}$（以散粒噪声为单位）来保证系统能够获取安全密钥，因此，一次成功的校准攻击应该使合法方估计的过噪声大于 0 且小于 $\varepsilon_{\max}$，即

$$0 < \frac{\widehat{\xi_{\text{calib}}^{\text{PIR}}}}{N_0'} < \varepsilon_{\max} \tag{6-22}$$

假如系统的技术噪声取典型值 $\xi = 0.1N_0$，可以得到如下不等式：

$$\frac{1}{\eta T\left(0.1 + 2\mu + \dfrac{1}{\eta T}\right)} < \frac{N_0}{N_0'} < \frac{\varepsilon_{\max} + \dfrac{1}{\eta T}}{0.1 + 2\mu + \dfrac{1}{\eta T}} \tag{6-23}$$

这意味着要实现成功的校准攻击，就要使真实的散粒噪声方差减小，并且减小的程度与信道透射比、探测器的探测效率有关。前述内容分析过，散粒噪声的减小来源于零

差探测的延迟，因此由零差探测得到的正则分量测量结果也会以相同的比例减小，即测量值的变化可以反映出系统是否受到校准攻击。

2. 隐马尔可夫模型的建立

在实际系统中，除校准攻击外，Bob 的测量结果也会受到其他干扰因素的影响，如环境的扰动和设备的固有缺陷等，这些因素都会以不同形式改变正则分量测量结果[185]，因此很难直接从测量值中区分出是哪些值受到了攻击，而哪些值又受到了其他干扰。为在不增加系统复杂度的情况下自动识别受到校准攻击的异常结果，引入隐马尔可夫模型 λ，它可以返回给定序列 $o = \{o_1, o_2, \cdots, o_H\}$ 的最佳匹配模型，其中 o 表示经过处理的测量结果序列。隐马尔可夫模型作为一种经典的机器学习模型，能有效预测相似模式和准确捕捉有序观测量动态属性，被广泛应用于入侵检测和时间序列建模[186-188]。

如图 6-8 所示，一个隐马尔可夫模型包含两个随机过程：第一个是由随机变量 q_t 表示的隐含过程，第二个是由随机变量 o_t 表示的观测过程。其中，q_t 的取值范围为 $S = \{s_1, s_2, \cdots, s_N\}$，它表示系统所有可能状态的集合，即系统中存在 N 个隐含状态，并且在这些状态之间以一定的概率发生转换。但是这些隐含状态都是不可观测的，唯一可以观测到的就是观测变量 o_t，它的取值为 $v_1, v_2, \cdots, v_M$。图 6-8 中的箭头表示变量之间的依赖关系。例如，不管何时，观测值只依赖于其对应的隐含状态，而不依赖于其他隐含状态和其他观测值。通常，隐马尔可夫模型的特性可以用如下参数集合来表示：

$$\begin{cases} \boldsymbol{A} = \left[a_{ij} \right]_{N \times N} \\ \boldsymbol{B} = \left[b_j(k) \right]_{N \times M} \\ \boldsymbol{\pi} = \left[\pi_i \right]_{1 \times N} \end{cases} \tag{6-24}$$

其中，

$$\begin{cases} a_{ij} = P(q_{t+1} = s \mid q_t = s_i), i = 1, 2, \cdots, N; j = 1, 2, \cdots, N \\ b_j(k) = P(o_t = v_k \mid q_t = s_j), k = 1, 2, \cdots, M; j = 1, 2, \cdots, N \\ \pi_i = P(q_1 = s_i), i = 1, 2, \cdots, N \end{cases} \tag{6-25}$$

其中，$\boldsymbol{A}$ 为转移概率矩阵，它表示集合 S 中隐含状态之间的转移概率；$\boldsymbol{B}$ 为观测概率矩阵，它由每个状态的概率向量组成，表示当系统处于状态 s_j 时产生观测值 v_k 的概率；$\boldsymbol{\pi}$ 为初始状态概率向量，它表示系统的第一个状态处于状态集中某一状态的概率。隐马尔可夫模型中的一个关键步骤是根据给定的观测序列 $o = \{o_1, o_2, \cdots, o_H\}$ 来训练模型参数 $\boldsymbol{A}$、$\boldsymbol{B}$ 和 $\boldsymbol{\pi}$，训练后的参数应使 $P(o \mid \lambda)$ 的值最大，其中 $\lambda = (\boldsymbol{A}, \boldsymbol{B}, \boldsymbol{\pi})$。在 CVQKD 系统的通信过程中，影响 Bob 测量结果的干扰因素是不可观测的，而测量结果是可观测的，因此可以构建一个隐马尔可夫模型来对未受攻击的系统进行学习。只要 Eve 发起校准攻击，就会改变系统所处状态，并使 Bob 的测量结果以某种形式发生变化，这种变化会被训练好的隐马尔可夫模型及时捕捉并发出预警。也就是说，与未受攻击的系统相匹配的隐马尔可夫模型可以通过监测 Bob 的零差探测结果来发现攻击。

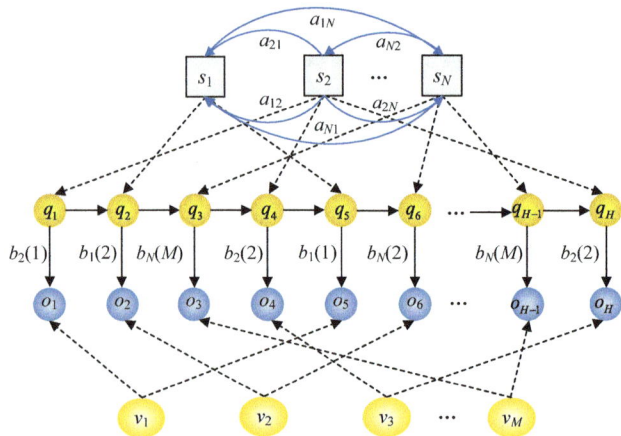

图 6-8　隐马尔可夫模型原理图

3. 方案实现过程

如图 6-9 所示，本节提出的校准攻击识别方案包含两个部分。

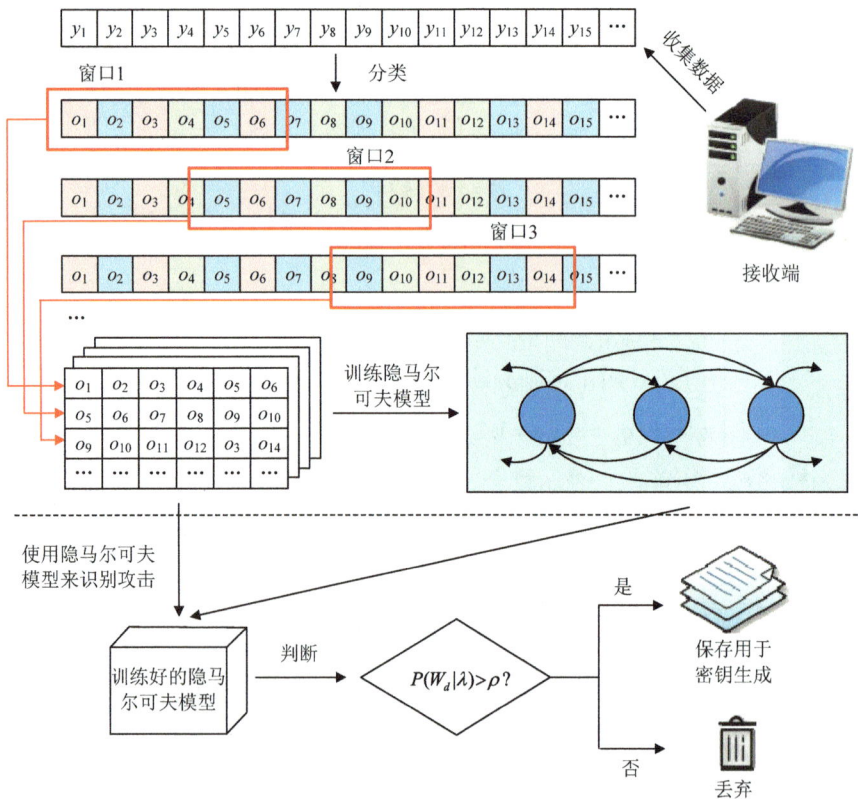

图 6-9　基于隐马尔可夫模型的校准攻击识别原理图

1）第一部分是基于未受攻击的正常测量值而实施的训练过程，这部分数据可以在正式通信前通过峰谷搜索方法获得。峰谷搜索方法的原理是对 Bob 接收到的模拟脉冲进行过采样，然后用排序算法选择每个脉冲周期内的最大或最小绝对值点[110]。随后，Alice 和 Bob 进行参数估计，以确定数据的可靠性，如果数据是安全的，则将其标记为正常数据作为隐马尔可夫模型的训练集，否则直接丢弃。峰谷搜索方法为保证 Bob 总是能获得正确的编码信息提供了一种有效途径，但是它仅适用于重复率相对较低的 CVQKD 系统，否则会引入额外的误差[60]。另外，峰谷搜索方法需要储存大量采样数据，增加系统的存储压力。因此仅在收集正常数据期间采用此方法来保证数据未受攻击，这样后续的密钥分发过程可以以更高的重复率来实现，并且不需要存储数量庞大的采样数据。值得注意的是，只要调制方差 V_a 和通信环境没有改变，就不需要在每次密钥分发前都重新收集正常数据。

　　为使 Bob 的测量结果与隐马尔可夫模型的输入数据类型相匹配，需要对测量数据 $y = \{y_1, y_2, \cdots, y_I\}$ 进行预处理。预处理包括 4 个步骤：首先，定义一个滑动窗口从头开始选择固定长度的测量值；其次，计算所选数据的方差，并将窗口向前滑动一步；再次，重复第一步和第二步，直到所有数据都至少被选择一次；最后，对得到的方差的值进行分类。分类后的序列 $o = \{o_1, o_2, \cdots, o_H\}$ 作为训练数据来训练隐马尔可夫模型的参数。在训练过程中，为增加数据利用率，定义另一个长度为 w 的滑动窗口来选择输入数据，得到矩阵 $\boldsymbol{O} = \{W_1, W_2, \cdots, W_D\}^{\mathrm{T}}$，其中 $W_1 = \{o_1, o_2, \cdots, o_w\}$，$W_2 = \{o_{1+p}, o_{2+p}, \cdots, o_{w+p}\}$，以此类推。其中，$p$ 为滑动窗口的步长，并且满足 $1 \leqslant p \leqslant w$。在图 6-9 中，令 $w = 6$，$p = 4$。值得注意的是，训练过程是在正式密钥分发前进行的离线过程，所以训练时间不会影响攻击识别的实时性。隐马尔可夫模型的训练过程由 Baum-Welch 算法实现，它是一种广泛用于隐马尔可夫模型学习的最大似然算法。该算法的目的是通过训练来学习隐马尔可夫模型的参数，使它能最大化概率 $P(\boldsymbol{O}|\lambda)$。在该算法中，首先将模型的所有参数初始化为 $A = A_0, \boldsymbol{B} = B_0, \boldsymbol{\pi} = \pi_0$；然后，对矩阵 $\boldsymbol{O}$ 中的每一个行序列 W_d，计算系统在位置 t 时处于状态 S_i 的概率 $\gamma_t^d(i)$，d 取 $1, 2, \cdots$，即某个编号为 d 的行序列 W，以及系统从状态 S_i 跳转到状态 S_j 的转换概率 $\xi_t^d(i, j)$；随后，更新模型参数 $\boldsymbol{A}$、$\boldsymbol{B}$、$\boldsymbol{\pi}$ 中的元素 π_i、a_{ij}、$b_j(k)$；最后，重复以上步骤直到所有参数收敛或达到最大迭代次数。在这个过程中，$\alpha_t^d(i)$ 和 $\beta_t^d(i)$ 的值由 Forward-Backward 算法计算得到，其具体步骤将在后述内容中进行介绍。

　　2）在第一部分训练过程完成后，进入方案的第二部分——识别过程，该过程是在 Alice 和 Bob 正式通信期间进行的。当 Bob 接收到 Alice 发送的相干态后，随机测量每个态的任一正则分量，得到测量值序列 y'。为与训练过程保持一致，他通过前述内容中所述预处理步骤将 y' 转换为矩阵 $\boldsymbol{O}'$，然后将 $\boldsymbol{O}'$ 输入训练好的隐马尔可夫模型 λ 中，并得到矩阵 $\boldsymbol{O}'$ 中每一行序列的发生概率 $P(W_d | \lambda)$。通常，一个训练好的模型会对未受攻击的正常序列输出一个高概率值，对被攻击序列输出一个低概率值。因此，如果计算的概率大于某一阈值 ρ，就认为序列 W_d 对应的测量值 y_i 是正常结果，否则，认为 W_d 对应的测量值中存在被攻击的数据。在这个过程中，所有的正常结果都被保存起来用于密钥生成，所有受攻击的值都被直接丢弃。用于计算概率 $P(W_d | \lambda)$ 的算法为 Forward-Backward 算法[189-190]。在 Forward 算法中，首先初始化每个隐藏状态 s_i 在位置 $t = 1$ 处的前向概率 $\alpha_1(i)$；然后推导出每个隐藏状态在位置 $t + 1$ 处的前向概率 $\alpha_{t+1}(i)$；最后通过计算终端前向变量 $\alpha_w(i)$ 的和，得到概率值 $P(W_d | \lambda)$。Backward 算法的过程与 Forward 算

法类似，首先，将每个隐藏状态 s_i 在位置 w 处的后向概率 $\beta_w(i)$ 初始化为 1；然后，推导每个隐藏状态在位置 $t=w-1$ 处的后向概率 $\beta_t(i)$；最后，根据终端后向变量 $\beta_1(i)$ 的和，得到概率值 $P(W_d \mid \lambda)$。

6.2.2 方案性能分析

1. 训练与测试数据

如图 6-10 所示，在一个高斯调制相干态 CVQKD 系统中，密钥信息编码在相干态脉冲的正则分量上，服从均值为 0、方差为 V_X 的高斯分布。在与本振光进行时间与偏振复用后，信号光和本振光脉冲经过一条可能被窃听的光纤信道发送给 Bob。Bob 分离得到信号光和本振光，将一部分本振光输入光电二极管用于估计散粒噪声和产生时钟信号，另一部分本振光与信号光进行零差探测。最后，将零差探测的结果输入校准攻击识别模块进行判断。

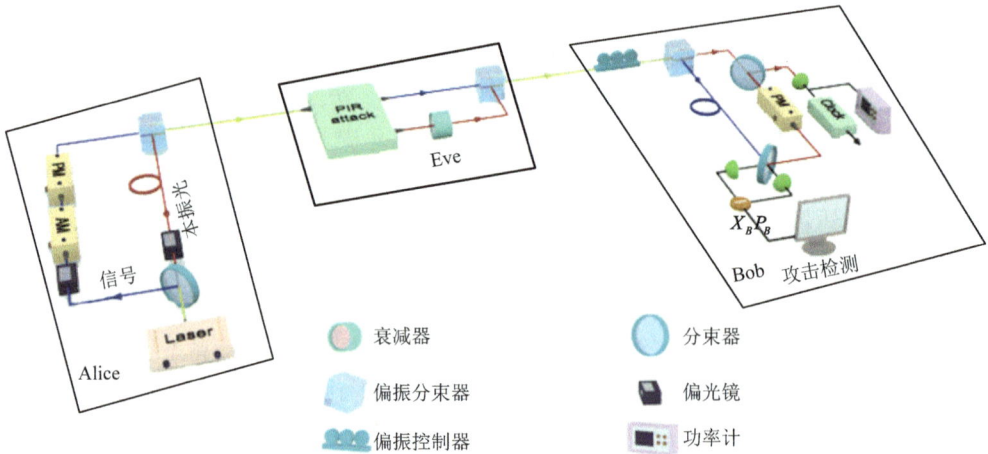

图 6-10 具有校准攻击识别的高斯调制相干态 CVQKD 系统

当信道中不存在攻击时，Bob 测量值的方差为 $V_B^u = t^2 V_X + t^2 \xi + V_{el} + N_0'$；当信道中存在校准攻击时，Bob 测量值的方差为 $V_B^a = k\left[t^2 V_X + t^2(\xi + 2\mu N_0') + N_0'\right] + V_{el}$，其中 $t^2 = \eta T$，V_X 和 V_{el} 分别为调制方差和探测器电噪声，它们都以其各自的单位表示。值得注意的是，此处 $2\mu N_0'$ 表示Eve的PIR攻击引入的过噪声，与校准攻击原理中所述的 $2\mu N_0$ 并不冲突，因为该式中存在系数 $k = N_0 / N_0'$。为训练隐马尔可夫模型进行校准攻击识别，首先使用 Box-Muller 算法[191-193]建立未被 Eve 攻击的训练数据 $Y_{train} = \{y_1, y_2, \cdots, y_I\}$，其中，$y_i$ 满足均值为 0、方差为 V_B^u 的高斯分布。然后，用同样的方法产生随机序列 y'，满足均值为 0、方差为 V_B^a 的高斯分布，其中令 k 等于式（6-21）中的左半部分。为测试系统区分受攻击数据和正常数据的能力，再产生另一个均值为 0、方差为 V_B^u 的正常序列 y''，并将 y' 中的数据和 y'' 中的数据以比例 R 相结合，得到测试数据 Y_{test}。在仿真实验中，所有数据的长度都设置为 1×10^6。

2. 评价指标

为综合评价所提出的校准攻击识别方案的性能，此处引入 5 个评价指标：准确率（precision）、查全率（recall）、假阳率（false positive rate，FPR）、假阴率（false negative rate，FNR）和综合指标 F 值（F-value）。这 5 个指标可以根据表 6-1 中的混淆矩阵来计算。对于每一个观测序列 $\{o_t, o_{t+1}, \cdots, o_{t+w-1}\}$，可以将它归类为以下 4 种情况中的一种：①该序列受到 Eve 攻击并被隐马尔可夫模型 λ 成功识别为被攻击序列；②该序列受到 Eve 攻击但未被 λ 识别为被攻击序列；③该序列未受到 Eve 攻击但被 λ 识别为被攻击序列；④该序列未受到 Eve 攻击且未被 λ 识别为被攻击序列。 TP（true positive）、FN（false negative）、FP（false positive）、TN（true negative）分别表示对应以上 4 种情况的序列数目，并且 5 个评价指标定义为

$$
\begin{cases}
\text{Precision} = \dfrac{\text{TP}}{\text{TP} + \text{FP}} \times 100\% \\[2mm]
\text{Recall} = \dfrac{\text{TP}}{\text{TP} + \text{FN}} \times 100\% \\[2mm]
\text{FPR} = \dfrac{\text{FP}}{\text{FP} + \text{TN}} \times 100\% \\[2mm]
\text{FNR} = \dfrac{\text{FN}}{\text{TP} + \text{FN}} \times 100\% \\[2mm]
F\text{-value} = 2 \times \text{Recall} \times \text{Precision} / (\text{Recall} + \text{Precision})
\end{cases}
\tag{6-26}
$$

表 6-1　校准攻击识别的混淆矩阵

	识别到攻击	未识别到攻击
被攻击	真正例（TP）	假负例（FN）
未被攻击	假正例（FP）	真负例（TN）

通常，准确率和查全率是一对相互矛盾的评价指标，高准确率总是对应着较低的查全率，反之亦然。因此，F 值作为综合评价指标来对两者进行权衡。

3. 校准攻击识别效果

在本节方案中，阈值 ρ 是一个直接影响系统性能的重要参数，通常采用两步来确定 ρ 的取值。首先，记录 Forward-Backward 算法中每个输入序列 W_d 对应的输出概率 $P(W_d | \lambda)$，然后选择所有概率中的最小值 $P_{\min}(W_d | \lambda)$，并令 $\rho = P_{\min}(W_d | \lambda)$。在不同条件下，总会存在一个最佳 ρ 值使 F 值最大，并且这个最佳值通常围绕 $P_{\min}(W_d | \lambda)$ 上下波动。在实践中，可以采用网格搜索算法[194-196]来优化 ρ 的取值。

图 6-11（a）所示为当传输距离 $L = 25\text{km}$，攻击比率 $R = 50\%$ 时，5 个评价指标与滑动窗口大小 w 之间的关系。从图 6-11（a）发现，当 $w = 4$ 时，查全率仅为 92.72%，之后随着 w 的增加显著增加；然而准确率在 $w = 4$ 时达到最大值 100%，之后随着 w 的增加在 97% 和 100% 之间波动。过小的滑动窗口会使所选数据不能很好地反映序列特征，从而导致 FN 值较大，查全率较低。但是过大的滑动窗口又会导致 $P(W_d | \lambda)$ 的值减小，

使隐马尔可夫模型容易将正常序列判断为不正常，从而使攻击识别的准确率不稳定。因此，在选择滑动窗口大小时应综合考虑准确率和查全率的影响，选择令 F 值最大的结果。在之后的计算中，都令滑动窗口大小 $w=15$，因为它可以使方案得到最优的 F 值。为了证明系统的鲁棒性，图 6-11（b）所示为当传输距离 $L=25\text{km}$ 时，增加被攻击数据比例 R 的情况下 5 个评价指标的变化趋势。从图 6-11（b）可知，随着 R 的增长，准确率、查全率和 F 值显著增加，FPR 在 2.2% 以下波动且 FNR 在 0.42% 以下波动。当攻击比例为 50% 时，准确率和召回率可以分别达到 98.735% 和 99.92%，并且同样条件下的假阳率和假阴率分别低至 1.28% 和 0.08%。总体而言，对于不同的 R 值，隐马尔可夫模型都可以取得很好的识别效果。图 6-11（c）所示为当传输距离 $L=25\text{km}$，攻击比率 $R=50\%$ 时，5 个评价指标与调制方差 V_a（以散粒噪声为单位）之间的关系。从图 6-11（c）可知，除轻微波动外，V_a 对攻击识别的影响较小。在 $10\sim50$ 所有的 V_a 取值中，准确率、查全率和 F 值都能达到 98% 以上。图 6-11（d）所示为当攻击比率 $R=50\%$ 时，5 个评价指标与传输距离 L 之间的关系。从图 6-11（d）可知，当 $L<30\text{km}$ 时，本节方案可以得到较好的攻击识别效果，而当 $L>30\text{km}$ 时，查全率迅速下降并且大幅波动，F 值也随之显著降低。这是因为在越长的通信距离下，Eve 实现校准攻击时对测量值的影响越小，从而使隐马尔可夫模型的识别能力降低。

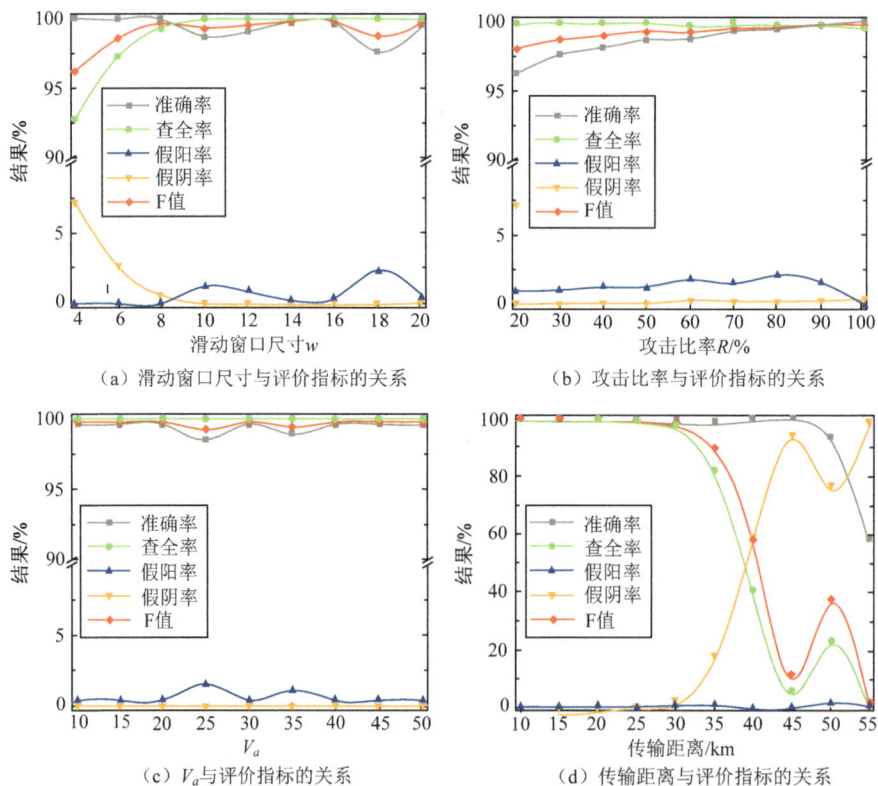

图 6-11　准确率、查全率、假阳率、假阴率及 F 值与系统关键参数之间的关系

为了更直观地显示所提出的攻击识别模型的准确性，图 6-12 所示为 Y_{test} 中 10^6 个测

量值的散点图，其中正常数据和被攻击数据用不同颜色进行标记。图 6-12（a）所示为实际被攻击数据和正常数据的散点图，其中蓝色点表示正常数据，黄色点表示受到 Eve 攻击的数据。图 6-12（b）所示为攻击识别结果的散点图，其中蓝色点表示隐马尔可夫模型识别出来的正常数据，红色点表示隐马尔可夫模型识别出来的受攻击数据。从图 6-12 中可以看到，除极少数误判外，该模型可以准确地识别出几乎所有被攻击的数据。

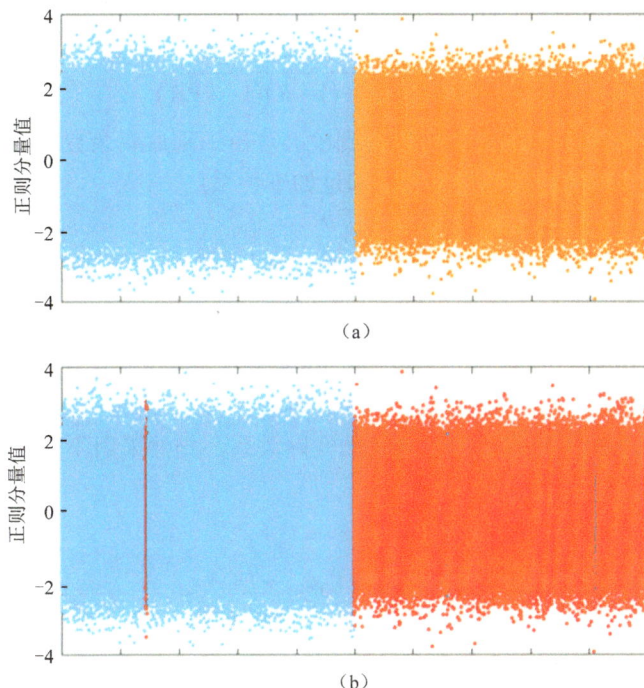

图 6-12　Y_{test} 中 10^6 个测量值的散点图

6.2.3　安全性分析

本节讨论在不同攻击识别效果下方案的安全性，过噪声在安全性分析中占据重要地位，因此首先对系统过噪声进行分析。根据之前的介绍，校准攻击由 PIR 攻击和修改本振光两部分组成。为简便起见，此处认为 PIR 攻击是 $\mu=1$ 情况下的完全截取重发攻击。在本节讨论中，假设一种更通用的情况，即 Eve 的校准攻击只持续一段时间并影响这段时间内的脉冲，这些脉冲占所有 Alice 和 Bob 之间交换脉冲的 R 部分（攻击比例）。虽然在实际情况中 Eve 倾向于攻击一次通信过程中的所有脉冲来获得全部密钥信息，但并不能排除他只攻击部分脉冲的可能性，并且只要令 $R=100\%$ 就能得到 Eve 攻击所有脉冲时的结果。因此，Bob 端测量值的概率分布是两个高斯分布的加权和，对受到校准攻击数据的权重为 R，对未受到攻击数据的权重为 $1-R$[197]，即整体数据的方差为

$$V_B' = (1-R)V_B^u + RV_B^a \qquad (6\text{-}27)$$

并且有

$$V_B^u = t^2 V_X + t^2 \xi + V_{\text{el}} + N_0' \qquad (6\text{-}28)$$

$$V_B^a = \frac{N_0}{N_0'}\left[t^2 V_X + t^2\left(\xi + 2\mu N_0'\right) + N_0'\right] + \epsilon_{el} \qquad (6\text{-}29)$$

将式（6-27）展开，可得

$$V_B' = t^2\varrho V_X t^2 + \left[\varrho\xi + 2RN_0\right] + \varrho N_0' + \epsilon_{el} \qquad (6\text{-}30)$$

其中，$\varrho = 1 - R + RN_0/N_0'$。当 Eve 的攻击比率为 R 时，在经过校准攻击识别模型筛选后，Bob 端剩余数据中被攻击数据的比率应为

$$R_r = \frac{R \times \text{FNR}}{R \times \text{FNR} + (1-R)(1-\text{FPR})} \qquad (6\text{-}31)$$

用 R_r 代替式（6-30）中的 R，可以得到校准攻击识别后剩余数据的方差，并且此时 Alice 和 Bob 之间共享的相关变量 x 和 y 满足如下关系：

$$\begin{cases} \langle x^2 \rangle = V_X, \langle xy \rangle = t\sqrt{\varrho_r}V_X \\ \langle y^2 \rangle = t^2\varrho_r V_X t^2 + \varrho\left[\varrho_r\xi + 2R_r N_0\right] + \varrho_r N_0' + \epsilon_{el} \end{cases} \qquad (6\text{-}32)$$

其中，$\varrho_r = 1 - R_r + R_r N_0/N_0'$。因此，可知系统实际过噪声为

$$\varepsilon^a = \frac{\varrho_r\xi + 2R_r N_0}{\varrho_r N_0'} \qquad (6\text{-}33)$$

但 Alice 和 Bob 并不知道 x 和 y 之间的实际关系，仍然采用不存在攻击时的关系来估计过噪声，即

$$\begin{cases} x^2 = V_X, \approx\sim xy = t_{est}V_X \\ y^2 = t_{est}^2 V_X + t_{est}^2\xi_{est} + N_0' + \epsilon_{el} \end{cases} \qquad (6\text{-}34)$$

结合式（6-31）和式（6-33），可得估计的过噪声为

$$\varepsilon^e = \frac{\xi}{N_0'} + \frac{2R_r N_0}{\varrho_r N_0'} + \frac{1}{t^2} - \frac{1}{\varrho_r t^2} \qquad (6\text{-}35)$$

接下来基于这两种过噪声，进一步讨论在不同攻击识别效果下方案的估计密钥率、实际密钥率，以及不存在攻击时的密钥率情况，其中密钥率的种类包括渐近密钥率和有限长密钥率，涉及的全局参数取值如表 6-2 所示，其中所有方差、噪声都已经归一化为散粒噪声单位。首先考虑渐近密钥率的情况，图 6-13 所示为在 FPR 分别为 1%、20% 和 50% 时，系统的估计密钥率和实际密钥率随传输距离的变化情况，其中 FNR=0.1%，黑色实线表示不存在任何攻击时的密钥率。从图 6-13 可以发现，在不同的 FPR 取值下，估计密钥率和实际密钥率之间的差别非常小，尤其当 FPR=1% 时，这种差异几乎可以忽略不计。这说明在一定的攻击识别效果下，系统的安全性可以得到有效保障。但是随着 FPR 的增加，估计的安全传输距离无明显变化，而实际安全传输距离却略有降低。FPR 增加使剩余数据中未受攻击数据的占比减少，导致过噪声略有升高并且会降低实际系统的传输距离。但是由于校准攻击的影响，估计密钥率仍然维持在正常水平，没有明显变化。图 6-14 所示为 FNR 分别为 0.1%、1% 和 10% 时，系统的估计密钥率和实际密钥率随传输距离的变化情况，其中 FPR=0.1%。从图 6-14 可知，当 FNR 越大时，估计密钥率和实际密钥率之间的差异越显著，尤其是当 FNR=10% 时，实际密钥率和安全距离都远远小于估计结果，这说明 FNR 是校准攻击识别的一项重要指标，要保证系统的安全

性，就要使 FNR 的值尽可能降到最低。只有当 FNR 的值维持在 10^{-3} 及以下级别，才能体现出校准攻击识别方案的意义与价值。从图 6-11 可知，在合适的滑动窗口大小及 30km 以内的传输距离中，隐马尔可夫模型对校准攻击识别的 FNR 都能达到这一条件。此外，当 FNR 增加时，估计的安全传输距离会超过不存在攻击时系统的实际安全距离，校准攻击使 Alice 和 Bob 错误地估计了过噪声。

表 6-2　密钥率分析中涉及的全局参数取值

参数	V_a	V_{el}	ε	η	β	R
值	10	0.01	0.1	0.6	0.95	0.5

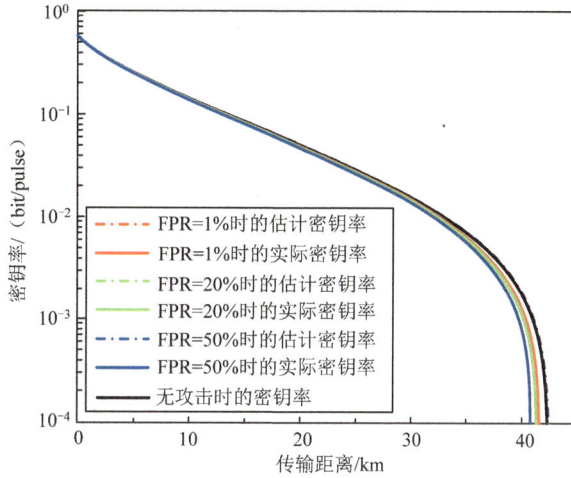

图 6-13　在不同 FPR 值下估计密钥率和实际密钥率随传输距离的变化

注：分别对于实线和虚线，从上到下 FPR 依次为 1、0.01、0.2、0.5。

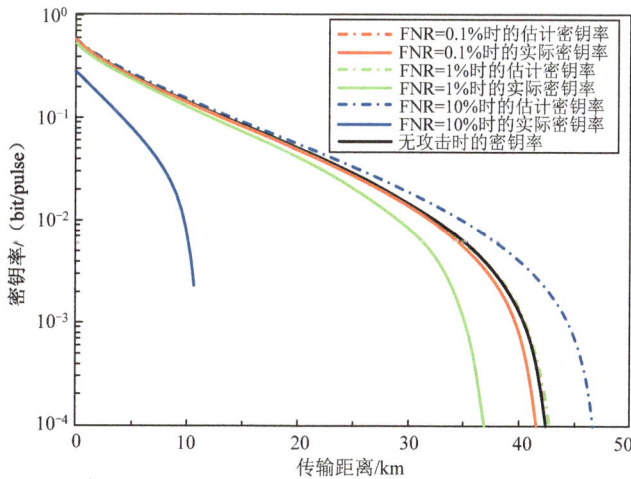

图 6-14　在不同 FNR 值下估计密钥率和实际密钥率随传输距离的变化

注：对于实线从上到下 FNR 依次为 0、0.001、0.01、0.1，对于虚线从上到下 FNR 依次为 0.1、0.01、0.001。

对于有限长密钥率，图 6-15 所示为当有效脉冲数目分别为 $N = 10^8$、10^{10} 和 10^{12} 时，有效长效应下的估计密钥率和实际密钥率随传输距离的变化，其中 FNR 和 FPR 都设置为 0.1%。从图 6-15 中可知，在不同脉冲数目下，估计密钥率和实际密钥率之间的差异非常小，几乎可以忽略不计。但是当脉冲数目 N 太小时，系统的安全传输距离较近。在密钥分发过程中，Alice 和 Bob 之间要交换足够多数目的脉冲，才能使实际的密钥率和传输距离接近渐近情况下的结果。值得注意的是，在本节方案中，虽然 Alice 发送给 Bob 有效脉冲数目 N，但在计算有限长密钥率时，要考虑校准攻击识别过程中丢弃的脉冲及识别准确率的影响，因此实际参与参数估计与后处理过程的有效脉冲数目应为 $N' = N \cdot R \cdot \text{FNR} + N \cdot (1 - R) \cdot (1 - \text{FPR})$。

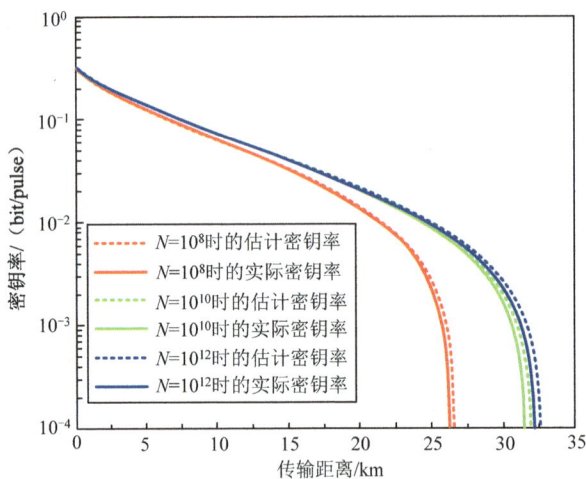

图 6-15 有限长效应下的估计密钥率和实际密钥率随传输距离的变化

注：对于实线和虚线，图例从上到下顺序即为图中从左到右顺序。

6.3 基于人工神经网络的攻击检测与分类方案

6.2 节针对校准攻击提出一种基于隐马尔可夫模型的校准攻击识别方案，通过直接监测 Bob 的测量结果来判断系统是否遭受校准攻击，这是一种针对具体攻击采取特定防御手段的策略。但是现有攻击手段复杂多样，针对具体攻击进行被动防御较易使系统处于不利地位，因为在通信过程中合法通信双方很难提前预知窃听者会采取何种攻击手段。因此，本节提出一种基于人工神经网络的攻击检测与分类方案，通过研究不同类型攻击对脉冲特征的影响，建立脉冲特征向量作为人工神经网络模型的输入，并详细描述该模型对攻击分类的训练和测试过程。数值仿真结果显示，该方案能够有效检测大部分已知攻击类型，为系统的实际安全提供有力保障。通过简单地监测脉冲特征，该方案可以在未知攻击类型的前提下，建立一种能主动防御大部分现有攻击的通用检测模型。

虽然 CVQKD 技术近年来得到了迅速发展，但是实际系统中存在的一些不完美因素，使得理论上的无条件安全性在实践中难以保证，严重阻碍了系统的商业化应用进程。

近年来，针对实际 CVQKD 系统的攻击方案不断被提出，已有的防御手段都是针对具体攻击类型给系统添加不同的实时监测模块，这在很大程度上依赖对过噪声估计的准确性，并且需要精确估计 Eve 成功掩藏自己时对脉冲光学特征干扰的下限[198]。但在实践中合法光脉冲及系统设备本身会存在一些自然波动，Alice 和 Bob 需要进行多次迭代才能得到准确的估计结果。此外，估计过程通常在密钥传输完成后才进行，一旦发现攻击，就可能需要丢弃所有交换的密钥数据，浪费大量的时间和资源。重要的是，在实际系统中无法事先知道 Eve 会发起哪种攻击，因此现阶段急需一种能够抵抗尽可能多攻击类型的防御方案。机器学习是人工智能领域的一项核心技术，近年来被广泛应用于解决工程应用和科学领域的复杂问题。利用机器学习对量子通信系统中的数据进行分析，可以挖掘出数据中的隐藏信息，实现对通信过程中潜在威胁的预测与检测，并且这种方式不需要额外设备，不会对微弱的量子信号产生负面影响。因此，本节利用机器学习中的一个常用模型——人工神经网络模型，实现对攻击的检测与分类。具体而言，通过监测正常脉冲和受攻击脉冲的几个典型特征值，建立一种通用的攻击检测模型。该模型可以识别大多数已知的攻击类型，并且实时监控 Bob 接收的数据，一旦发现异常立即中止传输，这样就不需要等到整个传输过程结束后再判断系统是否受到攻击了。

本章主要考虑针对零差探测高斯调制相干态 CVQKD 系统的 3 种典型攻击手段，包括校准攻击[56]、本振光抖动攻击[169]及饱和攻击[170]；外加两种混合攻击手段，包括波长攻击和校准攻击的组合攻击[58]（下面简称"混合攻击 1"），以及零差探测器致盲攻击[170]（下面简称"混合攻击 2"）。独立的波长攻击只对外差探测 CVQKD 系统有效，因此不做考虑。此外，对于单路 CVQKD 系统，光电隔离器和波长滤波器是抵抗特洛伊木马攻击最有效的方式，因此也不对这种攻击方式进行讨论。

6.3.1　方案描述

1. 光脉冲特征提取

在高斯调制相干态 CVQKD 协议中，Alice 制备一串相干态 $|X_A + iP_A\rangle$，其中相干态的正则分量值 X_A 和 P_A 满足方差为 $V_A N_0$ 的二元高斯分布，N_0 为散粒噪声方差。制备好的相干态与强度为 I_{LO} 的强本振光通过偏振复用发送给 Bob。Bob 以本振光为相位参考，对信号光进行零差探测。在这个过程完成后，Alice 和 Bob 得到两串相互关联的数据 $x = \{x_1, x_2, \cdots, x_N\}$ 和 $y = \{y_1, y_2, \cdots, y_N\}$，其中 x 代表 Alice 调制的正则分量值（X_A 或 P_A），y 代表 Bob 测量的正则分量值（X_B 或 P_B），并且有

$$\begin{cases} \overline{x} = 0, V_x = V_A N_0 \\ \overline{y} = 0, V_y = \eta T V_A N_0 + N_0 + \eta T \xi + V_{el} \end{cases} \tag{6-36}$$

其中，$V_{el} = v_{el} N_0$ 为探测器电噪声；$\xi = \varepsilon N_0$ 为系统技术噪声；T 和 η 分别为信道透射率和零差探测的探测效率。在以上过程中，光脉冲的一些特征会受到不同攻击策略的影响，如本振光强度 I_{LO}，散粒噪声方差 N_0，Bob 测量结果的均值 $\overline{y}$ 和方差 V_y。表 6-3 所示为不同攻击策略对这些特征的影响情况，其中每一种特征下的符号 √ 表示该特征会被相应的攻击所改变。从表 6-3 可知，前 4 种攻击分别影响脉冲的不同特征，虽然最后一种混

合攻击与饱和攻击作用于相同的特征，但对它们的影响程度不同。因此，可以基于这些脉冲特征的变化情况来建立特征向量，以区分不同类型的攻击。

表 6-3 不同攻击策略对脉冲的可观测特征的影响

特征	$\bar{y}$	V_y	I_{LO}	N_0
本振光抖动攻击	—	√	√	√
校准攻击	—	√	—	√
饱和攻击	√	√	—	—
混合攻击 1	—	√	√	—
混合攻击 2	√	√	—	—

注：—表示没有影响，√表示有影响。

图 6-16 所示为用于测量表 6-3 中所示特征的 Bob 端探测装置示意图。在图 6-16 中，AM 表示振幅调制器；PM 表示相位调制器；PBS 表示偏振分束器；PIN 表示光电二极管；P-METER 表示功率计；CLOCK 表示时钟电路，用于产生触发零差探测的时钟信号；DPC 表示数据处理中心，用于实现模拟信号采样、攻击检测，以及原始密钥提取。首先，Bob 用偏振分束器对信号光脉冲和本振光脉冲解复用。信号光路上的振幅调制器用 10% 的概率随机对脉冲设置最大衰减，以测量实时散粒噪声；本振光路上的 10：90 分束器用于分离一小部分本振光脉冲进行功率监测和产生时钟信号，剩余的本振光则和信号光一起进行零差探测。最后，所有的测量结果都输入数据处理中心进行分析，用于判断是否存在攻击。假设在一次通信过程中 Bob 接收到 N 个有效脉冲，所有这些脉冲又可以被分成 M 块。每一块中的脉冲都可以计算其正则分量的均值与方差，本振光平均功率，以及散粒噪声方差。于是，每一个脉冲块都可以用特征向量 $\boldsymbol{u} = \{\bar{y}, V_y, I_{\text{LO}}, N_0\}$ 来表示，代表 M 个脉冲块的 M 个特征向量 $\{\boldsymbol{u}_1, \boldsymbol{u}_2, \cdots, \boldsymbol{u}_M\}$ 就组成了人工神经网络模型的输入数据。在不同类型的攻击下，特征向量的值是不同的，因为不同的攻击会对不同的特征起作用，并以不同的方式来改变特征值。由神经网络的逼近定理可知，神经网络可以在给定区域内无限逼近任意给定的有界连续函数[199]，这说明神经网络能够基于已建立的特征向量对攻击行为进行充分的学习。值得注意的是，尽管每个块的特征值与整个数据的对应特征值之间可能存在统计误差，但神经网络仍可以基于块特征值来区分攻击，因为不同攻击下的统计误差也不同。

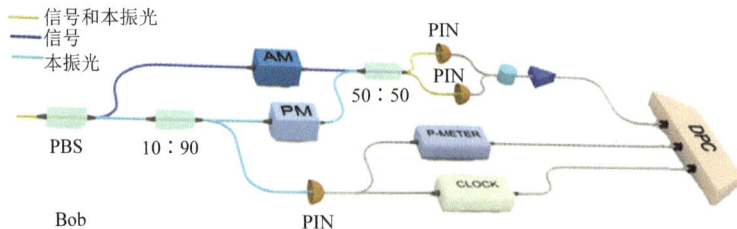

图 6-16 攻击检测与分类方案中 Bob 端探测装置示意图

2. 基于神经网络的攻击分类

人工神经网络是一种基于大脑神经网络结构和功能而建立的机器学习技术[200]，它通过对已知信息的反复迭代学习与训练，调整各层神经元之间的连接权重，达到处理信息、模拟输入/输出之间关系的目的。

如图 6-17 所示，本节构造的人工神经网络模型包含 3 层，分别为输入层、隐藏层和输出层，每一层中又包含若干个神经元，并且每个神经元都接收来自上一层神经元的输入，将它们乘以分配的权重并相加，然后传递给下一层神经元。在图 6-17 中，圆圈代表每一层中的神经元，神经元之间的连线代表当前神经元输出到下一层中的权重，n_e 表示隐藏层中的神经元数目。本节为利用人工神经网络对不同攻击策略进行分类，需要构造一个分类器 $f: u \rightarrow v$，使任意输入向量 u 都可以导出相应的输出向量 v，具体如下。

（1）输入层

人工神经网络的输入层主要用于从外部源接收数据，本节用向量 u 表示输入层的输入数据，并且 u 中的值由表中列出的脉冲特征值组成。也就是说，每一个输入向量中都包含该向量所对应数据块的全部特征信息。

（2）隐藏层

隐藏层用于对输入数据进行处理，将输入数据的特征抽象为另一种更清晰的特征。隐藏层和输入层之间的关系可以表示为

$$v_j^h = \sigma_{\text{TanH}} \left(\sum_i u_i \omega_{ij}^h + b_j^h \right) \tag{6-37}$$

其中，v_j^h 表示隐藏层的第 j 个输出；u_i 表示输入向量 u 中的第 i 个元素；b_j^h 表示隐藏层的第 j 个偏置项；ω_{ij}^h 表示输入层的第 i 个元素和隐藏层的第 j 个元素之间的权重，其值将在训练过程中得到迭代优化；σ_{TanH} 表示激活函数，定义[201-202]为

$$\sigma_{\text{TanH}}(x) = \frac{e^x - e^{-x}}{e^x + e^{-x}} \tag{6-38}$$

（3）输出层

输出层根据网络需要完成的功能输出系统处理结果，本节为实现攻击分类，选择 softmax 函数作为输出层的激活函数。输出向量 v 由 6 个概率值组成，这些概率值表示当前输入向量所代表的数据块属于每种攻击类型的概率。输出层和隐藏层之间的关系可以表示为

$$v_j^o = \sigma_S \left(\sum_i v_i^h \omega_{ij}^o + b_j^o \right) \tag{6-39}$$

其中，σ_S 表示 softmax 函数，定义为

$$\sigma_S(x_i) = \frac{\exp(x_i)}{\sum_{j=1}^{6} \exp(x_j)} \tag{6-40}$$

其中，ω_{ij}^o 表示隐藏层的第 i 个元素和输出层的第 j 个元素之间的权重；b_j^o 表示进入输出层的第 j 个偏置项；v_j^o 表示输出层的第 j 个元素，且有 $\sum_{j=1}^{6} v_j^o = 1$。得到输出向量 v 后，取最大概率值所对应的类型，作为输入向量 u 的所属类别。

人工神经网络的学习过程基于训练集 $Y_{\text{train}} = \{(u_1 v_1), (u_2, v_2), (u_3, v_3), \cdots\}$ 来完成，训练

集的构造将在 6.3.2 节进行介绍。在学习过程中，可以利用反向传播（back-propagation，BP）算法来快速求解目标函数对网络内部权值的偏导数[203]，并采用随机梯度下降（stochastic gradient descent，SGD）优化算法对权重进行相应调整[204]。最后，当目标类为 j 时，通过最小化目标函数 $-\log v_j^o$ 得到与目标输出相匹配的神经网络模型。

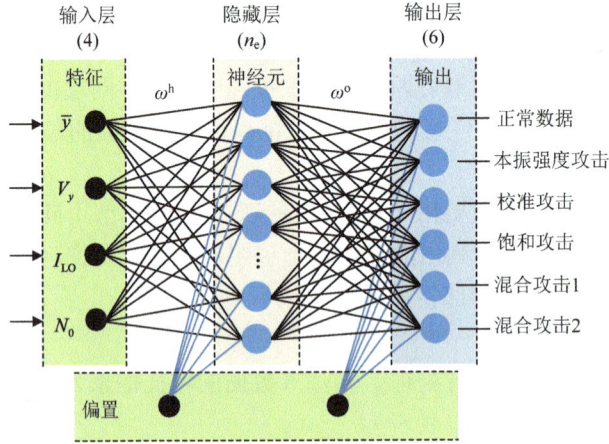

图 6-17　攻击检测与分类方案中的人工神经网络模型

6.3.2　方案性能分析

1. 训练与测试数据

为研究人工神经网络模型对于攻击分类的性能，本节基于 Alice 和 Bob 的实际系统设备，以及 Eve 的实际攻击能力进行合理假设，建立有效数据集。首先，将前述内容中提到的固定参数分别设置为 $V_A=10, \eta=0.6, \xi=0.1N_0, V_{el}=0.01N_0, T=10^{-\alpha L/10}$，其中传输距离 L 为 30km，光纤损耗系数为 $\alpha=0.2$dB/km。Bob 端信号光的衰减值分别为 $r_1=1$（无衰减）和 $r_2=0.001$（最大衰减）。所有这些值都是根据 CVQKD 的实现标准和实际技术能力来设定的[56,205]。在无攻击的正常情况下，Bob 测量结果的均值和方差分别为

$$\bar{y}=0, V_i=r_i\eta T(V_A N_0+\xi)+N_0+V_{el} \tag{6-41}$$

其中，$V_i=\{V_1, V_2\}$，分别对应 $r_i=\{r_1, r_2\}$ 的情况。Bob 端的本振光功率 I_{LO} 设置为 10^7 个光子每脉冲，并伴随 1% 的随机涨落[75,198]。根据散粒噪声方差与本振光强度之间校准的线性关系[56]，将无攻击情况下的散粒噪声方差 N_0 设置为 0.4。

下面简要总结一下本振光抖动攻击、校准攻击、饱和攻击及两种混合攻击的原理。

（1）本振光抖动攻击

在本振光抖动攻击中，Eve 首先用高斯集体攻击来攻击信号光脉冲[33-34]，然后用衰减系数为 $k(0<k<1)$ 的强度衰减器来衰减本振光脉冲。通过这种方式，Eve 可以任意控制 Alice 和 Bob 估计的过噪声 ε，隐藏自己的攻击。为计算简便，此处假设 Eve 对每个本振光脉冲的可变衰减系数 k 是相同的。在本振光抖动攻击下，Bob 端测量结果的方差为

$$V_i^{\text{LOIA}} = k\left[r_i \eta T \left(V_A N_0 + \xi + \xi_{\text{gau}} \right) + N_0 \right] + V_{\text{el}} \tag{6-42}$$

其中，

$$\xi_{\text{gau}} = \frac{(1 - \eta T)(N - 1)}{\eta T} N_0 \tag{6-43}$$

式（6-43）表示由 Eve 的高斯集体攻击引入的过噪声，$N = (1 - k\eta T) / k(1 - \eta T)$ 表示 Eve 制备的 EPR 态的方差。相应地，散粒噪声方差 N_0^{LOIA} 也发生了改变，并且有 $N_0^{\text{LOIA}} = kN_0$。

（2）校准攻击

在校准攻击中，Eve 首先用 PIR 攻击以比例 μ 截取一部分信号光，然后在本振光路中引入一个相位无关衰减器对本振光的一部分波形进行衰减，达到控制散粒噪声的目的。在校准攻击下，Alice 和 Bob 估计的系统过噪声为

$$\frac{\xi_{\text{calib}}}{N_0} = \frac{N_0^{\text{calib}}}{N_0} \left[\frac{\xi_{\text{PIR}}}{N_0^{\text{calib}}} + \frac{1}{\eta T} \left(1 - \frac{N_0}{N_0^{\text{calib}}} \right) \right] \tag{6-44}$$

其中，$\xi_{\text{PIR}} = \xi + 2\mu N_0$ 表示由 Eve 的 PIR 攻击引入的过噪声；N_0^{calib} 表示校准攻击后系统的散粒噪声；N_0 表示校准攻击前系统的散粒噪声。为使 Alice 和 Bob 估计的过噪声等于零，比值 $\dfrac{N_0}{N_0^{\text{calib}}}$ 必须满足

$$\frac{N_0}{N_0^{\text{calib}}} = 1 + 2.1\eta T \tag{6-45}$$

其中，$\mu = 1$；$\xi / N_0^{\text{calib}} = 0.1$。式（6-44）说明在校准攻击下系统的原始散粒噪声 N_0 以比例 $\delta = 1 / (1 + 2.1\eta T)$ 减小到 N_0^{calib}，因此，Bob 端测量结果的方差为

$$V_i^{\text{calib}} = r_i \eta T \left(V_A N_0^{\text{calib}} + \varepsilon N_0^{\text{calib}} + 2N_0^{\text{calib}} \right) + N_0^{\text{calib}} + v_{\text{el}} N_0^{\text{calib}} \tag{6-46}$$

（3）饱和攻击

在饱和攻击中，Eve 利用零差探测响应的有限线性区域发起攻击。为使 Bob 的探测器达到饱和，Eve 截取 Alice 发送的所有脉冲并进行外差探测，根据测量结果制备新的相干态，然后随机选择一部分脉冲给它们的正则分量加载一个值为 Δ 的位移。在饱和攻击下，Bob 端测量结果的均值和方差分别为

$$\overline{y}^{\text{sat}} = r_i(\alpha + C)V_i^{\text{sat}} = V_i'\left(\frac{1 + A}{2} - \frac{B^2}{2\pi} \right) - (\alpha - \Delta)\sqrt{\frac{V_i'}{2\pi}}AB + \frac{(\alpha - \Delta)^2}{4}\left(1 - A^2 \right) \tag{6-47}$$

其中，

$$V_i' = r_i \eta T \left(V_A N_0 + \xi + 2N_0 \right) + N_0 + V_{\text{el}}$$

$$A = \text{erf}\left(\frac{\alpha - \Delta}{\sqrt{2V_i'}} \right)$$

$$B = \text{e}^{-(\alpha - \Delta)^2 / 2V_i'}$$

$$C = -\left[\sqrt{\frac{V_i'}{2\pi}}B + \frac{\alpha - \Delta}{2} + \frac{\alpha - \Delta}{2}A \right] \tag{6-48}$$

其中，α 是零差探测器线性响应区域的边界；函数 $\text{erf}(x)$ 表示误差函数。

（4）混合攻击 1

在混合攻击 1 中，考虑文献[58]中所述策略 A 的情况，其攻击过程由两部分组成。第一部分类似于本振光抖动攻击，Eve 通过截取重发攻击获取 Alice 发送的密钥信息，并制备新的信号光脉冲和本振光脉冲，其中信号光脉冲的振幅为 $\sqrt{\lambda T}\left(X_E + \mathrm{i}P_E\right)/2$，本振光脉冲的振幅为 $\alpha_{\mathrm{LO}}/\sqrt{\lambda}$，其中 X_E 和 P_E 表示 Eve 测量得到的正则分量值，α_{LO} 表示攻击前原始本振光振幅，λ 为实数。在第二部分攻击中，Eve 制备并重新发送两个额外的相干脉冲，脉冲的波长不等于典型的光纤通信波长 1550nm，这一步的目的是改变 Bob 对散粒噪声的实时测量结果，使它看起来为正常值。在这种攻击下，Bob 端测量结果的方差为

$$V_i^{\mathrm{hyb}_1} = r_i \eta T\left(V_A N_0 + 2N_0 + \xi\right) + \frac{N_0}{\lambda} + V_{\mathrm{el}} + \left(1 - r_i\right)^2 D^2 + \left(35.81 + 35.47 r_i^2\right)D \tag{6-49}$$

其中，D 的值取决于两个额外脉冲的强度 I^{s}、I^{Lo} 和波长 λ^{s}、λ^{Lo}。Alice 和 Bob 估计的散粒噪声方差和过噪声分别为

$$N_0^{\mathrm{hyb}_1} = \frac{N_0}{\lambda} + \left(1 - r_1 r_2\right)D^2 + \left(35.81 - 35.47 r_1 r_2\right)D \tag{6-50}$$

$$\frac{\xi^{\mathrm{hyb}_1}}{N_0^{\mathrm{hyb}_1}} = \frac{\left(2 + \xi\right)N_0 + \left(r_1 + r_2 - 2\right)D^2}{\eta T} + 35.47\left(r_1 + r_2\right)D \tag{6-51}$$

（5）混合攻击 2

在混合攻击 2 中，Eve 执行完全截取重发攻击，并在重新制备的信号光脉冲中插入额外脉冲。其中，额外脉冲的脉冲宽度和重复率与 Alice 发送的信号脉冲相同，但它们的波长与信号脉冲稍有不同，从而使 Bob 的零差探测器达到饱和，因为额外脉冲会在 Bob 的测量结果中引入一个不可忽略的偏移量，即

$$D_{\mathrm{ext}} = \sqrt{\eta / I_{\mathrm{LO}}}\left(1 - 2T_{\mathrm{ext}}\right)I_{\mathrm{ext}} \tag{6-52}$$

其中，T_{ext} 为 Bob 零差探测器对额外脉冲的整体透射率，它的值与脉冲波长有关；I_{ext} 为额外脉冲的平均光子数；D_{ext} 标准化为 $\sqrt{N_0}$ 的倍数。在这种攻击下，系统的过噪声应定义为

$$\xi_{\mathrm{hyb}_2} = \xi + \xi_{\mathrm{IR}} + \xi_{\mathrm{ext}} \tag{6-53}$$

其中，$\xi_{\mathrm{IR}} = 2N_0$，为 Eve 截取重发攻击引入的过噪声；ξ_{ext} 为 Eve 插入额外光脉冲引入的过噪声，其值与 I_{ext} 有关。

接下来，定义不同攻击类型所涉及参数的取值。对于本振光抖动攻击，将本振光强度波动率 $1 - k$ 设置为 0.05，因为在传输距离为 30km 的情况下，Eve 能够以 0.05 的强度波动率获得全部密钥信息[55]。对于校准攻击，δ 值根据具体的探测效率和透射比计算得到，公式为 $\delta = 1/(1 + 2.1\eta T)$。对于饱和攻击，$\alpha$ 的值设置为 $20\sqrt{N_0}$，Δ 的值设置为 $19.5\sqrt{N_0}$，因为要获得良好的攻击效果，必须令 Δ 的值接近 α[170]。对于混合攻击 1，D 和 λ 的值基于式（6-50）和式（6-51）来确定，使 $N_0^{\mathrm{hyb}_1} = N_0$，并且有 $\xi^{\mathrm{hyb}_1}/N_0^{\mathrm{hyb}_1}$ 无限接近于 0；对于混合攻击 2，T_{ext} 的值设置为 0.49，I_{ext} 则需要根据具体的参数计算得到，从而保证估计的过噪声小于零密钥率过噪声阈值。

最后，为了更清晰地展示数据制备过程，表 6-4 给出了数据集制备时用到的参数。

每种类型数据集的大小都为 $1 \times N$ ，在每个数据集中，90% 的值基于 $r_i = r_1$ 产生，剩余 10% 的值基于 $r_i = r_2$ 产生。例如，产生两组未受攻击的正常数据，第一组为 $y_1 = \{y_1, y_2, \cdots, y_{N-0.1N}\}$ ，服从均值为 0、方差为 $V_1 = r_1 \eta T(V_A N_0 + \xi) + N_0 + V_{el}$ 的高斯分布；第二组为 $y_1 = \{y_1, y_2, \cdots, y_{0.1N}\}$ ，服从均值为 0、方差为 $V_2 = r_2 \eta T(V_A N_0 + \xi) + N_0 + V_{el}$ 的高斯分布。将两组数据均匀混合，得到 $y_{normal} = \{y_1, y_2, \cdots, y_N\}$ ，这意味着 y_{normal} 中有 10% 的数据用于估计散粒噪声方差。为了建立脉冲特征向量， y_{normal} 中的数据被分成 M 块，即 $\{b_1, b_2, \cdots, b_M\}$ 。对于每一块 b_m ，其中来自 y_1 的值用于计算该块的均值 $\overline{y_m}$ 和方差 V_y^m ，来自 y_2 的值用于估计该块对应的散粒噪声方差 N_0^m 。在所有数据集中， y_{hyb_2} 的产生方式与其他数据集略有不同。对于 y_{hyb_2} ，首先基于 V_1 和 V_2 产生两组正常数据 y_1 和 y_2 ，然后将两组数据中的每一个 y_i 都改为 $y_i' = y_i + D_{ext}\sqrt{N_0}$ ，并执行如下计算公式：

$$\begin{cases} y_i' = \alpha, & y_i' \geq \alpha \\ y_i' = y_i', & y_i' < \alpha \end{cases} \tag{6-54}$$

最后，将两组数据均匀混合，得到 y_{hyb_2} 。

表 6-4　数据集制备时用到的参数

数据集	参数
y_{normal}	$\overline{y}, V_i, I_{LO}$
y_{LOIA}	$\overline{y}, V_i^{LOIA}, kI_{LO}$
y_{calib}	$\overline{y}, V_i^{calib}, I_{LO}$
y_{sat}	$\overline{y}^{sat}, V_i^{sat}, I_{LO}$
y_{hyb_1}	$\overline{y}, V_i^{hyb_1}, I_{LO}/\lambda$
y_{hyb_2}	$\overline{y}, V_i, \xi_{ext}, L_{ext}, \alpha, I_{LO}$

人工神经网络模型的训练与测试过程如图 6-18 所示，首先生成 6 组数据作为训练

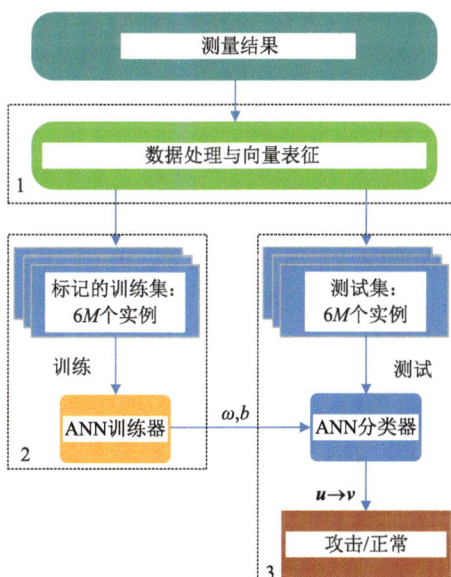

图 6-18　人工神经网络模型的训练与测试过程

数据，即 $Y_{\text{train}} = \{y_{\text{normal}}, y_{\text{LOIA}}, y_{\text{calib}}, y_{\text{sat}}, y_{\text{hyb}_1}, y_{\text{hyb}_2}\}$，并通过分割和特征向量提取对它们进行预处理；随后，将收集到的特征向量按数据集类别进行标记，输入人工神经网络训练器中，以学习不同攻击策略的特征；接着，再生成另外 6 组数据作为测试数据，即 $Y_{\text{test}} = \{y'_{\text{normal}}, y'_{\text{LOIA}}, y'_{\text{calib}}, y'_{\text{sat}}, y'_{\text{hyb}_1}, y'_{\text{hyb}_2}\}$，并以同样的方式对它们进行预处理，将这些不带标签的特征向量直接输入训练好的人工神经网络分类器中，以验证攻击分类的性能。

2. 评价指标

在数值模拟实验中，使用准确率、查全率、假阳率和假阴率这 4 个评价指标来衡量模型的性能，其具体计算方法如式（6-26）所示。本节中用于计算 4 个评价指标的参数 TP、FP、FN、TN，其中，TP 表示属于某一类攻击且被正确识别为此类攻击的特征向量数目；FP 表示不属于某一类攻击却被识别为此类攻击的特征向量数目；FN 表示属于某一类攻击却未被识别为该类攻击的特征向量数目；TN 表示不属于某一类攻击且未被识别为该攻击的特征向量数目。通常，一个训练良好的人工神经网络分类器可以实现较高的准确率和查全率，以及较低的假阳率和假阴率。在测试过程中，采用 "one vs others" 方法来评估分类器的性能，如在计算人工神经网络模型对本振光抖动攻击的识别准确度时，可以将表示该类攻击的特征向量视为正实例，而将其他 5 种类型的向量视为负实例，从而将多分类问题简化为二分类问题。

3. 攻击分类效果

本节的数值模拟实验在内存为 16GB，处理器为 Intel Core 4.0GHz，操作系统为 Windows 10 专业版的计算机上完成。在实验中，人工神经网络的学习率和目标误差设置为 0.01，最大迭代次数为 500。每种类型的数据集大小为 $N = 10^7$，每个块中的脉冲数 $Q = 10^4$，因此，每种类型的数据集可分为 $M = 1000$ 个特征向量，6 种类型的数据集构成 6000 个特征向量。值得注意的是，过小的 M 值会使人工神经网络模型无法很好地学习每种攻击类型的特征，而过大的 M 值会使输入特征向量中存在较大的统计误差，从而影响模型的学习效果。在实际实现中，M 的值可以通过网格搜索算法进行优化，这是目前应用较为广泛的一种超参数优化方法[206]。

为验证人工神经网络模型在攻击检测与分类方面的性能，首先引入主成分分析（principal component analysis，PCA）[207]方法，将测试集中 6 种数据集的 6000 个特征向量映射到一个二维空间，如图 6-19（a）所示。从图中发现，校准攻击、饱和攻击和混合攻击 2 的特征向量与无攻击情况下的特征向量有很大差异，而本振光抖动攻击和混合攻击 1 的特征向量与无攻击情况下的特征向量非常接近，并且难以通过简单的统计分析加以区分。图 6-19（b）所示为人工神经网络分类后输出向量的映射情况，可以看到不同类型的数据被明显分开。为确定隐藏层中神经元的最佳数目 n_e，图 6-20 中分别计算了模型在不同 n_e 取值时，对 5 种攻击策略进行分类的准确率、查全率、假阳率和假阴率。为了防止过拟合和欠拟合，取 20 次重复实验的平均值作为最终结果。从图 6-20 可知，当 $n_e = 15$ 时，校准攻击、饱和攻击、混合攻击 1 和混合攻击 2 的准确率和查全率达到最大值 1；而对于相同条件下的本振光抖动攻击，其准确率和查全率为所有攻击类型中最低的，分别为 0.9969 和 0.9961。

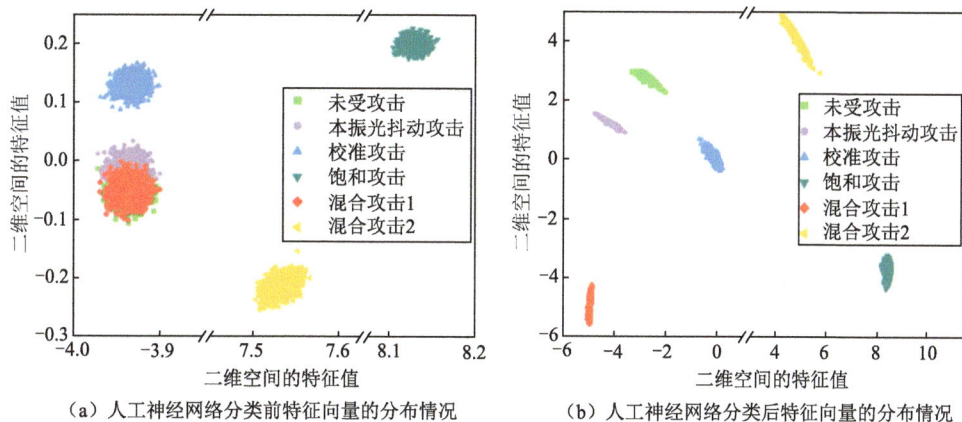

（a）人工神经网络分类前特征向量的分布情况　　　（b）人工神经网络分类后特征向量的分布情况

图 6-19　特征向量的分布

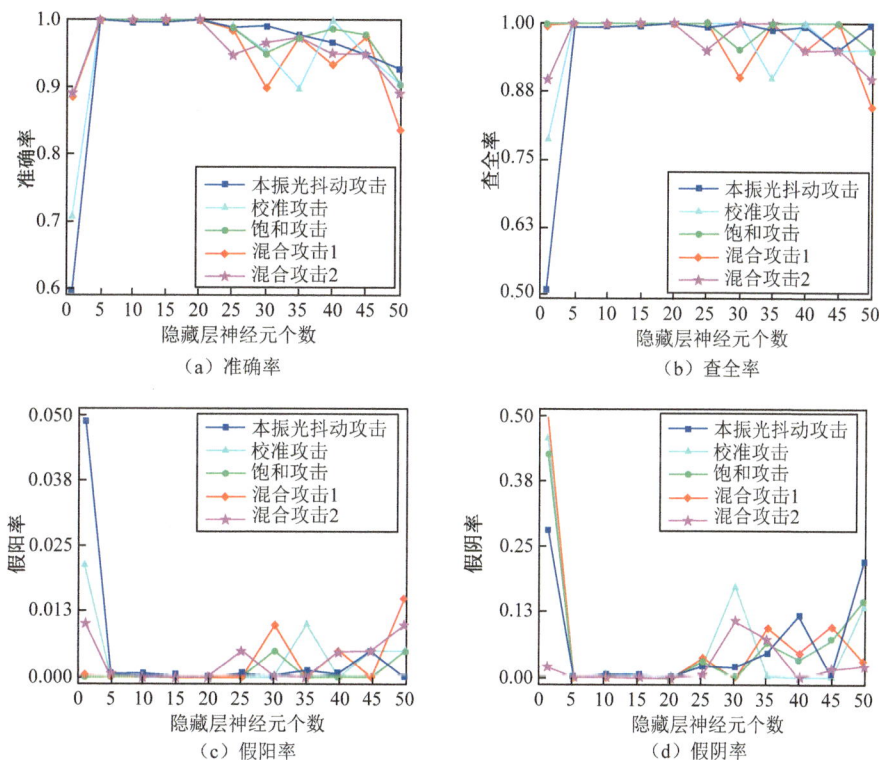

（a）准确率　　　　　　　　　　　　　（b）查全率

（c）假阳率　　　　　　　　　　　　　（d）假阴率

图 6-20　人工神经网络模型分类的准确率、查全率、假阳率和假阴率随不同 n_e 取值的变化

　　与其他攻击类型相比，本振光抖动攻击的特征向量最接近正常无攻击情况下的特征向量。同样地，当 $n_e = 15$ 时，校准攻击、饱和攻击、混合攻击 1 和混合攻击 2 的 FPR 和 FNR 达到最小值 0，但相同情况下本振光抖动攻击的 FPR 和 FNR 分别为 3.9×10^{-3} 和 6.2×10^{-4}；当 n_e 的值为 5~20 时，人工神经网络模型的分类性能相对稳定；而当 $n_e = 1$ 时，模型对所有攻击分类的准确率和查全率都很低，这是因为隐藏层神经元数目太少，模型

不具备足够的学习能力；当 $n_e > 20$ 时，准确率、查全率、FPR 和 FNR 的值会大幅波动，这是因为隐藏层中神经元数目过多会极大地增加人工神经网络模型的复杂度，从而使神经元失去对输入信号的敏感性，严重阻碍信息的传播。在这种情况下，网络很容易陷入局部极小值点，并且在合理的迭代次数内无法收敛到全局最小值[208]。

6.3.3 安全性分析

本节比较使用人工神经网络攻击检测模型和不使用任何攻击防御对策两种情况下系统的密钥率，包括使用最广泛的渐近密钥率、有限长效应下的密钥率，以及具有最紧下界的可组合密钥率。值得注意的是，在基于人工神经网络的方案中，信号光支路会增加振幅调制器对 10% 的脉冲进行随机衰减，因此在计算密钥率时需要考虑振幅调制器的插入损耗（insertion loss，IL），即 Bob 端零差探测的探测效率应由 η 改为 $\eta' = \eta 10^{-IL/10}$。在本节所有的仿真实验中，Bob 端振幅调制器的插入损耗都取典型值 2.7dB。此外，被衰减的那部分脉冲用于测量实时散粒噪声，不参与密钥生成，因此在计算有限长密钥率时，脉冲总数应改为 $N' = 0.9N$。

图 6-21 所示为使用人工神经网络攻击检测模型和不使用任何攻击防御对策的 CVQKD 系统在集体攻击下的渐近密钥率与有限长密钥率。在图 6-21 中，实线对应不采取任何攻击防御对策时的密钥率情况，虚线对应采用人工神经网络攻击检测模型时的密钥率情况，子图表示将传输距离限定为 35～43 的放大图。从左至右不同颜色的曲线依次表示交换的脉冲数目为 $N = 10^8$、10^{10}、10^{12}、10^{14}，以及 N 等于无限大的渐近情况。从图 6-21 发现，与未采取攻击防御对策的系统相比，基于人工神经网络方案的密钥率和传输距离都略有减小，这是 Bob 端振幅调制器的衰减和插入损耗造成的。当交换的脉冲数目 N 减少时，两种方案的最大传输距离都显著降低，脉冲数目减少使 Alice 和 Bob 对信道参数估计的不准确性增加，从而影响传输距离。

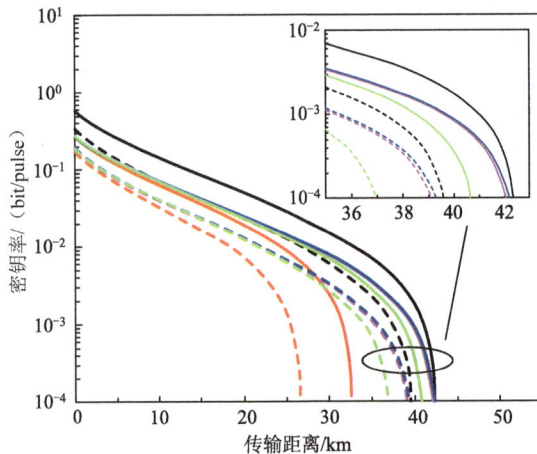

图 6-21　渐近密钥率与有限长密钥率随传输距离的变化趋势

注：图中分别对于虚线和实线从左到右依次为代码块长度为 10^8、10^{10}、10^{12}、10^{14}、渐进。

图 6-22 所示为使用人工神经网络攻击检测模型和不使用任何攻击防御对策的系统

在集体攻击下的组合安全性。在图 6-22 中，从左到右的实线分别对应于传输距离为 10km、20km 和 30km 时，使用和不使用攻击检测模型的组合密钥率，与实线颜色相同的虚线是同样条件下对应的渐近密钥率。可以看到，组合密钥率结果比在有限长效应和渐近情况下得到的结果更低，但是随着交换脉冲数目的增加，组合密钥率会逐渐接近渐近密钥率。虽然在 3 种情况下，基于人工神经网络方案的密钥率都略低于不采取攻击防御策略的方案，但是通过牺牲一小部分密钥来增强系统的整体攻击防御能力是非常有必要的。另外，在不进行攻击防御时，虽然估计的密钥率很高，但它并不能反映系统的真实密钥率情况，攻击者会通过修改散粒噪声或本振光强度等参数，来干预合法通信双方的密钥率估计过程，使其得到一个并不真实的估计结果。

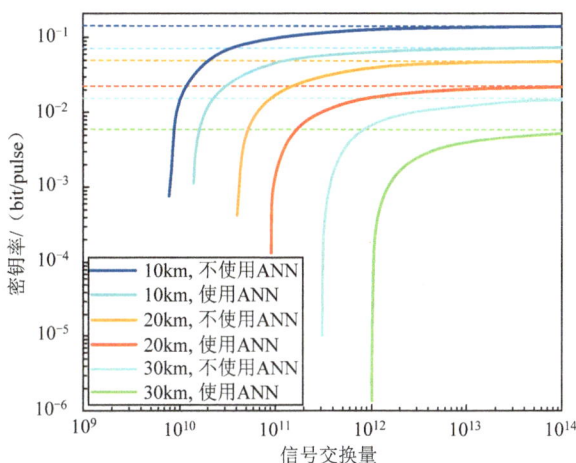

图 6-22　组合密钥率随传输距离的变化趋势

注：图例顺序从上到下即为图中从上到下顺序。

第7章　连续变量量子秘密共享方案

量子秘密共享是量子保密通信3种重要方式之一,它允许多个远程用户与一个可信终端共享一串密钥,并且如果没有指定数量的远程用户共同合作,那么密钥无法被破解,从而保证共享信息的安全性。本节对连续变量 QSS 进行了研究,并提出了两个 CVQKD 方案。

7.1　研　究　背　景

标准的 CVQKD 协议可以基于量子物理定律在不安全的信道上建立无条件安全密钥,但是大多数 CVQKD 方案是围绕两个通信方设计的,在实际情况中,其安全局势比理论上复杂得多,有可能涉及多个通信方,其中一个可信终端 (dealer) 与 N 个远程用户共享 N 个单独的密钥。显然,在这种情况下,两方的 CVQKD 方案显得“心有余而力不足”。Shamir[209]和 Blakely 在 1979 年提出了 (k,n) 门限密钥共享方案,它的主要思想是把一个密钥分给 n 个远程用户掌管。这些远程用户中,只有 k 或 k 个以上的远程用户合作才能重构这个密钥,该方案具有非常重要的实际应用价值。随着量子信息技术的发展,借助于门限秘密共享的思想,1999 年,Hillery 等[210]将秘密共享方案引入量子密码领域,提出了第一个 QSS 协议。随后,越来越多的研究者开始了量子秘密共享协议的研究[209-216]。为了简化 QSS 的实现,有学者提出了单量子位序列的 QSS 方案并进行了实验验证[217-219],虽然这些方案可以减少 QSS 的实施困难,但是在安全性上还存在着较大争议[220-221],尤其是系统的设计易受到特洛伊木马攻击,窃听者可以利用目标方的偏振旋转装置发送多光子信号,从而通过测量输出信号获得明确的相应偏振旋转。2019年,有研究人员针对传统的激光源和零差探测器提出了一种 CVQSS 方案[222]。与单量子位序列 QSS 不同的是,该协议中每个参与者都在本地准备一个高斯调制的相干态,并利用分束器将其注入到循环光模式中,从而有效地抵御特洛伊木马攻击。受上述研究的启发,本书提出了两种连续变量量子秘密共享方案,进一步提高 QSS 的传输距离和实用性。需要注意的是,本节只讨论的 (n,n) 门限密钥共享方案,它需要所有的用户合作来解码秘密信息。

7.2　基于热态的被动量子秘密共享方案

一般情况下,CVQSS 方案采用高斯调制,然而在实际的高斯调制方案中,由于调制形式相对复杂,并且调制误差可容忍较小,需要具有良好稳定性的高消光比调制器,但是会导致系统的调制成本较高,尤其是当远程用户数量较大时,调制成本也会显著增加。除此之外,随着传输速率的增长,在 QSS 中,如何以相应的速度实现精确的量子态制备对如今的主动调制技术而言是个巨大的挑战。最近，有学者在点对点的两方 CVQKD 协议[223]和测量设备无关 CVQKD 协议[224]中提出了一种被动地制备量子态的方案。实践证明，使用该方案可以显著简化 CVQKD 的实现，从而使其更加实用。因此，在 QSS 框架下验证被动态制备方案的可行性具有重要意义。本节提出了一种基于热源的被动的 CVQSS 协议，该方案的主要思想如下：不再使用高斯调制从相干态中制备热态，每个用户只是简单地使用一个热源，然后在本地将热源的输出分成两种空间模式，使每个用户可以测量一个相关的热源，并利用分束器将其他热源注入循环光模式，从而有效防范特洛伊木马攻击。与基于高斯调制相干态的 QSS 协议相比，被动的 CVQSS 协议放弃了高消光比调制器的必要性，从而在 QSS 框架中更方便地实现。通过提高热源的亮度，选择合适的分束比，可以在该协议中容忍更多的玩家，并获得更好的性能。在安全分析中，本节展示了该协议对窃听者和不诚实玩家的无条件安全性。此外，本节还考虑了有限尺寸效应，它可以实现更严格的 QSS 距离约束，这比在渐进极限中实现的约束更实用。

7.2.1　方案描述

本节提出了一个被动的 CVQSS 协议，其中量子态是通过使用热源被动地制备的。如图 7-1 所示。N 个用户通过一个单一的通信光纤与秘密分发者 dealer 进行联系，热源的平均输出光子数（average output photon number，AOPN）表示为 n_0，每个用户的光衰减器把 $S_i(I=1,2,\cdots,N)$ 的 AOPN 衰减为 $V_i/2$，其中 V_i 表示每个用户 M_i 选择的调制方差。注意，一个高度不对称分束器（highly asymmetric beam splitter，HABS）（透射率 $T_h \cong 1$）位于除 M_i 之外的每个用户端外，双零差探测器用于测量各用户的 R_i 模式，其探测效率 μ_i 为 0.5，并且其电子噪声 v_{el} 为 0.1。

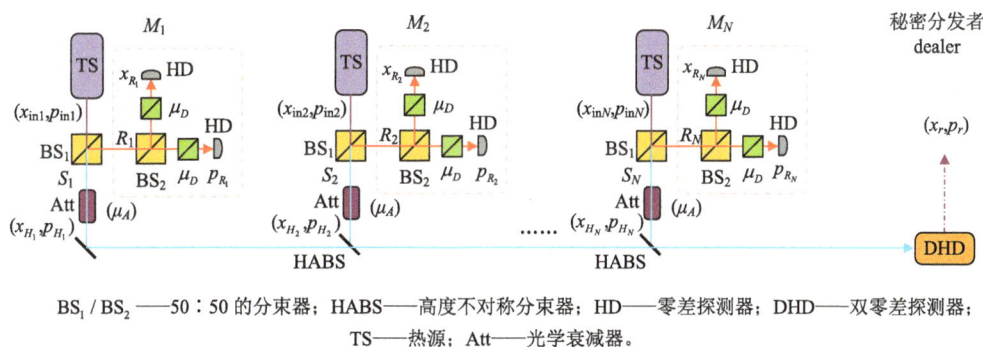

BS$_1$/BS$_2$——50∶50 的分束器；HABS——高度不对称分束器；HD——零差探测器；DHD——双零差探测器；TS——热源；Att——光学衰减器。

图 7-1　被动的 CVQSS 协议

注：在每个用户端中，一个透射率为 μ_D 的分束器用来模拟零差探测器的探测效率。

接下来，详细介绍基于热态的量子秘密共享方案。

步骤 1：对于每个量子传输，第一个用户 M_1 通过一个平衡分束器将一个热源的输出分成两种空间模式（S_1 和 R_1），然后 M_1 利用光衰减器将 S_1 的 AOPN 衰减到 $V_1/2$ 后将其传输给相邻用户 M_2。

步骤 2： M_1 同时测量模式的 X 和 P 的正交值 R_1，然后得到 $\{x_{R_1}, p_{R_1}\}$ 的测量结果。

根据测量结果 $\{x_{R_1}, p_{R_1}\}$，M_1 估计传输模式的正交值为 $x_{M_1} = \sqrt{\dfrac{2\mu_A}{\mu_D}}$ 和 $p_{M_1} = \sqrt{\dfrac{2\mu_A}{\mu_D}} p_{R_1}$，其中 μ_A 表示光衰减器的透射率，μ_D 表示 M_1 探测器的效率。最后，M_1 得到原始数据 $\{x_{M_1}, p_{M_1}\}$。与此同时，M_2 也分割相同的热源，并在 HABS 的第二个输入端口中，将输出模式 S_2 耦合到与 M_1 信号相同的时空模式上。另一模态 R_1 在本地测量，以估计传输模态 S_2 的正交值。所有其他用户都执行类似的操作。

步骤 3：通过利用 HABS，每一个用户都将输出模式注入与 M_1 信号相同的时空模式中。

步骤 4：在接收到量子态后，dealer 使用双零差探测器测量它的 X 和 P 分量并得到测量结果 $\{x_r, p_r\}$，将测量结果作为原始数据保存。

步骤 5：多次重复上述步骤以生成足够的原始数据。至此，被动的 CVQSS 协议的量子阶段已经完成。

步骤 6：dealer 随机选择一个原始数据子集，并要求所有用户公布相应的估计正交值 $\{x_{M_i}, p_{M_i}\}(i = 1, 2, \cdots, N)$。根据对应的测量结果，可以推导出信道的透射率。随后，所有用户都将放弃披露的数据。

步骤 7：dealer 假设 M_1 是诚实的，其他所有玩家都是不诚实的（如果所有玩家都不诚实，QSS 就没有意义）。

步骤 8：dealer 随机选择原始数据的子集，并要求所有不诚实的玩家公开他们相应的原始数据。

步骤 9：dealer 利用公式 $x_D = x_r - \sum\limits_{i=2}^{N} \sqrt{T_i} x_i$ $p_D = p_r - \sum\limits_{i=2}^{N} \sqrt{T_i} p_i$ 重新计算测量结果，并将步骤 8 所述的子集替换成新的测量结果。然后，dealer 和 M_1 可以根据结果 $\{x_D, p_D\}$ 使用 GMCS QKD 的标准后处理程序[112]估计出两方 QKD 密钥率 K_1 的下界。所有用户都丢弃掉公开的数据。

步骤 10：重复步骤 7~9 共 N 次。在每次运行中，选择不同的用户作为诚实的用户。最后，dealer 拥有 N 个密钥率 $\{K_1, K_2, \cdots, K_N\}$。

步骤 11：被动的 CVQSS 协议的最终安全密钥率 K 由 dealer 根据 $\{K_1, K_2, \cdots, K_N\}$ 确定，即 $K = \min\{K_1, K_2, \cdots, K_N\}$。之后，可以利用 GMCS-QKD 协议中的反向协商方案，从未公开的数据生成最终密钥。N 个用户与 dealer 合作，利用用户的原始数据和 dealer 公布的经典信息来恢复密钥，这保证了信道中 N-1 用户（包括潜在的窃听者）的任何子组只能获得关于被动的 CVQSS 密钥的极少信息。

注意，步骤 1~步骤 5 表示所提方案的量子阶段部分，步骤 6~步骤 11 表示所提方案的经典后处理阶段部分。目前，已有研究证明传统的主动的态制备方案（GMCS QKD）具有成熟的安全性，可以直接应用于被动的态制备方案[223]。此外，在合理假设诚实用户所控制的设备是可信的基础上，可以利用 CVQKD 的标准安全证明来估计 QSS 协议的秘密密钥率。也就是说，可以将标准 CVQKD 的安全证明应用于被动的 CVQSS 协议中。正如上述步骤 7~步骤 10 所述，考虑到 dealer 不知道哪个用户是诚实的（假设所有其他玩家是不诚实的），他（或她）需要与每个用户合作估计的潜在密钥率并选择 $\{K_1, K_2, \cdots, K_N\}$ 的最小值作为协议的密钥率，因此 QSS 可以有效地防止窃听者和任何 $n-1$ 用户之间的协作攻击。

简单起见，接下来只分析第一个用户 M_1 和他的被动制备的态的 X 正交值，因为其他用户和 P 正交值可以用类似的方法进行分析。M_1 的输出模式的 X 正交值表示为

$$x_{H_1} = \sqrt{\frac{\mu_A}{2}} x_{\text{in}1} + \sqrt{1 - \frac{\mu_A}{2}} x_{\omega 1} \tag{7-1}$$

其中，$x_{\text{in}1}$ 为 M_1 的光源输出的 X 正交值；μ_A 为光衰减器的透射率；$x_{\omega 1}$ 为分束器和衰减器产生的真空噪声。

用类似的方法，可以计算出 M_1 的 X 正交的测量结果为

$$x_{R_1} = \sqrt{\frac{\mu_D}{4}} x_{\text{in}1} + \sqrt{1 - \frac{\mu_D}{4}} x_{k_1} + N_{\text{el}} \tag{7-2}$$

其中，μ_D 和 N_{el} 分别表示 M_1 探测器的效率和噪声；x_{k_1} 表示平衡分束器和探测器损耗引起的真空噪声。这里假设 N_{el} 是均值为零、方差为 v_{el} 的高斯噪声。需要注意的是，所有噪声方差都是在散粒噪声单元中定义的。

M_1 基于其测量结果 x_{R_1} 来评估 x_{H_1}，即

$$x_{M_1} = \sqrt{\frac{2\mu_A}{\mu_D}} x_{R_1} \tag{7-3}$$

需要注意的是，$\{x_{M_1}, p_{M_1}\}$ 为传输信号 $\{x_{H_1}, p_{H_1}\}$ 的估计值。也就是说，传输信号 $\{x_{H_1}, p_{H_1}\}$ 可以用 M_1 的测量结果 $\{x_{R_1}, p_{R_1}\}$ 来估计。基于估计值 $\{x_{M_1}, p_{M_1}\}$，其外差探测的结果 $\{x_{R_1}, p_{R_1}\}$ 可以与传输信号的 $\{x_{H_1}, p_{H_1}\}$ 建立联系。因此，在模式 R_1 上执行外差测量 $\{x_{R_1}, p_{R_1}\}$ 的主要目的是估计发送到 dealer 的传输信号 $\{x_{H_1}, p_{H_1}\}$。其他用户也可以用类似的方法进行分析。x_{M_1} 和 x_{H_1} 的相关矩阵（协方差矩阵）$\boldsymbol{\rho}_{M_1 H_1}$ 表示为

$$\boldsymbol{\rho}_{M_1 H_1} = \begin{pmatrix} V_{M_1} & \text{cov}(x_{M_1}, x_{H_1}) \\ \text{cov}(x_{M_1}, x_{H_1}) & V_{H_1} \end{pmatrix} \tag{7-4}$$

其中，V_{M_1} 为 x_{M_1} 的方差，$V_{M_1} = \frac{2\mu_A}{\mu_D} V_{R_1}$，$V_{R_1} = \frac{\mu_D}{4} V_{\text{in}1} + \left(1 - \frac{\mu_D}{4}\right) + v_{\text{el}}$，其为 x_{R_1} 的方差，$V_{\text{in}1}$ 为热源输出的方差；$V_{H_1} = \frac{\mu_D}{2} V_{\text{in}1} + \left(1 - \frac{\mu_A}{2}\right)$ 为 x_{H_1} 的方差；$\text{cov}(x_{M_1}, x_{H_1})$ 表示 x_{H_1} 的协方差，表示为

$$\text{cov}(x_{M_1}, x_{H_1}) = E\{[x_{M_1} - E(x_{M_1})][x_{H_1} - E(x_{H_1})]\} \tag{7-5}$$

其中，$E(\cdot)$ 为数学期望。根据式（7-1）～式（7-3），M_1 对 x_{H_1} 的不确定度表示为

$$\Theta = \left\langle \left(x_{M_1} - x_{H_1}\right)^2 \right\rangle = 1 + \frac{2\mu_A}{\mu_D} \left(1 + v_{\text{el}} - \frac{\mu_D}{2}\right) \tag{7-6}$$

根据式（7-6），可以计算 M_1 被动的态制备引起的过量噪声，即

$$\xi_{M_1} = \Theta - 1 = \frac{2\mu_A}{\mu_D} \left(1 + v_{\text{el}} - \frac{\mu_D}{2}\right) \tag{7-7}$$

由式（7-7）可知，通过减小 μ_A，可以有效地减小剩余噪声 ξ_{M_1}。利用关系 $V_1 = \mu_A n_0$，

式（7-7）可以改写为

$$\xi_{M_1} = \frac{2V_1}{n_0\mu_D}\left(1 + v_{el} - \frac{\mu_D}{2}\right) \tag{7-8}$$

根据式（7-8），M_1 可以通过合适的调制方差 V_1 来提高热源的亮度，从而将过量噪声控制在尽可能小的范围内。需要说明的是，如果使用真空态而不是热态，上述分析的过程是不成立的，因为测量结果与信号不再相关。事实上，因为真空态会随着热态温度的降低而被分解。

7.2.2 渐近安全性分析

本节主要是对方案的渐近安全性进行分析[36]，为简单起见，假设从 dealer（Bob）到最远的用户（Alice）的距离是 L，在这个距离内，所有其他 $N-1$ 个用户分布在相同的间隔中，并且假设每个用户（包括 M_1）会引入等量的被动的态制备噪声 $(\xi_M = \xi_{M_1} = \xi_{M_2} = \cdots = \xi_{M_N})$ 和其他来源的不可信噪声 ξ_0，这里的不可信噪声 ξ_0 归因于信道中存在窃听者。最小密钥速率 $K = \min\{K_1, K_2, \cdots, K_N\}$，其是 Alice（$M_1$）和 Bob（dealer）之间的值。因此，被动的 CVQSS 协议的最小密钥速率计算可以简化为两方的被动的 CVQKD 协议，在反向协商的情况下，该密钥率 K 为

$$K_{asy} = \beta I(A:B) - \chi(B:E) \tag{7-9}$$

其中，$I(A:B)$ 表示 Alice 和 Bob 之间的 Shannon 互信息量；β 表示协商效率；$\chi(B:E)$ 表示 Eve 和 Bob 的 Holevo 界，这里，Eve 不仅指信道中潜在的窃听者，还指其他 $N-1$ 用户。假设量子通道的衰减系数为 γ，则第 i 个用户的信道透射率可表示为 $T_i = 10^{\frac{-\gamma d_i}{10}}$，其中 $d_i = \frac{N-i+1}{N}L$，表示 dealer 与第 i 个用户之间的距离。现在计算第 i 个用户引入的过量噪声（除去被动的态制备噪声 ξ_{M_1}），相对于信道输入的过量噪声可以表示为

$$\xi_i = \frac{T_i}{T_1}\xi_0 \tag{7-10}$$

相对于信道输入的信道加噪声表示为

$$\chi_{line} = \frac{1}{T_1} - 1 + N\xi_M + \sum_{i=1}^{N}\xi_i \tag{7-11}$$

其中，$\xi_M = \xi_{M_1} = \xi_{M_2} = \cdots = \xi_{M_N}$；$\frac{1}{T_1} - 1$ 表示信道损耗引起的真空噪声。考虑到 Bob 采用的是共轭零差检测，按照 CVQKD 实验的标准参数将其不完美的检测引入的噪声表示为 $\chi_{het} = [1 + (1-\mu) + 2v_0]/\mu$，其中效率 $\mu = 0.6$，噪声 $v_0 = 0.05$（均为散粒噪声单位）。相对于信道输入的总噪声表示为

$$\chi_{tot} = \chi_{line} + \frac{\chi_{het}}{T} \tag{7-12}$$

Bob 执行共轭零差检测，因此 Alice 和 Bob 之间的 Shannon 互信息量为

$$I(A:B) = \log_2\frac{V + \chi_{tot}}{1 + \chi_{tot}} \tag{7-13}$$

其中，$V = V_1 + 1$，V_1 表示 Alice 的调制方差。

为计算 $\chi(B\!:\!E)$，本节采用的是真实噪声模型。在该模型中，Bob 探测器内部的损耗不能被 Eve 所控制，因此 Bob 的探测器噪声可视为可信的[69,74,79,106]。在此基础上，$\chi(B\!:\!E)$ 表示为

$$\chi(B\!:\!E) = \sum_{j=1}^{2} G\left(\frac{\lambda_j - 1}{2}\right) - \sum_{j=3}^{5} G\left(\frac{\lambda_j - 1}{2}\right) \tag{7-14}$$

其中，

$$\begin{cases} G(x) = (x+1)\log_2(x+1) - x\log_2 x \\ \lambda_{1,2}^2 = \dfrac{1}{2}\left(\Delta \pm \sqrt{\Delta^2 - 4D}\right) \end{cases} \tag{7-15}$$

并且有

$$\Delta = V^2(1 - 2T_1) + 2T_1 + T_1^2(V + \chi_{\text{line}})^2 \tag{7-16}$$

$$D = T_1(V\chi_{\text{line}} + 1)^2 \tag{7-17}$$

$$\lambda_{3,4}^2 = \frac{1}{2}\left(A \pm \sqrt{A^2 - 4B}\right) \tag{7-18}$$

其中，

$$A = \frac{1}{\left[T_1(V + \chi_{\text{tot}})\right]^2}\left\{\Delta\chi_{\text{het}}^2 + D + 1 + 2\chi_{\text{het}}[V\sqrt{D} + T_1(V + \chi_{\text{line}})] + 2T_1(V^2 - 1)\right\} \tag{7-19}$$

$$B = \left[\frac{V + \sqrt{D}\chi_{\text{het}}}{T_1(V + \chi_{\text{tot}})}\right] \tag{7-20}$$

$$\lambda_5 = 1 \tag{7-21}$$

在实际应用中，无论是传统的主动的态制备方案[225-229]还是被动的态制备方案，都存在制备噪声[223]。因此，要想达到预期的性能，就必须抑制制备噪声。图 7-2 所示为总被动的态制备噪声与平均输出光子数 n_0 之间的关系。因为，假设每个用户都引入了相同数量的被动的态制备噪声，即 $\xi_M = \xi_{M_1} = \xi_{M_2} = \cdots = \xi_{M_N}$，所以图 7-2 中所示的全部制备噪声可以表示为 $N\xi_M$。从图中可以看出，随着平均输出光子数 n_0 的增加，本节方案中

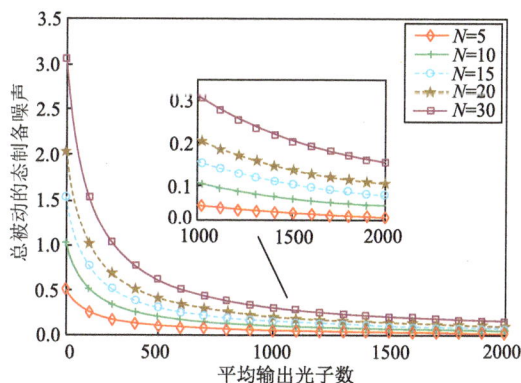

图 7-2 在不同用户数量（N=5、10、15、20、30）下，总被动的态制备噪声与平均输出光子数 n_0 的关系

注：仿真参数为 $\mu_D = 0.5$，$\nu_{\text{el}} = 0.1$。

的总制备噪声显著降低。换句话说，在被动的 CVQSS 协议中，高水平的平均输出光子数有助于降低总制备噪声。

图 7-3 所示为不同用户数量下被动的 CVQSS 协议的渐近安全密钥率。在图 7-3(a)~ (d)中设置平均输出光子数 n_0 分别为 800、1000、1500 和 2000。此外，在图 7-3 中设置用户数量 N 分别为 5、8、10 和 15，仿真参数 ξ_0 为 0.001、γ 为 0.2dB/km，μ_D 为 0.5、ν_{el} 为 0.1、β 为 0.95。图 7-3 绘制了 PLOB 界限，它表示无中继器量子通信的极限值[18]。从图 7-3 中可以看出，在给定的 n_0 值下，通过减少参与者的数量，被动的 CVQSS 协议的性能得到了改善。也就是说，远程用户越少，被动的 CVQSS 协议的性能就越接近 PLOB 界限。这与预期是一致的，即远程用户数量的增加会导致更多的噪声（包括被动的态制备噪声 ξ_M 和其他不可信噪声 ξ_i）。此外，还发现可以通过增加平均输出光子数 n_0 来提高被动的 CVQSS 协议的性能。以 $N=5$ 为例，当 $n_0=800$ 时，QSS 距离接近 60km；当 $n_0=1000$ 时，QSS 距离接近 70km；当 n_0 大于 1500 时，QSS 距离超过 80km。Alice 的调制方差 V_1 对协议的性能有重要影响，有必要得到最优 V_1，使密钥速率 K 最大化。本节也分析了 M_1 的调制方差 V_1 的最优值和最优区域。从图 7-4~图 7-6 可以看出，在不同的场景下，方案可以得到一个全局最优 V_1 来达到密钥速率的最大值。

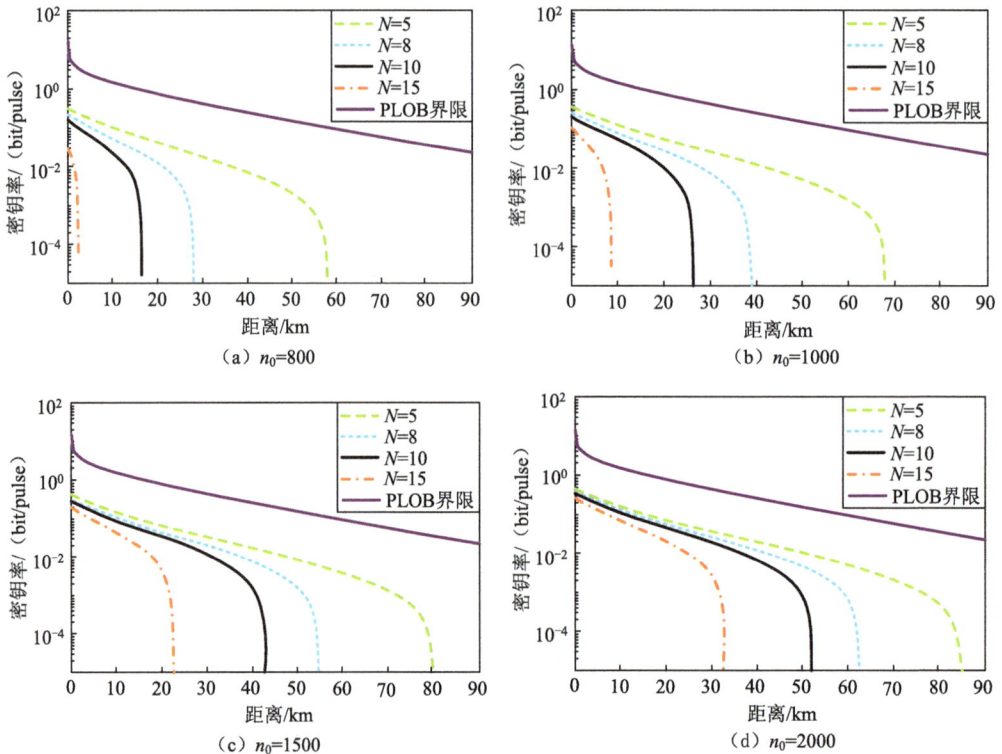

(a) $n_0=800$

(b) $n_0=1000$

(c) $n_0=1500$

(d) $n_0=2000$

图 7-3 不同用户数量下的安全密钥率与被动 CVQSS 距离的关系

在图 7-4 中，设置固定的参数 L 和 n_0。V_1 的最佳区域随着额外噪声 ξ_0 的增加而减小。从图 7-4 中还是可以选择一个公共的最优 V_1，将调制方差 V_1 设为 2。

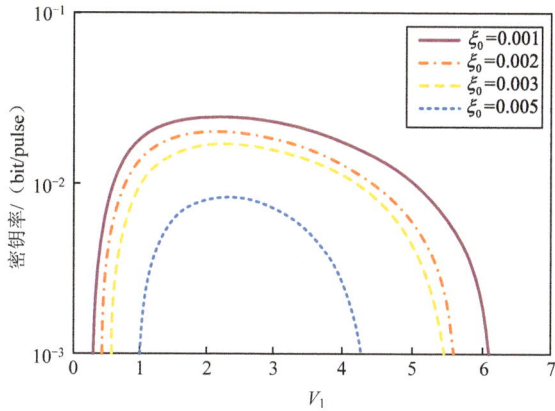

图 7-4　在不同 ξ_0 下，渐近密钥率与调制方差 V_1 的关系

注：$L = 30\text{km}$，$n_0 = 1000$，$N = 5$。

如图 7-5 所示，对不同 QSS 距离 L 值下的 V_1 的最优区域进行研究，可以发现随着距离 L 的增大，V_1 的最优区域被压缩。然而，可以发现 $V_1 = 2$ 属于调制方差 V_1 最优区域中的一个公共点。因此，在这种情况下可以实现一个公共最优的 $V_1 = 2$。

平均输出光子数 n_0 对协议的性能有重要影响。分析不同 n_0 对最优的 V_1 的影响具有重要意义。由图 7-6 可知，当平均输出光子数 n_0 减小时，V_1 的最优数值区域逐渐被压缩。当 $V_1 = 2$ 时，仍然可以找到一个公共的最优 V_1。由以上分析可以得到 V_1 的全局最优值，可使用这个最优值使协议的密钥率最大化。

下面给出在不同过量噪声和传输距离下的安全密钥率，如图 7-7 所示。需要注意的是，本节分别在图 7-7（a）和（b）中设置平均输出光子数 $n_0 = 1000$ 和 $n_0 = 2000$。从图 7-7 中可以看出，额外噪声 ξ_0 对被动的 CVQSS 协议性能有重要影响。在低噪声水平 ξ_0 下，对于不同数量的远程用户，该协议可以获得较好的性能。另外，当远程用户数量较小时，被动的 CVQSS 协议还可以容忍较高的额外噪声 ξ_0。除此之外，通过增加平均输出光子数 n_0，被动的 CVQSS 协议还可以容忍更多的用户实现较好的性能。

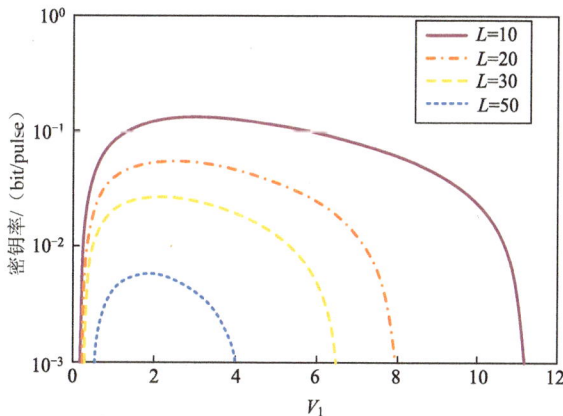

图 7-5　在不同 QSS 距离下，渐近密钥率与调制方差 V_1 的关系

注：$\xi_0 = 0.001$，$n_0 = 1000$，$N = 5$。

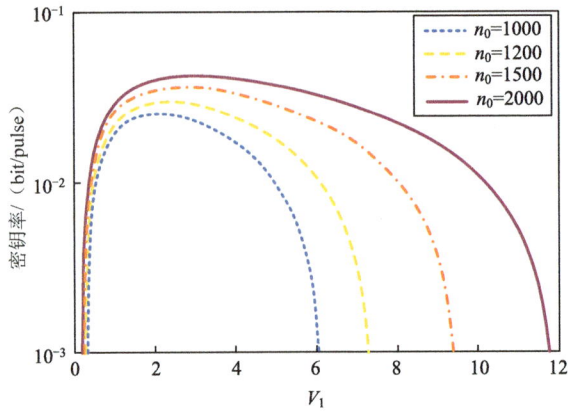

图 7-6　在不同 n_0 下，渐近密钥率与调制方差 V_1 的关系

注：$\xi_0 = 0.001$，$L = 30\text{km}$，$N = 5$。

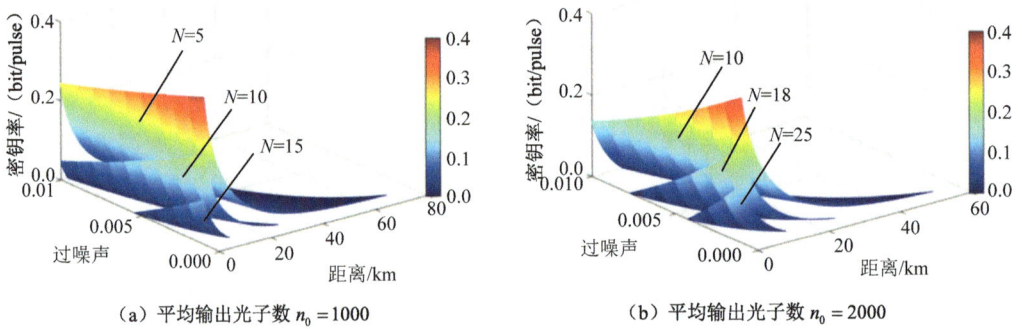

（a）平均输出光子数 $n_0 = 1000$　　　　（b）平均输出光子数 $n_0 = 2000$

图 7-7　在不同过量噪声下，被动的 CVQSS 协议的性能

图 7-8 所示为最大可容忍过量噪声与被动 CV-QSS 距离的关系。实线表示 $n_0 = 1000$，虚线表示 $n_0 = 2000$。从左到右，远程用户的数量分别设置为 $N = 15$、$N = 10$、$N = 8$。根据图 7-8，观察到被动的 CVQSS 协议对过量噪声的抵抗能力会随着平均输出光子数 n_0 的增加而增加，即 CVQSS 协议可以获得更好的性能。

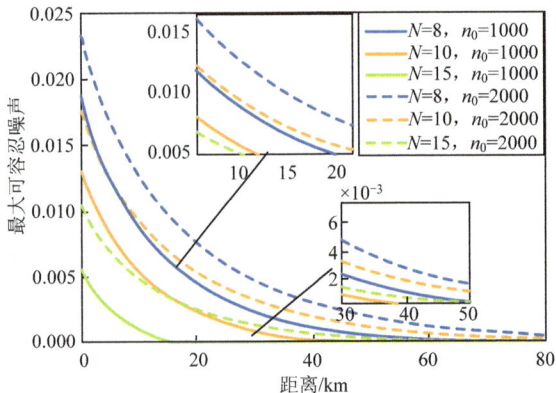

图 7-8　最大可容忍过量噪声与被动 CV-QSS 距离的关系

7.2.3　有限长安全性分析

协议的渐近情况是建立在密钥长度是无限的条件下的。然而，这在实践中是不可能的。因此，有必要考虑有限长效应[37]。与渐近情况不同的是，在有限尺寸范围内，原始密钥是有限的并且其中一部分用于参数估计。类似于计算渐进密钥率，在有限尺寸的情况下，我们计算了反向协商下被动的 CVQSS 协议的最小密钥率，即

$$K_{\text{fini}} = \frac{h}{H}[\beta I(A:B) - \chi_{\varepsilon_{PE}}(B:E) - \Delta(h)] \tag{7-22}$$

其中，β 和 $I(A:B)$ 分别已在上述内容中定义；h 为 Alice 和 Bob 共享密钥所使用的信号数；H 为交换的总信号数；剩余的信号 $f = H - h$ 被用来进行参数估计；ε_{PE} 为参数估计的失败概率；$\chi_{\varepsilon_{PE}}(B:E)$ 表示在概率 ε_{PE} 外 Eve 与 Bob 之间 Holevo 信息的最大值；$\Delta(h)$ 是一个与保密放大过程有关的参数，可以表示为

$$\Delta(h) = (2\dim \Pi_B + 3)\sqrt{\frac{\log_2(2/\overline{\varepsilon})}{h}} + \frac{2}{h}\log_2\left(\frac{1}{\varepsilon_{PB}}\right) \tag{7-23}$$

其中，Π_B 表示保密放大过程中处理的密钥数据所对应的 Hilbert 空间；$\overline{\varepsilon}$ 表示平滑参数；ε_{PB} 表示保密放大失败的概率。由于 CVQKD 协议通常以二进制位串的方式编码，$\dim \Pi_B = 2$。在有限尺寸的情况下，可以找到一个使在概率 $1 - \varepsilon_{PE}$ 下安全密钥率最小化的协方差矩阵 $\Lambda_{\varepsilon_{PE}}$，并且可以利用协方差矩阵 $\Lambda_{\varepsilon_{PE}}$ 计算 $\chi_{\varepsilon_{PE}}(B:E)$。该协方差矩阵可以通过 f 对相关的变量 $(x_k, y_k)_{k=1,2,\cdots,f}$ 计算得到。我们采用一个正态模型来分析这些相关变量，即

$$y = tx + z \tag{7-24}$$

其中，$t = \sqrt{T_1}$；z 服从方差为 $\varphi^2 = 1 + T_1\xi_t$ 的中心正态分布，$\xi_t = N\xi_M + \sum_{i=1}^{N}\xi_i$。协方差矩阵 $\Lambda_{\varepsilon_{PE}}$ 表示为

$$\Lambda_{\varepsilon_{PE}} = \begin{pmatrix} (V_1 + 1)I_2 & t_{\min}Z\sigma \\ a_{21} & (t_{\min}^2 V_1 + \varphi_{\max}^2)I_2 \end{pmatrix} \tag{7-25}$$

其中，$t_{\min}$ 和 $\varphi_{\max}^2$ 分别代表 t 的最小值和 φ^2 的最大值，并且以 $\varepsilon_{PE}/2$ 的概率与 f 个采样数据相匹配，$Z = \sqrt{V_1^2 + 2V_1}$。最大似然估计 $\hat{t}$、$\hat{\varphi}^2$ 分别表示为

$$\begin{cases} \hat{t} = \dfrac{\sum\limits_{k=1}^{f} x_k y_k}{\sum\limits_{k=1}^{f} x_k} \\ \hat{\varphi}^2 = \dfrac{1}{f}\sum\limits_{k=1}^{f}(y_k - \hat{t}x_k)^2 \end{cases} \tag{7-26}$$

此外，$\hat{t}$ 和 $\hat{\varphi}^2$ 分别服从下列分布：

$$\begin{cases} \hat{t} \sim N\left(t, \dfrac{\varphi^2}{\sum\limits_{k=1}^{f} x_k^2}\right) \\ \dfrac{f\hat{\varphi}^2}{\varphi^2} \sim \chi^2(f-1) \end{cases} \tag{7-27}$$

其中，$\hat{t}$ 和 $\hat{\varphi}^2$ 分别为参数的实际值，故 $\hat{t}$ 和 $\hat{\varphi}^2$ 可以表示为

$$\begin{cases} t_{\min} \approx \hat{t} - z_{\varepsilon_{PE}/2} \sqrt{\dfrac{\hat{\varphi}^2}{fV_1}} \\ \varphi_{\max}{}^2 \approx \hat{\varphi}^2 + z_{\varepsilon_{PE}/2} \sqrt{\dfrac{2\hat{\varphi}^2}{\sqrt{f}}} \end{cases} \tag{7-28}$$

其中，$z_{\varepsilon_{PE}/2}$ 由 $1 - \mathrm{erf}(z_{\varepsilon_{PE}/\sqrt{2}})/2 = \varepsilon_{PE}/2$ 给出；$\mathrm{erf}(x) = \dfrac{2}{\sqrt{\pi}} \int_0^x \mathrm{e}^{-t^2} \mathrm{d}t$ 表示错误函数。考虑 $\hat{t}$ 和 $\hat{\varphi}^2$ 的期望值，即 $E[\hat{t}] = \sqrt{T_1}$ 和 $E[\hat{\varphi}^2] = 1 + T_1\xi_t$，$\hat{t}$ 和 $\hat{\varphi}^2$ 可以写成如下形式：

$$t_{\min} \approx \sqrt{T_1} - z_{\varepsilon_{PE}/2} \sqrt{\dfrac{1 + T_1\xi_t}{fV_1}}$$

$$\varphi_{\max}^2 \approx 1 + T_1\xi_t + z_{\varepsilon_{PE}/2} \sqrt{\dfrac{\sqrt{2}(1 + T_1\xi_t)}{\sqrt{f}}} \tag{7-29}$$

上述错误概率的最优值可以取

$$\overline{\varepsilon} = \varepsilon_{PE} = \varepsilon_{PB} = 10^{-10} \tag{7-30}$$

最后，利用推导出的边界 $t_{\min}$ 和 $\varphi_{\max}^2$ 计算被动的 CVQSS 协议的有限大小密钥率。

图 7-9 所示为有限长效应下密钥率与传输距离的关系。从左到右分别对应的区块长度是 10^7、10^8、10^9、10^{10}、10^{11}，此外，为方便比较，本节描述了相应的渐近情况。结果表明，本节所提出的被动的 CVQSS 协议的性能中，渐近密钥率优于所实现的有限

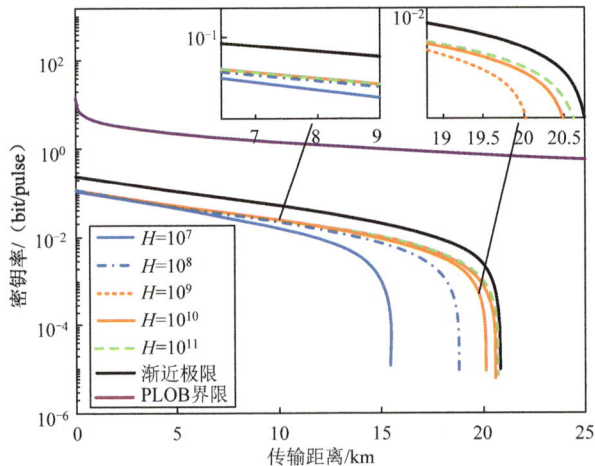

图 7-9 当 $\xi_0 = 0.005$ 时，有限长效应下密钥率与传输距离的关系

注：平均输出光子数 $n_0 = 2000$，远程用户数 $N = 10$，实线由上到下分别对应 PLOB 界限渐近极限、数据块长度 10^7。

长密钥率。通过增加交换信号的数量，有限尺寸的性能可以更接近渐近极限和 PLOB 界限。此外，在有限尺寸效应下，即使过量噪声 ξ_0 水平较高，也可以在中等的远程用户数量（$N=10$）下获得较好的传输距离（超过 20km）。

图 7-10 所示为有限大小的密钥率在不同用户数量下与协商效率之间的关系。这里以数据块大小 $H=10^9$ 为例，展示了在有限尺寸范围内协调效率 β 的有效范围，其他块大小的情况也可以用同样的方法进行分析。对于有限大小的协议，β 的可用范围随着远程用户数量的增加而减小。当远程用户数量 $N=10$ 时，即使在较高的噪声水平下（$\xi_0=0.005$），仍然可以以较低的协商效率（$\beta=0.85$）实现合理的有限大小密钥率。

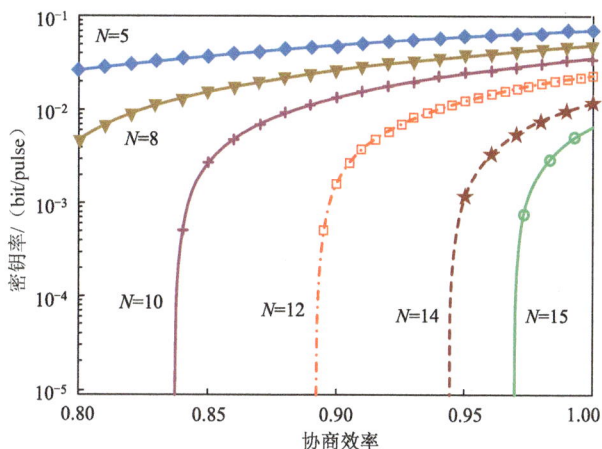

图 7-10　有限大小的密钥率在不同用户数量下与协商效率之间的关系

注：$\xi_0=0.005$，平均输出光子数 $n_0=2000$，传输距离 $L=10$km，数据块大小 $H=10^9$。

7.3　基于离散调制相干态的连续变量量子秘密共享方案

在 CVQKD 中，根据具体协议内容可以将调制方式分为离散调制和高斯调制，其中高斯调制是将服从高斯分布的随机数加载到光场的两个正则分量上，之后再通过协商等过程将服从高斯分布的序列转换成二进制位串；虽然高斯调制可以携带较多的信息，但在远距离传输时，过低的信噪比会使误码率非常高，给纠错过程带来很大的困难，难以实现高效率的信息协商。为解决这个问题，研究者提出误码率更低的离散调制方案，它是直接将离散的 0、1 信号调制到光场的正则分量上。高斯调制信息携带量大，在中短距离传输时密钥率更高，但后期数据处理过程比较复杂；离散调制虽然信息携带量小，但较易实现，并且抗干扰能力强，更适合远距离传输。离散调制 CVQKD 的安全性在 2009 年已经得到初步证明[40]。之后，为了去除无条件安全性隐含信道线性化假设，研究者又提出了基于诱骗态的离散调制 CVQKD[43]，并且证明了其对任意集体攻击的安全性，这意味着离散调制 CVQKD 在渐近极限下具有无条件安全性。随后，研究者利用半定规划建立了离散调制 CVQKD 的渐近密钥率的下界[44]。其次，离散调制 CVQKD 的有限长安全性[230]和组合安全性[231]也已经得到证明。凭借着离散调制在远距离通信的优势，本节提出一种基于离散调制相干态的连续变量量子秘密共享方案，具体而言，首先建立基于 DMCS 的 QSS 协议对窃听者和不诚实用户的理论安全性证明；然后通过理论推导实施数值模拟并进行参数优化及采用更高维的离散调制策略提高方案的性能；最后还提出基于 DMCS 的 QSS 协议在集体高斯攻击下的可组合安全性。

7.3.1 方案描述

由于本节方案是通过 CVQKD 进行扩展的，因此有必要说明 CVQKD 的原理。为使推导独立，首先引入相干态，并展示它们是如何在具有正交相移键控（quadrature phase shift keying，QPSK）的离散调制 CVQKD 中工作的；然后详细介绍所提出的基于 DMCS 的 QSS 协议，并分析其安全性。

1. 离散调制的 CVQKD 中的相干态

一般，相干态可以推广到有 N 个量子态的相干态 $|\alpha_k^N\rangle = |\alpha e^{i2k\pi/N}\rangle$，其中 $k \in \{0, 1, \cdots, N-1\}$；$\alpha$ 是与量子态调制方差有关的正数且 $V_M = 2\alpha^2$。

在离散调制 CVQKD 的制备-测量版本中，Alice 首先选择一个长度为 $2L$ 的随机位串 $a = (a_0, a_1, \cdots, a_{2L-1})$，然后根据连续的位串 a 对相干态以 $|\alpha_k^N\rangle$ 的形式进行编码，其中 $k_l = 2a_{2l} + a_{2l}$。Alice 通过有损且有噪声的量子信道将这些调制的相干态发送给远方的 Bob。当 Bob 接收到这些状态时，他可以使用外差检测器来测量每个输出模式。Bob 接收到的混合状态可以用如下形式表示：

$$\rho_N = \frac{1}{N}\sum_{k=1}^{N}|\alpha_k^N\rangle\langle\alpha_k^N| \qquad (7\text{-}31)$$

需要注意的是，QPSK 的离散调制策略需要 4 个非正交相干态，因此 $N = 4$。本节绘制了 QPSK 在相空间中的示意图，如图 7-11 所示。在执行外差测量后，Bob 得到一个 $2L$ 的串 $c = (c_0, c_1, \cdots, c_{2L-1}) \in \mathbb{R}^{2L}$。这个字符串能够被转换成一个 $2L$ 位的原始键 $b = (b_0, b_1, \cdots, b_{2L-1})$，即

$$(b_{2l}, b_{2l+1}) = \begin{cases} (0,0), & c_{2l+1} < c_{2l}, c_{2l+1} \geqslant -c_{2l} \\ (0,1), & c_{2l+1} \geqslant c_{2l}, c_{2l+1} > -c_{2l} \\ (1,0), & c_{2l+1} > c_{2l}, c_{2l+1} \leqslant -c_{2l} \\ (1,1), & c_{2l+1} \leqslant c_{2l}, c_{2l+1} < -c_{2l} \end{cases} \qquad (7\text{-}32)$$

然后 Bob 通过一个经典信道广播 $c_{2l} \pm c_{2l+1}$ 的绝对值。这个侧信息允许 Alice 和 Bob 将信息协商问题转化为成熟的二进制输入加性高斯白噪声信道的编码问题。经过参数估计、协商和保密放大等后处理步骤后，Alice 和 Bob 可以建立一个随机安全密钥的相关序列。

2. 基于 DMCS 的 QSS 及其安全性

受离散调制 CVQKD[40]和单量子位序列量子秘密共享协议[219]的启发，本节提出一种采用 QPSK 调制策略的基于 DMCS 的 QSS 协议。它允许 dealer 通过商业光纤链路与一组远程用户共享一串密钥。如图 7-12 所示，一个 dealer 通过一个光纤信道连接到 n 个用户。该方案的工作流程，具体如下所示。

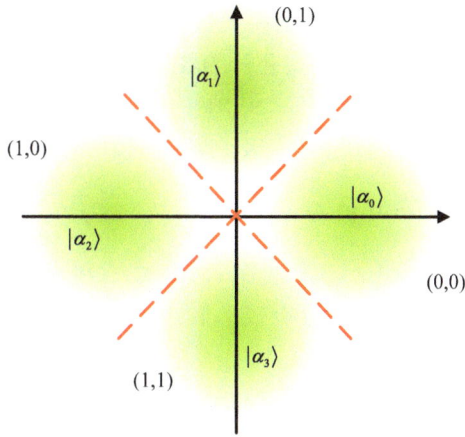

图 7-11　用 QPSK 描述相干态及 4 个象限中相空间的划分

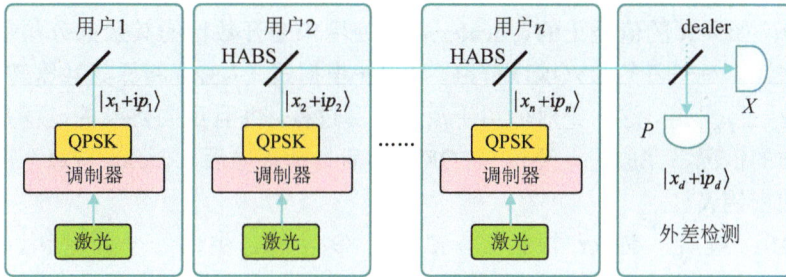

图 7-12　基于 DMCS 的 QSS 协议的示意图

注：该协议可以将安全密钥的多个部分分发给不同的用户，从而使得用户与 dealer 合作共享安全密钥。每个用户也可以单
　　独发送 DMCS，以实现与 dealer 点对点 CVQKD 的目的。HABS 表示高度不对称分束器。

步骤 1：对于每个量子传输，离 dealer 最远的用户（用户 1）制备一个 QPSK 格式
的 GMCS $|x_1 + ip_1\rangle$ 并将其发送给离他最近的远程用户。

步骤 2：用户 2 也独立地准备一个 QPSK 格式的 DMCS，并通过高度不对称的分束
器（HABS）将其耦合到与用户 1 制备传送过来的量子态相同的时空模式，然后将该混
合信号发送给下一个用户。

步骤 3：所有连接到该光纤链路的其他用户都执行类似的操作，以便他们可以将本
地制备的 DMCS 注入与用户 1 的信号相同的时空模式中。

步骤 4：控制调制方差的操作及 HABS 的透射率会使每个用户都引入位移 (x_j, p_j)，
因此，dealer 接收到的混合态可以表示为 $\left| \sum_{j=1}^{n} \sqrt{T_j} x_j + i \sum_{j=1}^{n} \sqrt{T_j} p_j \right\rangle$，其中 T_j 为信号在第 j 个
用户到 dealer 之间所经历的信道透射率。最后，dealer 使用外差检测测量接收信号态的
振幅和相位值，从而获得测量结果 (x_d, p_d)。

步骤 5：重复上述步骤多次，dealer 和用户即可掌握足够的相关原始数据。

请注意步骤 1～步骤 5 属于协议的量子阶段，目的是利用量子光学产生相关数据。
接下来的步骤是使用经典的后处理技术处理这些数据。

步骤 6：dealer 和所有用户公开一组相关数据，估算各自信道的透射率 T_j [222]。需要注意的是，完成该步骤后必须丢弃这些公开的数据。

步骤 7：假设第 j 个用户是诚实的，其余 $n-1$ 个用户是不诚实的。dealer 进一步选择另一组原始数据，并要求除用户 j 外的所有用户公开其对应的值。该操作允许 dealer 将选择数据的测量结果替换为 $x_{b_j} = x_d - \sum_{x \neq j}^{n} \sqrt{T_s} x_s$，$p_{b_j} = p_d - \sum_{s \neq j}^{n} \sqrt{T_s} p_s$，其中 $s = 1, 2, \cdots, n$。这个操作实际上是在 dealer 和用户 j 之间建立了一个点对点 CVQKD 链接。因此，可以采用 QPSK 调制的 CVQKD 的安全分析技术估计安全密钥率的下界 R_j。之后，所有参与者丢弃公开的数据。

步骤 8：执行 n 次步骤 7，dealer 与每个用户都建立了一条 CVQKD 链接，并得到估计的密钥率 $\{R_1, R_2, \cdots, R_n\}$。出于安全考虑，dealer 应该选择 $\{R_1, R_2, \cdots, R_n\}$ 的最小值作为 QSS 协议的最终密钥率 R。

步骤 9：如果 R 的值是正的，dealer 可以使用未公开数据的其余部分与每个用户共享不同的密钥。对于每条 CVQKD 链路，dealer 根据式（7-32）将原始数据转换为位串，然后广播 $|x_{b_j} \pm p_{b_j}|$ 值。这些绝对值用于反向协商过程，并且反向协商的过程是可以在没有用户合作的情况下完成的。经过 CVQKD 的后处理程序后，dealer 与每个用户都共享一个独立的密钥 K_j。

步骤 10：最后，dealer 根据 $K = K_1 \oplus K_2 \oplus \cdots \oplus K_n$ 生成一个新密钥，然后通过 $E = M \oplus K$ 对消息 M 进行编码，并将加密后的消息 E 发布给所有用户。因此，加密的消息 E 只有在整个用户组协同工作时才能被解码。

一般，直接分析所提出的基于 DMCS 的 QSS 协议的安全性是很复杂的，因为涉及多个参与者，并且实际上不知道多少用户是不诚实的，以及他们会在传输过程中会遭受多大的攻击。通过巧妙地利用离散调制 CVQKD 的成熟的安全性证明，可以证明基于 DMCS 的 QSS 协议的安全性。首先，解决不诚实用户的问题。正如在步骤 7 中提到的，点对点的 dealer 和用户 j 之间的 CVQKD 链接实际上已经建立，这是建立在第 j 个用户是唯一可以信任的假设上的（这是最悲观的假设，因为如果所有用户都不诚实，协议就毫无用处）。因此，可以将这两方链路视为包含两个合法用户的 CVQKD 模型，即发送方 Alice（用户 j）和接收方 Bob（dealer）。接下来，问题是剩下的 $n-1$ 个不诚实的用户能否获得 Alice 和 Bob 之间的信息，从而恢复 Alice 和 Bob 共享的密钥。需要注意的是，dealer 要求除用户 j 外的所有用户公开披露相应的值，这样用户 j 就持有所有用户的完整信息，而其余 $n-1$ 个用户仅仅通过透露的信息无法推断出用户 j 和 dealer 之间的信息。因此，无论是否存在 $n-1$ 个不诚实用户（最坏的情况），Alice 和 Bob 都可以共享密钥。对于攻击者而言，可以合理地考虑每个 CVQKD 链路的量子攻击，这表明可以利用现有的 QPSK 调制 CVQKD 的安全性证明来评估安全密钥率 R_j。为简单起见，本节选择的安全分析工具是文献[40]中提出的方法，它需要一个线性玻色子信道假设。需要注意的是，所提出的 QSS 协议对任何诚实用户都是安全的，因此要求 dealer 评估每个 CVQKD 链路的密钥率，并且选择最小的密钥率作为 QSS 协议最终密钥率的下界。因此，如果最终密钥率为正，就能保证基于 DMCS 的 QSS 协议对窃听者和任何 $n-1$ 个（或更少）

不诚实用户发起的协作攻击的安全性。此外，通过将本地制备的 DMCS 注入循环光模式中，从而使来自窃听者的探测信号无法到达用户端的调制器。也就是说，诚实的用户可以防止窃听者访问信号态的制备过程，从而使协议不受特洛伊木马攻击。

7.3.2　安全密钥率的计算

作为密钥的载体，首先要考虑 DMCS 的推导。在 PM 方案中，Bob 收到的离散调制 CVQKD 的 DMCS 表示为式（7-32）。但是，这种形式不适合用于安全分析[33]。PM 版本相当于基于 EB 方案，更便于进行安全分析[232-233]。接下来，首先考虑带有 QPSK 格式的 EB 方案的 DMCS，然后给出基于 DMCS 的 QSS 协议的密钥率的计算。

在 EB 方案中，QPSK 格式的 DMCS 可以被视为纯态，定义为

$$|\Psi_4\rangle = \sum_{k=0}^{3} \sqrt{\lambda_k} |\phi_k^4\rangle |\phi_k^4\rangle = \frac{1}{2}\sum_{k=0}^{3} |\psi_k^4\rangle |\alpha_k^4\rangle \tag{7-33}$$

其中，态 $|\psi_k^4\rangle$ 是非高斯态，即

$$|\psi_k^4\rangle = \frac{1}{2}\sum_{m=0}^{3} e^{i(1+2k)m\pi/4} |\phi_m^4\rangle \tag{7-34}$$

并且，有 $|\phi_m^4\rangle$

$$|\phi_m^4\rangle = \frac{e^{-a^2/2}}{\sqrt{\lambda_k}}\sum_{n=0}^{\infty}(-1)^n \frac{\alpha^{4n+k}}{\sqrt{(4n+k)!}} |4n+k\rangle \tag{7-35}$$

其中，

$$\begin{cases} \lambda_{0,2} = \dfrac{1}{2}e^{-\alpha^2}[\cosh(\alpha^2) \pm \cos(\alpha^2)] \\ \lambda_{1,3} = \dfrac{1}{2}e^{-\alpha^2}[\sinh(\alpha^2) \pm \sin(\alpha^2)] \end{cases} \tag{7-36}$$

因此，混合态 ρ_4 可以表示为

$$\rho_4 = \text{tr}(|\Psi_4\rangle\langle\Psi_4|) = \sum_{k=0}^{3}\lambda_k |\phi_k^4\rangle |\phi_k^4\rangle \tag{7-37}$$

设 A 和 B 分别表示二部态 $|\Psi_4\rangle$ 的两种输出模式，$\hat{a}$ 和表 $\hat{b}$ 分别表示应用于模 A 和模 B 的湮灭算符。我们有一个二部态 $|\Psi_4\rangle$ 的协方差矩阵 Γ_{AB}^4，表示为

$$\Gamma_{AB}^4 = \begin{pmatrix} X\mathbf{I}_2 & Z_4\boldsymbol{\sigma}_z \\ Z_4\boldsymbol{\sigma}_z & Y\mathbf{I}_2 \end{pmatrix} \tag{7-38}$$

其中，$\mathbf{I}_2$ 和 $\boldsymbol{\sigma}_z$ 分别表示 diag(1,1) 和 diag(1,−1)，并且有

$$\begin{cases} X = \langle\Psi_4|1+2a^\dagger a|\Psi_4\rangle = 1+2\alpha^2 \\ Y = \langle\Psi_4|1+2b^\dagger b|\Psi_4\rangle = 1+2\alpha^2 \\ Z_4 = \langle\Psi_4|ab+a^\dagger b^\dagger|\Psi_4\rangle = 2\alpha^2\sum_{k=0}^{3}\lambda_{k-1}^{3/2}\lambda_k^{-1/2} \end{cases} \tag{7-39}$$

需要注意的是，加法运算应该以 4 为模数。

根据前文步骤 8 所述，基于 DMCS 的 QSS 协议的最终密钥率 R 必须是 dealer 和每个用户之间的两方 CVQKD 的最小密钥率。假设每个用户都引入等量的噪声 ξ_0，当

CVQKD 链的距离最长时，CVQKD 键速率最小。值得注意的是，实际 QSS 系统中最小的 CVQKD 密钥率必须从实际数据中估计出，因此它可能不属于最远的 CVQKD 链路。在理论分析中，本节只考虑每个用户引入的噪声是相同情况。假设 Alice 是最远的用户，Bob 是 dealer（两者的距离表示为 L ），所有其他 $n-1$ 个用户以相等的间隔位于他们之间。通过合理地利用离散调制 CVQKD 的安全性分析技术，可以估计出所提 QSS 方案的密钥率。QSS 协议的渐近密钥率下界可以表示[40]为

$$R = \beta I_{AB} - \chi_{BE} \tag{7-40}$$

其中，β 为反向调节效率；I_{AB} 是 Alice 和 Bob 之间的 Shannon 互信息量；χ_{BE} 是不诚实用户和窃听者对 Bob 测量的最大信息量。假设每个用户端的 HABS 透射率为 $t \cong 1$，则第 j 个用户的信道透射率可表示为

$$T_j = 10^{\frac{-\delta l_j}{10}} \tag{7-41}$$

其中，$l_j = \dfrac{n-j+1}{n} L$，为 dealer 到第 j 个用户的距离；δ 为光纤链路的衰减系数。因此，相对于信道输入的第 j 个用户引入的过量噪声可表示为

$$\xi_j = \frac{T_j}{T_1} \xi_0 \tag{7-42}$$

而相对于信道输入的信道加性噪声可表示为

$$x_{\text{line}} = \frac{1}{T_1} - 1 + \sum_{j=1}^{n} \xi_j \tag{7-43}$$

由 Bob 外差探测器所添加的噪声为

$$\chi_{\text{het}} = \frac{2 - \mu + 1 v_{\text{el}}}{\mu} \tag{7-44}$$

其中，μ 为探测效率；v_{el} 为不完美探测器的电子噪声。因此，相对于信道输入的总噪声可表示为

$$x_{\text{tot}} = \chi_{\text{line}} + \frac{\chi_{\text{het}}}{T_1} \tag{7-45}$$

现在可以计算 Alice 和 Bob 之间的 Shannon 互信息量[84]，则有

$$I_{AB} = \log_2 \frac{V + \chi_{\text{tot}}}{1 + \chi_{\text{tot}}} \tag{7-46}$$

其中，$V = 1 + V_M$。χ_{BE} 表示 Eve 所能获取到信息量的 Holevo 界，定义为

$$\chi_{BE} = S(\rho_E) - \int dx_B, p_B P(x_B, p_B) S(\rho_E^{x_B, p_B}) \tag{7-47}$$

其中，x_B、p_B 分别为 Bob 的测量结果；$P(x_B, p_B)$ 表示测量结果的概率密度；$\rho_E^{x_B, p_B}$ 表示在 Bob 测量条件下 Eve 的态，S 是量子态 ρ_4 的冯·诺依曼熵。假设 Bob 检测器的损失和噪声是可信的并且窃听者无法访问，则式（7-47）可进一步表示为

$$\chi_{BE} = \sum_{j=1}^{2} G\left(\frac{\xi_j - 1}{2}\right) - \sum_{j=3}^{5} G\left(\frac{\xi_j - 1}{2}\right) \rho_4 \tag{7-48}$$

其中，$G(x) = (x+1)\log_2(x+1) - x\log_2 x$，并且 $\xi_{1,2}$ 是协方差矩阵的辛特征值，则有

$$\Gamma_{AB'}^4 = \begin{pmatrix} X\boldsymbol{I}_2 & \sqrt{T_1}Z_4\boldsymbol{\sigma}_z \\ \sqrt{T_1}Z_4\boldsymbol{\sigma}_z & T_1(Y+\chi_{line})\boldsymbol{I}_2 \end{pmatrix} \tag{7-49}$$

众所周知，当 Alice 和 Bob 共享的 ρ_4 为高斯时，Holevo 信息 χ_{BE} 最大。因此 χ_{BE} 可以用协方差矩阵[式（7-49）]的函数所约束，其中 Z_4 将会由双模压缩真空态的相关性 $Z_{EPR}=\sqrt{V^2-1}$ 所替换。态 $|\Psi_4\rangle$ 的相关性 Z_4 并没有采用这样一个简单的数学形式，但对于较小的方差，它可以几乎等于 Z_{EPR}[40]。因此，对于足够小的调制方差，χ_{BE} 的界几乎与高斯调制的界相同，所以有

$$\zeta_{1,2}^2 = \frac{1}{2}\left(A \pm \sqrt{A^2-4B}\right) \tag{7-50}$$

其中，

$$\begin{cases} A = V^2 + T_1^2(V+\chi_{line})^2 - 2TZ_4^2 \\ B = T_1^2(V^2 + V\chi_{line} - Z_4^2)^2 \end{cases} \tag{7-51}$$

计算 $\zeta_{3,4,5}$ 的详细推导可以在文献[168]中找到，所以有

$$\begin{cases} \zeta_{3,4}^2 = \frac{1}{2}\left(C \pm \sqrt{C^2-4D}\right) \\ \zeta_5 = 1 \end{cases} \tag{7-52}$$

其中，

$$\begin{cases} C = \dfrac{1}{T^2(V+\chi_{tot})^2}\{A\chi_{het}^2 + B + 1 + 2\chi_{tot}[V\sqrt{B} + T(V+\chi_{line}) + 2TZ_4^2]\} \\ D = \left[\dfrac{V+\sqrt{B}\chi_{het}}{T(V+\chi_{tot})}\right]^2 \end{cases} \tag{7-53}$$

现在，可以评估所提出的基于 DMCS 的 QSS 协议的性能了。

7.3.3　方案性能分析

本节将讨论所提出的基于 DMCS 的 QSS 协议在渐近极限和有限长效应下的性能。在进行数值模拟前，必须根据实际的实验环境分配几个全局参数[84]。因此，将标准光纤链路的衰减系数设为 $\delta=0.2\text{dB/km}$，不完美外差探测器的探测效率和电子噪声设为 $\mu=0.6$ 和 $v_{el}=0.05$，调节效率设为 $\beta=0.98$，过量噪声设为 $\xi_0=0.001$。图 7-13 所示为基于 DMCS 的 QSS 协议的渐近密钥率，这些结果是通过考虑每个传输距离的最优调制方差来优化的。需要注意的是，最优调制方差非常小（$0.35\sim0.75$），因为离散调制 CVQKD 已建立的安全证明表明小的调制方差有助于防止信息被 Eve 窃听。可以发现，在 QSS 网络中，当只有两个用户协同工作时，基于 DMCS 的 QSS 协议的最大传输距离可达 100km（蓝线）。但是，性能会随着用户数量的增加而下降，特别是当用户数为 40 人（绿线）时，传输距离减少到 20km 以下。在实际中，QSS 协议的密钥率必须是两方 CVQKD 中最小的密钥率链接。为安全起见，每个 CVQKD 链接中的其他 $n-1$ 个不诚实用户被认为是不可信的，从而引入了大量的噪声。也就是说，不受信任的用户越多，产生的噪声越多。为验证上述推断，对所提出的基于 DMCS 的 QSS 协议，图 7-14 描述了信道损失

与可容忍额外噪声的关系。可以发现，当 $n=1$ 时（表示点对点 CVQKD），即只有一个用户和 dealer 在不安全的量子信道上共享随机密钥，对噪声有最佳的抵抗力，但是随着用户数量的增加，抵抗力不断退化。实际上，如果每个新添加的不可信用户都不会引入额外噪声，那么所提出的基于 DMCS 的 QSS 协议的抗信道噪声能力应该是相同的，但这是不可能的。由不可信用户引起的过多噪声会在一定程度上影响协议的抗干扰能力。因此，如图 7-14 所示，当 n 的值最小为 2 时，基于 DMCS 的 QSS 协议的传输距离最大。

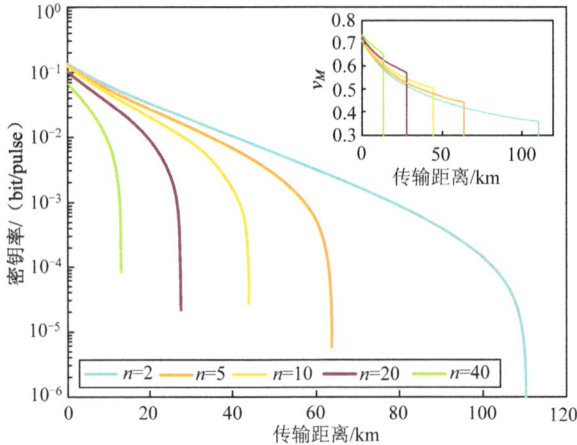

图 7-13　基于 DMCS 的 QSS 协议的渐近密钥率

注：插图为基于 DMCS 的 QSS 协议的最佳调制方差。

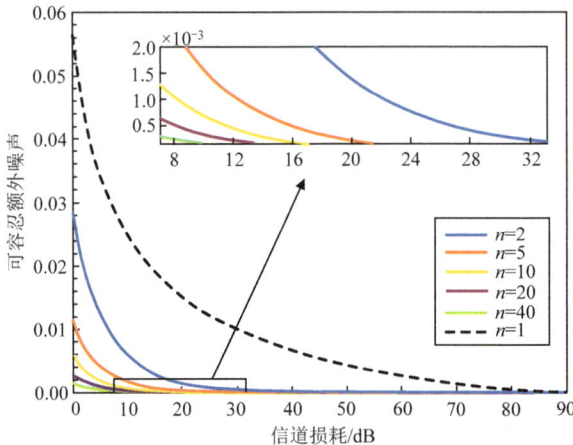

图 7-14　基于 DMCS 的 QSS 协议的信道损失与可容忍额外噪声的关系

注：黑色虚线（用户数 $n=1$）表示点对点 CVQKD，其中只有一个用户和 dealer 共享一个随机密钥。

上述渐近极限下 QSS 协议的安全性分析是基于这样一个假设的：即在用户和 dealer 间交换无限多个信号。然而，数据块的长度有限，QSS 实现的实际安全性实际上受到威胁。因此，有必要考虑有限长效应对 DMCS 协议的影响。本节使用最近建立的离散调制 CVQKD 的可组合安全性证明[231]来进一步推导其在有限尺寸效应下的可组合安全性。

设 M 为发射信号的总数，m 为失败概率为 ε_{PE} 的参数估计环节所使用的信号数。设 $r = m / M$，则可组合密钥率表示为

$$R_{\mathrm{comp}} \geq (1-r) p \left[R_{\varepsilon_{PE}} - \frac{\Delta_{AEP}(\varepsilon_s^2 / 3, |\ell|)}{\sqrt{M(1-r)}} + \frac{\log_2 [p(1-\varepsilon_s^2/3)] + 2\log_2 \sqrt{2}\varepsilon_h}{\sqrt{M(1-r)}} \right] \quad (7\text{-}54)$$

其中，p 为协商纠错环节的成功概率；$R_{\varepsilon_{PE}}$ 为式（7-40）中安全密钥率 R 的有限长表达式，式（7-54）中表达了不完美的参数估计过程和有限的信号数量。通过替换

$$R \rightarrow (1-r) R_{\varepsilon_{PE}} \quad (7\text{-}55)$$

有

$$\Delta_{AEP}(\varepsilon_s^2 / 3, |\ell|) := 4\log_2 (2\sqrt{|\ell|} + 1)\sqrt{\log(2 / \varepsilon_s^2)} \quad (7\text{-}56)$$

其中，参数 $|\ell|$ 是 Bob 结果的基数，对于 QPSK 而言，$|\ell| = 4$。在数值模拟中，将图 7-15 中的相关参数分别设为 $r = 0.01$、$p = 0.9$、$\varepsilon_s = \varepsilon_h = \varepsilon_{PE} = 10^{-10}$。

图 7-15 所示为在只有两个用户与 dealer 合作通信的情况下，基于 DMCS 的 QSS 协议的可组合安全密钥率。这种情况属于最简单的 QSS 网络，从而在理论上使 QSS 协议的性能最大化。可以发现，随着数据块长度的增加协议的最大传输距离也增加，并且无限接近图 7-13 中蓝线所示的渐近密钥率。当用户数量增加时，也会出现类似的趋势。也就是说，数据块长度是一个至关重要的参数，它将极大地影响基于 DMCS 的 QSS 系统的性能。值得注意的是，基于 DMCS 的 QSS 协议的可组合安全性受限于集体攻击的假设。在该假设下，可以通过最大似然估计有效地估计信道的参数，并限定最终密钥率中相应的误差。

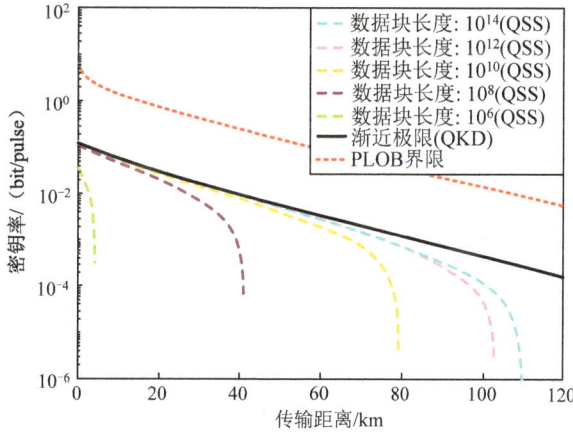

图 7-15　密钥率是传输距离的函数

注：虚线表示基于 DMCS 的 QSS 协议的可组合密钥率（用户数 $n=2$）。黑色实线表示点到点离散调制 CVQKD 的渐近密钥率（用户数 $n=1$）。虚线从上向下分别表示 PLOB 界限，数据块长分别为 10^{14}、10^{12}、10^{10}、10^8、10^6。

另外，值得注意的是，上述分析所使用的 DMCS 的调制策略是 QPSK。实际上，目前已有八相移键控（8PSK）等高维离散调制策略。与 QPSK 相比，8PSK 允许每个相干态携带三位信息，从而提高传输效率。因此，研究采用 8PSK 调制状态的 QSS 协议是很有价值的。本节并未展示整个过程 8PSK 调制的 QSS 协议，这是因为它与 QPSK 是非常

相似的，所以本节只关注 8PSK 调制的 QSS 协议是否安全。正如之前分析的，QSS 协议的理论安全性依赖于其最长的两方 CVQKD 链接。也就是说，如果能找到一种方法证明 CVQKD 链路的安全性，那么 8PSK 调制的 QSS 协议就是安全的。利用 CVQKD 中 8PSK 调制相干态作为信息载体的八态协议已被证明在渐近极限下是安全的[234]。因此，利用八态协议的安全性分析技术，可以证明 8PSK 调制 QSS 协议是可行的。图 7-16 所示为在相空间中使用 8PSK 调制的 DMCS 图。如上所述，可以将 DMCS 推广到 N 个量子态 $\left|\alpha_k^N\right|=\left|\alpha e^{i2k\pi/N}\right|$。因此，在 8PSK 调制策略中可以推断出 $\left|\alpha_k^8\right|=\left|\alpha e^{i2k\pi/8}\right|$。

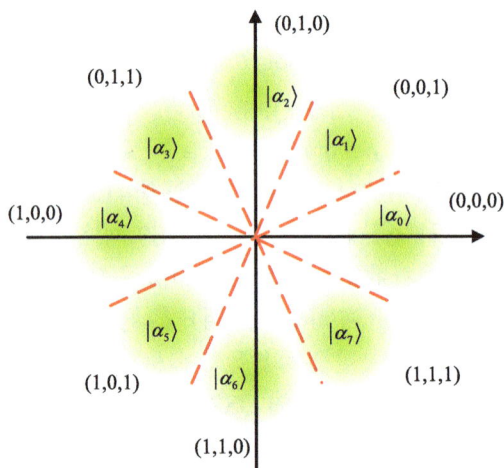

图 7-16　用 8PSK 格式描述非正交状态并在 4 个象限中划分相空间

同样，使用 8PSK 调制的 DMCS 可以被视为一种纯态，可以定义为

$$\frac{1}{4}\sum_{k=0}^{7}\left|\psi_k^8\right\rangle\left|\alpha_k^8\right\rangle \tag{7-57}$$

其中，$\left|\psi_k^8\right\rangle$ 态是正交非高斯态，表示为

$$\left|\psi_k^8\right\rangle=\frac{1}{2}\sum_{m=0}^{7}e^{i(1+4k)m\pi/4}\left|\phi_m^8\right\rangle \tag{7-58}$$

其中，$\left|\phi_m^8\right\rangle$ 可以表示为

$$\left|\phi_m^8\right\rangle=\frac{e^{-\alpha^2/2}}{\sqrt{\lambda_k}}\sum_{n=0}^{\infty}e^{\frac{\alpha^{8n+k}}{\sqrt{(8n+k)!}}}\left|8n+k\right\rangle \tag{7-59}$$

其中，

$$\begin{cases} \lambda_{0,4}=\dfrac{1}{4}e^{-\alpha^2}\left[\cosh(\alpha^2)\pm\cos(\alpha^2)\pm2\cos\left(\dfrac{\alpha^2}{\sqrt{2}}\right)\cosh\left(\dfrac{\alpha^2}{\sqrt{2}}\right)\right] \\ \lambda_{1,5}=\dfrac{1}{4}e^{-\alpha^2}\left[\sinh(\alpha^2)\pm\sin(\alpha^2)\pm\sqrt{2}\cos\left(\dfrac{\alpha^2}{\sqrt{2}}\right)\sinh\left(\dfrac{\alpha^2}{\sqrt{2}}\right)\pm\sqrt{2}\sin\left(\dfrac{\alpha^2}{\sqrt{2}}\right)\cosh\left(\dfrac{\alpha^2}{\sqrt{2}}\right)\right] \end{cases}$$

$$\tag{7-60}$$

$$\lambda_{2,6} = \frac{1}{4}e^{-\alpha^2}\left[\cosh(\alpha^2) - \cos(\alpha^2) \pm 2\sin\left(\frac{\alpha^2}{\sqrt{2}}\right)\sinh\left(\frac{\alpha^2}{\sqrt{2}}\right)\right] \tag{7-61}$$

$$\lambda_{3,7} = \frac{1}{4}e^{-\alpha^2}\left[\sinh(\alpha^2) - \sin(\alpha^2) \mp \sqrt{2}\cos\left(\frac{\alpha^2}{\sqrt{2}}\right)\sinh\left(\frac{\alpha^2}{\sqrt{2}}\right) \pm \sqrt{2}\sin\left(\frac{\alpha^2}{\sqrt{2}}\right)\cosh\left(\frac{\alpha^2}{\sqrt{2}}\right)\right]$$

$$\tag{7-62}$$

发送者制备方差为 $V = V_M + 1$ 的二部态 $|\Psi_8\rangle$，其中 $V_M = 2\alpha^2$。发送者对集合 $|\psi_k^8\rangle\langle\psi_k^8|k \in \mathbb{Z}$ 中的一部分实施投影测量到 $|\Psi_8\rangle$ 的前半部分，并将 $|\psi_k^8\rangle\langle\psi_k^8|$ 的后半部分投射到 8 个非正交态 $|\alpha_k^8\rangle$ 中的一个。随后，将调制后的态通过一个不可信的量子信道发送。调制状态的协方差矩阵可表示为

$$\boldsymbol{\Gamma}_{AB}^8 = \begin{pmatrix} X\boldsymbol{I}_2 & Z_8\boldsymbol{\sigma}_z \\ Z_8\boldsymbol{\sigma}_z & Y\boldsymbol{I}_2 \end{pmatrix} \tag{7-63}$$

其中，

$$X = Y = 1 + 2\alpha^2$$
$$Z_8 = 2\alpha^2 \sum_{k=0}^{7} \lambda_{k-1}^{3/2}\lambda_k^{-1/2} \tag{7-64}$$

此处的加法运算应该用模 8 运算、其余计算与 QPSK 调制态相同。

图 7-17 所示为 8PSK 调制的 QSS 协议的渐近性能及其在每个传输距离的最优调制方差。为进行比较，还可以用虚线绘制 QPSK 调制的 QSS 协议的渐近性能图。正如预期，当它们有相同的用户数量时，8PSK 调制的 QSS 协议的性能优于 QPSK 调制的 QSS 协议。因此，采用高维离散调制策略可以提高基于 DMCS 的 QSS 协议的性能。

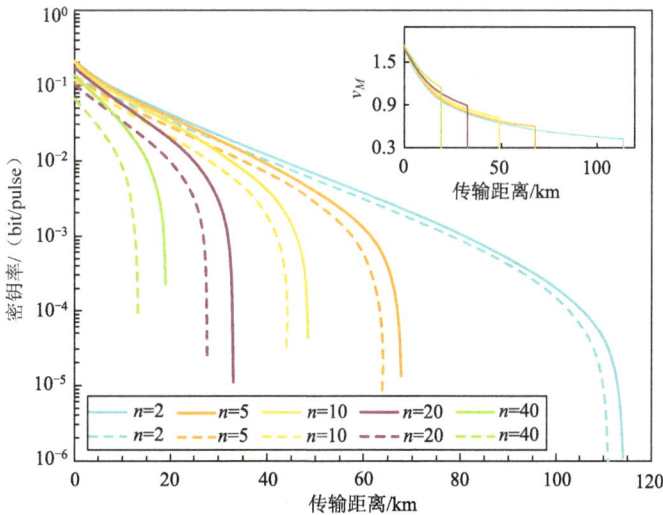

图 7-17　8PSK 调制的 QSS 协议（实线）和 QPSK 调制的 QSS 协议（虚线）的渐近密钥率

注：插图为 8PSK 调制的 QSS 协议的最优调制方差。

参 考 文 献

[1] ZENG G H. 量子保密通信[M]. 北京：高等教育出版社，2010.

[2] 黄靖正. 量子密钥分配系统实际安全性研究[D]. 合肥：中国科学技术大学，2014.

[3] SHANNON C E. Communication theory of secrecy systems[J]. Bell systems technical journal, 1949, 28(4): 656-715.

[4] GISIN N, RIBORDY G, TITTEL W, et al. Quantum cryptography[J]. Reviews of modern physics, 2002, 74(1): 145.

[5] SCARANI V, BECHMANN-PASQUINUCCI H, CERF N J, et al. The security of practical quantum key distribution[J]. Reviews of modern physics, 2009, 81(3): 1301.

[6] 董颖娣. 连续变量量子密钥分发及认证技术研究[D]. 西安：西北工业大学，2017.

[7] 刘维琪. 连续变量量子密钥分发实际安全性研究[D]. 西安：西北大学，2018.

[8] BENNETT C H, BRASSARD G A. Quantum cryptography: public key distribution and coin tossing[J]. Theoretical computer science, 2020, 560(1): 7-11.

[9] XU F X, CHEN W, WANG S, et al. Field experiment on a robust hierarchical metropolitan quantum cryptography network[J]. Chinese science bulletin, 2009, 54(17): 2991-2997.

[10] WANG S, CHEN W, YIN Z Q, et al. Field test of wavelength-saving quantum key distribution network[J]. Optics letters, 2010, 35(14): 2454-2456.

[11] CHEN T Y, LIANG H, LIU Y, et al. Field test of a practical secure communication network with decoy-state quantum cryptography[J]. Optics express, 2009, 17(8): 6540-6549.

[12] CHEN T Y, WANG J, LIANG H, et al. Metropolitan all-pass and inter-city quantum communication network[J]. Optics express, 2010, 18(26): 27217-27225.

[13] ELLIOTT C, COLVIN A, PEARSON D, et al. Current status of the DARPA quantum network[C]// Conference on Quantum Information and Computation III, 2005: 138-149.

[14] PEEV M, PACHER C, ALLÉAUME R, et al. The SECOQC quantum key distribution network in Vienna[J]. New journal of physics, 2009, 11(7): 37.

[15] SASAKI M, FUJIWARA M, ISHIZUKA H, et al. Field test of quantum key distribution in the Tokyo QKD Network[J]. Optics express, 2011, 19(11): 10387-10409.

[16] LIAO S K, CAI W Q, LIU W Y, et al. Satellite-to-ground quantum key distribution[J]. Physical review letters, 2017, 549(7670): 43-47.

[17] LIAO S K, CAI W Q, HANDSTEINER J, et al. Satellite-relayed intercontinental quantum network[J]. Physical review letters, 2018, 120(3): 030501.

[18] PIRANDOLA S, LAURENZA R, OTTAVIANI C, et al. Fundamental limits of repeaterless quantum communications[J]. Nature communication, 2017, 8(1): 1-15.

[19] ZIEBELL M, PERSECHINO M, HARRIS N, et al. Towards on-chip continuous-variable quantum key distribution[C]//2015 European Conference on Lasers and Electro-Optics-European Quantum Electronics Conference, 2015.

[20] ZHANG G, HAW J Y, CAI H, et al. An integrated silicon photonic chip platform for continuous-variable quantum key distribution[J]. Nature photonics, 2019, 13(12): 839-842.

[21] 曾贵华. 量子密码学[M]. 北京：科学出版社，2006.

[22] RALPH T C. Continuous variable quantum cryptography[J]. Physical review A, 1999, 61(1): 010303.

[23] RALPH T C. Security of continuous-variable quantum cryptography[J]. Physical review A, 2000, 62(6): 062306.

[24] HILLERY M. Quantum cryptography with squeezed states[J]. Physical review A, 2000, 61(2): 022309.

[25] REID M D. Quantum cryptography with a predetermined key, using continuous-variable Einstein-Podolsky-Rosen correlations[J]. Physical review A, 2000, 62(6): 062308.

[26] CERF N J, LEVY M, VAN ASSCHE G. Quantum distribution of Gaussian keys using squeezed states[J]. Physical review A,

2001, 63(5): 052311.

[27] GROSSHANS F, GRANGIER P. Continuous variable quantum cryptography using coherent states[J]. Physical review letters, 2002, 88(5): 057902.

[28] GROSSHANS F, GRANGIER P. Reverse reconciliation protocols for quantum cryptography with continuous variables[J]. ArXiv preprint quant-pn/0204127, 2002.

[29] WEEDBROOK C, LANCE A M, BOWEN W P, et al. Quantum cryptography without switching[J]. Physical review letters, 2004, 93(17): 170504.

[30] GROSSHANS F, CERF N J. Continuous-variable quantum cryptography is secure against non-Gaussian attacks[J]. Physical review letters, 2004, 92(4): 047905.

[31] SUDJANA J, MAGNIN L, GARCÍA-PATRÓN R, et al. Tight bounds on the eavesdropping of a continuous-variable quantum cryptographic protocol with no basis switching[J]. Physical review A, 2007, 76(5): 052301.

[32] LODEWYCK J, GRANGIER P. Tight bound on the coherent-state quantum key distribution with heterodyne detection[J]. Physical review A, 2007, 76(2): 022332.

[33] GARCIA P R, CERF N J. Unconditional optimality of Gaussian attacks against continuous-variable quantum key distribution[J]. Physical review letters, 2006, 97(19): 190503.

[34] NAVASCUÉS M, GROSSHANS F, ACIN A. Optimality of Gaussian attacks in continuous-variable quantum cryptography[J]. Physical review letters, 2006, 97(19): 190502.

[35] LEVERRIER A, GRANGIER P. Simple proof that Gaussian attacks are optimal among collective attacks against continuous-variable quantum key distribution with a Gaussian modulation[J]. Physical review A, 2010, 81(6): 062314.

[36] RENNER R, CIRAC J I. De Finetti representation theorem for infinite-dimensional quantum systems and applications to quantum cryptography[J]. Physical review letters, 2009, 102(11): 110504.

[37] CHRISTANDL M, KÖNIG R, RENNER R. Postselection technique for quantum channels with applications to quantum cryptography[J]. Physical review letters, 2009, 102(2): 020504.

[38] LEVERRIER A, GROSSHANS F, GRANGIER P. Finite-size analysis of a continuous-variable quantum key distribution[J]. Physical review A, 2010, 81(6): 062343.

[39] LEVERRIER A. Security of continuous-variable quantum key distribution via a Gaussian de Finetti reduction[J]. Physical review letters, 2017, 118(20): 200501.

[40] LEVERRIER A, GRANGIER P. Unconditional security proof of long-distance continuous-variable quantum key distribution with discrete modulation[J]. Physical review letters, 2009, 102(18): 180504.

[41] ZHAO Y B, HEID M, RIGAS J, et al. Asymptotic security of binary modulated continuous-variable quantum key distribution under collective attacks[J]. Physical review A, 2009, 79(1): 012307.

[42] BRÁDLER K, WEEDBROOK C. Security proof of continuous-variable quantum key distribution using three coherent states[J]. Physical review A, 2018, 97(2): 022310.

[43] LEVERRIER A, GRANGIER P. Continuous-variable quantum-key-distribution protocols with a non-Gaussian modulation[J]. Physical review A, 2011, 83(4): 042312.

[44] GHORAI S, GRANGIER P, DIAMANTI E, et al. Asymptotic security of continuous-variable quantum key distribution with a discrete modulation[J]. Physical review A, 2019, 9(2): 021059.

[45] PIRANDOLA S, OTTAVIANI C, SPEDALIERI G, et al. High-rate measurement device-independent quantum cryptography[J]. Nature photonics, 2015, 9(6): 397-402.

[46] MA X C, SUN S H, JIANG M S, et al. Gaussian-modulated coherent-state measurement-device-independent quantum key distribution[J]. Physical review A, 2014, 89(4): 042335.

[47] LI Z, ZHANG Y C, XU F, et al. Continuous-variable measurement-device-independent quantum key distribution[J]. Physical review A, 2014, 89(5): 052301.

[48] OTTAVIANI C, SPEDALIERI G, BRAUNSTEIN S L, et al. Continuous-variable quantum cryptography with an untrusted relay: detailed security analysis of the symmetric configuration[J]. Physical review A, 2015, 91(2): 022320.

[49] PAPANASTASIOU P, OTTAVIANI C, PIRANDOLA S. Finite-size analysis of measurement-device-independent quantum

cryptography with continuous variables[J]. Physical review A, 2017, 96(4): 042332.

[50] ZHANG X, ZHANG Y, ZHAO Y, et al. Finite-size analysis of continuous-variable measurement-device-independent quantum key distribution[J]. Physical review A, 2017, 96(4): 042334.

[51] MA H X, HUANG P, BAI D Y, et al. Continuous-variable measurement-device-independent quantum key distribution with photon subtraction[J]. Physical review A, 2018, 97(4): 042329.

[52] MA H X, HUANG P, BAI D Y, et al. Long-distance continuous-variable measurement-device-independent quantum key distribution with discrete modulation[J]. Physical review A, 2019, 99(2): 022322.

[53] PIRANDOLA S, MANCINI S, LLOYD S, et al. Continuous-variable quantum cryptography using two-way quantum communication[J]. Nature physics, 2008, 4(9): 726-730.

[54] USENKO V C, GROSSHANS F. Unidimensional continuous-variable quantum key distribution[J]. Physical review A, 2015, 92(6): 062337.

[55] MA X C, SUN S H, JIANG M S, et al. Local oscillator fluctuation opens a loophole for Eve in practical continuous-variable quantum-key-distribution systems[J]. Physical review A, 2013, 88(2): 022339.

[56] JOUGUET P, KUNZ J S, DIAMANTI E J. Preventing calibration attacks on the local oscillator in continuous-variable quantum key distribution[J]. Physical review A, 2013, 87(6): 062313.

[57] HUANG J Z, WEEDBROOK C, YIN Z Q, et al. Quantum hacking of a continuous-variable quantum-key-distribution system using a wavelength attack[J]. Physical review A, 2013, 87(6): 062329.

[58] HUANG J Z, KUNZ J S, JOUGUET P, et al. Quantum hacking on quantum key distribution using homodyne detection[J]. Physical review A, 2014, 89(3): 032304.

[59] QIN H, KUMAR R, ALLÉAUME R. Quantum hacking: saturation attack on practical continuous-variable quantum key distribution[J]. Physical review A, 2016, 94(1): 012325.

[60] WANG C, HUANG P, HUANG D, et al. Practical security of continuous-variable quantum key distribution with finite sampling bandwidth effects[J]. Journal of applied mathematics and physics, 2016, 93(2): 022315.

[61] QIN H, KUMAR R, MAKAROV V, et al. Homodyne-detector-blinding attack in continuous-variable quantum key distribution[J]. Physical review A, 2018, 98(1): 012312.

[62] ZHAO Y, ZHANG Y, HUANG Y, et al. Polarization attack on continuous-variable quantum key distribution[J]. Journal of physics B, 2018, 52(1): 015501.

[63] LUCAMARINI M, CHOI I, WARD M B, et al. Practical security bounds against the trojan-horse attack in quantum key distribution[J]. Physical review X, 2015, 5(3): 031030.

[64] ZHENG Y, HUANG P, HUANG A, et al. Practical security of continuous-variable quantum key distribution with reduced optical attenuation[J]. Physical review A, 2019, 100(1): 012313.

[65] ZHENG Y, HUANG P, HUANG A, et al. Security analysis of practical continuous-variable quantum key distribution systems under laser seeding attack[J]. Optics express, 2019, 27(19): 27369-27384.

[66] GROSSHANS F, Van ASSCHE G, WENGER J, et al. Quantum key distribution using Gaussian-modulated coherent states[J]. Nature, 2003, 421(6920): 238-241.

[67] LANCE A M, SYMUL T, SHARMA V, et al. No-switching quantum key distribution using broadband modulated coherent light[J]. Physical review letters, 2005, 95(18): 180503.

[68] LODEWYCK J, DEBUISSCHERT T, TUALLE-BROURI R, et al. Controlling excess noise in fiber-optics continuous-variable quantum key distribution[J]. Physical review A, 2005, 72(5): 050303.

[69] QI B, HUANG L L, QIAN L, et al. Experimental study on the Gaussian-modulated coherent-state quantum key distribution over standard telecommunication fibers[J]. Physical review A, 2007, 76(5): 052323.

[70] LODEWYCK J, BLOCH M, GARCÍA-PATRÓN R, et al. Quantum key distribution over 25km with an all-fiber continuous-variable system[J]. Physical review A, 2007, 76(4): 042305.

[71] XUAN Q D, ZHANG Z, VOSS P L. A 24km fiber-based discretely signaled continuous variable quantum key distribution system[J]. Optics express, 2009, 17(26): 24244-24249.

[72] SHEN Y, ZOU H, TIAN L, et al. Experimental study on discretely modulated continuous-variable quantum key

distribution[J]. Physical review A, 2010, 82(2): 022317.

[73] DAI W, LU Y, ZHU J, et al. An integrated quantum secure communication system[J]. 中国科学:信息科学(英文版) , 2011, 54(12): 2578-2591.

[74] JOUGUET P, KUNZ-JACQUES S, LEVERRIER A, et al. Experimental demonstration of long-distance continuous-variable quantum key distribution[J]. Nature photonics, 2013, 7(5): 378-381.

[75] HUANG D, HUANG P, WANG T, et al. Continuous-variable quantum key distribution based on a plug-and-play dual-phase-modulated coherent-states protocol[J]. Physical review A, 2016, 94(3): 032305.

[76] HUANG D, LIN D, WANG C, et al. Continuous-variable quantum key distribution with 1Mbps secure key rate[J]. Optics express, 2015, 23(13): 17511-17519.

[77] WANG C, HUANG D, HUANG P, et al. 25MHz clock continuous-variable quantum key distribution system over 50km fiber channel[J]. Scientific reports, 2015, 5(1): 1-8.

[78] HUANG D, HUANG P, LI H, et al. Field demonstration of a continuous-variable quantum key distribution network[J]. Optics letters, 2016, 41(15): 3511-3514.

[79] ZHANG Y, LI Z, CHEN Z, et al. Continuous-variable QKD over 50km commercial fiber[J]. Quantum science and technology, 2019, 4(3): 035006.

[80] KLEIS S, SCHAEFFER C G. Improving the secret key rate of coherent quantum key distribution with Bayesian inference[J]. Journal of lightwave technology, 2018, 37(3): 722-728.

[81] BRAUNSTEIN S L, van LOOCK P. Quantum information with continuous variables[J]. Reviews of modern physics, 2005, 77(2): 513.

[82] LAUDENBACH F, PACHER C, FUNG C H F, et al. Continuous-variable quantum key distribution with Gaussian modulation—the theory of practical implementations[J]. Advanced quantum technologies, 2018, 1(1): 1800011.

[83] WEEDBROOK C, PIRANDOLA S, GARCÍA-PATRÓN R, et al. Gaussian quantum information[J]. Reviews of modern physics, 2012, 84(2): 621.

[84] FOSSIER S, DIAMANTI E, DEBUISSCHERT T, et al. Improvement of continuous-variable quantum key distribution systems by using optical preamplifiers[J]. Journal of physics B, 2009, 42(11): 114014.

[85] HUANG D, HUANG P, LIN D, et al. High-speed continuous-variable quantum key distribution without sending a local oscillator[J]. Optics letters, 2015, 40(16): 3695-3698.

[86] SOH D B, BRIF C, COLES P J, et al. Self-referenced continuous-variable quantum key distribution protocol[J]. Physical review X, 2015, 5(4): 041010.

[87] QI B, LOUGOVSKI P, POOSER R, et al. Generating the local oscillator "locally" in continuous-variable quantum key distribution based on coherent detection[J]. Physical review X, 2015, 5(4): 041009.

[88] MARIE A, ALLÉAUME R. Self-coherent phase reference sharing for continuous-variable quantum key distribution[J]. Physical review A, 2017, 95(1): 012316.

[89] KUMAR R, BARRIOS E, MACRAE A, et al. Versatile wideband balanced detector for quantum optical homodyne tomography[J]. Optics communications, 2012, 285(24): 5259-5267.

[90] JOUGUET P, KUNZ J S, LEVERRIER A. Long-distance continuous-variable quantum key distribution with a Gaussian modulation[J]. Physical review A, 2011, 84(6): 062317.

[91] LEVERRIER A, ALLÉAUME R, BOUTROS J, et al. Multidimensional reconciliation for a continuous-variable quantum key distribution[J]. Physical review A, 2008, 77(4): 042325.

[92] QI B, LIM C C W. Noise analysis of simultaneous quantum key distribution and classical communication scheme using a true local oscillator[J]. Physical review applied, 2018, 9(5): 054008.

[93] LIU W, WANG X, WANG N, et al. Imperfect state preparation in continuous-variable quantum key distribution[J]. Physical review A, 2017, 96(4): 042312.

[94] KIKUCHI K. Characterization of semiconductor-laser phase noise and estimation of bit-error rate performance with low-speed offline digital coherent receivers[J]. Optics express, 2012, 20(5): 5291-5302.

[95] 王红恩. 相干光通信系统中载波频偏和相位恢复算法研究[D]. 北京：北京邮电大学，2019.

[96] 曹国亮. 基于卡尔曼滤波的光信号偏振态和载波恢复技术研究[D]. 哈尔滨：哈尔滨工业大学，2015.

[97] QU Z, DJORDJEVIC I B. High-speed free-space optical continuous variable-quantum key distribution based on Kramers-Kronig scheme[J]. Photonics journal, 2018, 10(6): 1-7.

[98] USENKO V C, FILIP R. Trusted noise in continuous-variable quantum key distribution: a threat and a defense[J]. Entropy, 2016, 18(1): 20-45.

[99] JAIN N, ANISIMOVA E, KHAN I, et al. Trojan-horse attacks threaten the security of practical quantum cryptography[J]. New journal of physics, 2014, 16(12): 123030.

[100] SUN S H, XU F, JIANG M S, et al. Effect of source tampering in the security of quantum cryptography[J]. Physical review A , 2015, 92(2): 022304.

[101] LUNDBERG L, KARLSSON M, LORENCES-RIESGO A, et al. Frequency comb-based WDM transmission systems enabling joint signal processing[J]. Applied sciences, 2018, 8(5): 718.

[102] ATAIE V, TEMPRANA E, LIU L, et al. Ultrahigh count coherent WDM channels transmission using optical parametric comb-based frequency synthesizer[J]. Journal of lightwave technology, 2015, 33(3): 694-699.

[103] PFEIFLE J, VUJICIC V, WATTS R T, et al. Flexible terabit/s Nyquist-WDM super-channels using a gain-switched comb source[J]. Optics express, 2015, 23(2): 724-738.

[104] PFEIFLE J, BRASCH V, LAUERMANN M, et al. Coherent terabit communications with microresonator Kerr frequency combs[J]. Nature photonics, 2014, 8(5): 375-380.

[105] KEMAL J N, PFEIFLE J, MARIN-PALOMO P, et al. Multi-wavelength coherent transmission using an optical frequency comb as a local oscillator[J]. Optics express, 2016, 24(22): 25432-25445.

[106] HUANG D, HUANG P, LIN D, et al. Long-distance continuous-variable quantum key distribution by controlling excess noise[J]. Scientific reports, 2016, 6(1): 1-9.

[107] REN S, KUMAR R, WONFOR A, et al. Reference pulse attack on continuous variable quantum key distribution with local local oscillator under trusted phase noise[J]. Journal of the optical society of America, 2019, 36(3): B7-B15.

[108] LI H, WANG C, HUANG P, et al. Practical continuous-variable quantum key distribution without finite sampling bandwidth effects[J]. Optics express, 2016, 24(18): 20481-20493.

[109] CHI Y M, QI B, ZHU W, et al. A balanced homodyne detector for high-rate Gaussian-modulated coherent-state quantum key distribution[J]. New journal of physics, 2011, 13(1): 013003.

[110] HUANG P, HUANG J, WANG T, et al. Robust continuous-variable quantum key distribution against practical attacks[J]. Physical review A, 2017, 95(5): 052302.

[111] BENNETT C H, BRASSARD G. Quantum cryptography: public key distribution and coin tossing[C]//Proceedings of IEEE International Conference on Computers, Systems & Signal Processing, Bangalore, 1984: 175-179.

[112] DIAMANTI E, LEVERRIER A. Distributing secret keys with quantum continuous variables: principle, security and implementations[J]. Entropy, 2015, 17(9): 6072-6092.

[113] KIM M, PARK E, KNIGHT P, et al. Nonclassicality of a photon-subtracted Gaussian field[J]. Physical review A, 2005, 71(4): 043805.

[114] LI Z Y, ZHANG Y C, WANG X, et al. Non-Gaussian postselection and virtual photon subtraction in continuous-variable quantum key distribution[J]. Physical review A, 2016, 93(1): 012310.

[115] WAKS E, ZEEVI A, YAMAMOTO Y. Security of quantum key distribution with entangled photons against individual attacks[J]. Physical review A, 2002, 65(5): 052310.

[116] WEEDBROOK C. Continuous-variable quantum key distribution with entanglement in the middle[J]. Physical review A, 2013, 87(2): 022308.

[117] ADHIKARI S, MAJUMDAR A S, NAYAK N. Teleportation of two-mode squeezed states[J]. Physical review A, 2008, 77(1): 012337.

[118] NAVASCUÉS M, ACÍN A. Security bounds for continuous variables quantum key distribution[J]. Physical review letters, 2005, 94(2): 020505.

[119] PIRANDOLA S, BRAUNSTEIN S L, LLOYD S. Characterization of collective Gaussian attacks and security of

coherent-state quantum cryptography[J]. Physical review letters, 2008, 101(20): 200504.

[120] HUANG P, HE G, FANG J, et al. Performance improvement of continuous-variable quantum key distribution via photon subtraction[J]. Physical review A, 2013, 87(1): 012317.

[121] HE G Q, ZHANG J T, ZENG G J, et al. Teleportation of continuous variable multimode Greeberger-Horne-Zeilinger entangled states[J]. Journal of physics B, 2008, 41(21): 215503.

[122] WOLF M M, GIEDKE G, CIRAC J I. Extremality of Gaussian quantum states[J]. Physical review letters, 2006, 96(8): 080502.

[123] NAVARRETE B C, GARCÍA P R, SHAPIRO J H, et al. Enhancing quantum entanglement by photon addition and subtraction[J]. Physical review A, 2012, 86(1): 012328.

[124] PIRANDOLA S, SERAFINI A, LLOYD S. Correlation matrices of two-mode bosonic systems[J]. Physical review A, 2009, 79(5): 052327.

[125] VIDAL G, WERNER R F. Computable measure of entanglement[J]. Physical review A, 2002, 65(3): 032314.

[126] CHEN D X, ZHANG P, LI H R, et al. Four-state quantum key distribution exploiting maximum mutual information measurement strategy[J]. Quantum information processing, 2016, 15(2): 881-891.

[127] HUANG P, FANG J, ZENG G. State-discrimination attack on discretely modulated continuous-variable quantum key distribution[J]. Physical review A, 2014, 89(4): 042330.

[128] ZHANG H, FANG J, HE G. Improving the performance of the four-state continuous-variable quantum key distribution by using optical amplifiers[J]. Physical review A, 2012, 86(2): 022338.

[129] BECERRA F, FAN J, BAUMGARTNER G, et al. Experimental demonstration of a receiver beating the standard quantum limit for multiple nonorthogonal state discrimination[J]. Nature photonics, 2013, 7(2): 147-152.

[130] BECERRA F E, FAN J, BAUMGARTNER G, et al. M-ary-state phase-shift-keying discrimination below the homodyne limit[J]. Physical review A, 2011, 84(6): 062324.

[131] BECERRA F E, FAN J, MIGDALL A. Implementation of generalized quantum measurements for unambiguous discrimination of multiple non-orthogonal coherent states[J]. Nature communications, 2013, 4(1): 1-6.

[132] HELSTROM C W. Quantum detection and estimation theory[J]. Journal of statistical physics , 1969, 1(2): 231-252.

[133] GARCIA P R. Quantum information with optical continuous variables: from bell tests to key distribution[D]. Bruxelles: Université Libre de Bruxelles, 2007.

[134] EISAMAN M D, FAN J, MIGDALL A, et al. Invited review article: single-photon sources and detectors[J]. The review of scientific instruments, 2011, 82(7): 071101.

[135] XIE Y L, WANG D J, CSERNAI L P. Global Λ polarization in high energy collisions[J]. Physical review C, 2017, 95(3): 031901.

[136] FURRER F, FRANZ T, BERTA M, et al. Continuous variable quantum key distribution: finite-key analysis of composable security against coherent attacks[J]. Physical review letters, 2012, 109(10): 100502.

[137] LEVERRIER A. Composable security proof for continuous-variable quantum key distribution with coherent states[J]. Physical review letters, 2015, 114(7): 070501.

[138] LO H K, CURTY M, TAMAKI K. Secure quantum key distribution[J]. Nature photonics, 2014, 8(8): 595-604.

[139] ACÍN A, BRUNNER N, GISIN N, et al. Device-independent security of quantum cryptography against collective attacks[J]. Physical review letters, 2007, 98(23): 230501.

[140] LO H K, CURTY M, QI B. Measurement-device-independent quantum key distribution[J]. Physical review letters, 2012, 108(13): 130503.

[141] LI H W, YIN Z Q, CHEN W, et al. Quantum key distribution based on quantum dimension and independent devices[J]. Physical review A, 2014, 89(3): 032302.

[142] WANG T Y, YU S, ZHANG Y C, et al. Improving the maximum transmission distance of continuous-variable quantum key distribution with noisy coherent states using a noiseless amplifier[J]. Physics letters A , 2014, 378(38-39): 2808-2812.

[143] COLLINS D, GISIN N, DE RIEDMATTEN H. Quantum relays for long distance quantum cryptography[J]. Journal of modern optics, 2005, 52(5): 735-753.

[144] De RIEDMATTEN H, MARCIKIC I, TITTEL W, et al. Long distance quantum teleportation in a quantum relay configuration[J]. Physical review letters, 2004, 92(4): 047904.

[145] GUO Y, LIAO Q, HUANG D, et al. Quantum relay schemes for continuous-variable quantum key distribution[J]. Physical review A, 2017, 95(4): 042326.

[146] STOPES R H V, COWLEY W L. The uncertainty principle[J]. Nature, 1949, 164:245-246.

[147] WOOTTERS W K, ZUREK W H. A single quantum cannot be cloned[J]. Nature, 1982, 299(5886): 802-803.

[148] GISIN N, RIBORDY G, TITTEL W, et al. Quantum cryptography[J]. Review of modern physics, 2002 (74):145-195.

[149] SCARANI V, BECHMANN-PASQUINUCCI H, CERF N J, et al. The security of practical quantum key distribution[J]. Reviews of modern physics, 2009, 81(3): 1301-1350.

[150] BRAUNSTEIN S L, LOOCK P V. Quantum information with continuous variables[J]. Reviews of modern physics, 2005,77: 513-577.

[151] GHORAI S, DIAMANTI E, LEVERRIER A. Composable security of two-way continuous-variable quantum key distribution without active symmetrization[J]. Physical review A, 2018, 99(1): 012311.

[152] JIAN Y, XU B G, HONG G. Source monitoring for continuous-variable quantum key distribution[J]. Physical review A, 2012, 83(4): 10017-10028.

[153] YING G, LV G, ZENG G. Balancing continuous-variable quantum key distribution with source-tunable linear optics cloning machine[J]. Quantum information processing, 2015, 14(11) :4323-4338.

[154] BARTLEY T J, CROWLEY P, DATTA A, et al. Strategies for enhancing quantum entanglement by local photon subtraction[J]. Physical review A, 2012, 87(2): 022313.

[155] HU L Y, WU J N, LIAO Z Y, et al. Multiphoton catalysis with coherent state input: nonclassicality and decoherence[J]. Journal of physics B, 2016, 49(17): 175504.

[156] ZHOU W D, YE W, LIU C J, et al. Entanglement improvement of entangled coherent state via multiphoton catalysis[J]. Laser physics letters, 2018, 15(6): 065203.

[157] HU L Y, LIAO Z Y, ZUBAIRY M S, et al. Continuous-variable entanglement via multiphoton catalysis[J]. Physical review A, 2017, 1(1): 012310.

[158] ZHONG H, WANG Y G, WANG X D, et al. Enhancing of self-referenced continuous-variable quantum key distribution with virtual photon subtraction[J]. Entropy, 2018, 20(8): 578.

[159] WANG T, HUANG P, ZHOU Y M, et al. High key rate continuous-variable quantum key distribution with a real local oscillator[J]. Optics express, 2018, 26(3): 2794-2806.

[160] ZHAO Y G, ZHANG Y C, LI Z Y, et al. Improvement of two-way continuous-variable quantum key distribution with virtual photon subtraction[J]. Quantum information processing, 2017 16(8): 184-197.

[161] SOH D, BRIF C, COLES P J, et al. Self-referenced continuous-variable quantum key distribution protocol[J]. Physical review X, 2015, 5(4): 041010.

[162] LVOVSKY A I, MLYNEK J. Quantum-optical catalysis: generating nonclassical states of light by means of linear optics[J]. Physical review letters, 2002, 88(25): 250401.

[163] ACIN A, BRUNNER N, GISIN N, et al. Device-independent security of quantum cryptography against collective attacks[J]. Physical review letters, 2007, 98(23): 23050.

[164] ZHANG Y C, LI Z Y, YU S, et al. Continuous-variable measurement-device-independent quantum key distribution using squeezed states[J]. Physical review A, 2014, 90(5): 052325.

[165] ZHAO Y G, ZHANG Y C, XU B J, et al. Continuous-variable measurement-device- independent quantum key distribution with virtual photon subtraction[J]. Physical review A, 2018, 89 (5): 052301.

[166] SILBERHORN C, RALPH T C, LÜTKENHAUS N, et al. Continuous variable quantum cryptography—beating the 3dB loss limit[J]. Physical review letters, 2002, 89(16): 167901.

[167] LODEWYCK J, BLOCH M, GARCIAPATRON R, et al. Quantum key distribution over 25km with an all-fiber continuous-variable system[J]. Physical review A, 2007, 76(4): 538-538.

[168] LIAO Q, GUO Y, HUANG D, et al. Long-distance continuous-variable quantum key distribution using non-Gaussian

state-discrimination detection[J]. New journal of physics, 2018, 20(2): 023015.

[169] MA X C, SUN S H, JIANG M S, et al. Wavelength attack on practical continuous-variable quantum-key-distribution system with a heterodyne protocol[J]. Physical review A, 2013, 87(5): 052309.

[170] QIN H, KUMAR R, ALLÉAUME R. Saturation attack on continuous-variable quantum key distribution system[C]//Emerging Technologies in Security and Defence; and Quantum Security II; and Unmanned Sensor Systems X, Dresden, 2013.

[171] BRAUNSTEIN S L, PIRANDOLA S. Side-channel-free quantum key distribution[J]. Physical review letters, 2012, 108(13): 130502.

[172] CURTY M, XU F, CUI W, et al. Finite-key analysis for measurement-device-independent quantum key distribution[J]. Nature communications, 2014, 5(1): 1-7.

[173] LI H W, YIN Z Q, PAWŁOWSKI M, et al. Detection efficiency and noise in a semi-device-independent randomness-extraction protocol[J]. Physical review A, 2015, 91(3): 032305.

[174] XU F H, CURTY M, QI B, et al. Measurement-device-independent quantum cryptography[J]. New journal of physics, 2014, 21(3): 148-158.

[175] LUPO C, OTTAVIANI C, PAPANASTASIOU P, et al. Continuous-variable measurement-device-independent quantum key distribution: composable security against coherent attacks[J]. Physical review A, 2018, 97(5): 052327.

[176] GROSSHANS F, CERF N J, WENGER J, et al. Virtual entanglement and reconciliation protocols for quantum cryptography with continuous variables[J]. Quantum information & computation, 2003, 3(7):535-552.

[177] MO X F, ZHU B, HAN Z F, et al. Faraday-Michelson system for quantum cryptography[J]. Optics letters, 2005, 30(19): 2632-2634.

[178] LEVERRIER A, GARCIA P R, RENNER R, et al. Security of continuous-variable quantum key distribution against general attacks[J]. Physical review letters, 2013, 110(3): 030502.

[179] NIELSEN M A, CHUANG I L. Quantum computation and quantum information[M]. Cambridge University Press, Cambridge, 2010.

[180] TOWNSEND P, RARITY J, TAPSTER P. Enhanced single photon fringe visibility in a 10km-long prototype quantum cryptography channel[J]. Electronics letters, 1993, 29(14): 1291-1293.

[181] LUPO C, OTTAVIANI C, PAPANASTASIOU P, et al. Parameter estimation with almost no public communication for continuous-variable quantum key distribution[J]. Physical review letters, 2018, 120(22): 220505.

[182] KUNZ J S, JOUGUET P. Robust shot-noise measurement for continuous-variable quantum key distribution[J]. Physical review A, 2015, 91(2): 022307.

[183] RUPPERT L, USENKO V C, FILIP R. Long-distance continuous-variable quantum key distribution with efficient channel estimation[J]. Physical review A, 2014, 90(6): 062310.

[184] JOUGUET P, KUNZ J S, DEBUISSCHERT T, et al. Field test of classical symmetric encryption with continuous variables quantum key distribution[J]. Optics express, 2012, 20(13): 14030-14041.

[185] LIU W, HUANG P, PENG J, et al. Integrating machine learning to achieve an automatic parameter prediction for practical continuous-variable quantum key distribution[J]. Physical review A, 2018, 97(2): 022316.

[186] HAIDER W, HU J K, XIE Y, et al. Detecting anomalous behavior in cloud servers by nested-arc hidden semi-Markov model with state summarization[J]. IEEE transactions on big data, 2019, 5(3): 305-316.

[187] HOLGADO P, VILLAGRÁ V A, VAZQUEZ L, et al. Real-time multistep attack prediction based on hidden markov models[J]. IEEE transactions on dependable and secure computing, 2017, 17(1): 134-147.

[188] LI J, PEDRYCZ W, JAMAL I. Multivariate time series anomaly detection: a framework of hidden Markov models[J]. Applied soft computing, 2017, 60: 229-240.

[189] CHOUZENOUX E, PESQUET J C, REPETTI A J, et al. Variable metric forward-backward algorithm for minimizing the sum of a differentiable function and a convex function[J]. Journal of optimization theory & applications, 2014, 162(1): 107-132.

[190] LORENZ D A, POCK T. An inertial forward-backward algorithm for monotone inclusions[J]. Computer vision and pattern

recognition, 2015, 51(2): 311-325.

[191]　ADDAIM A, GRETETE D, ABDESSALAM A M. Enhanced Box-Muller method for high quality Gaussian random number generation[J]. International journal of computing science and mathematics, 2018, 9(3): 287-297.

[192]　MALIK J S, HEMANI A, GOHAR N D. Unifying CORDIC and box-muller algorithms: an accurate and efficient gaussian random number generator[C]//2013 IEEE 24th International Conference on Application-Specific Systems, Architectures and Processors, Washington, 2013.

[193]　WANG Y T, BIE Z S. A novel hardware Gaussian noise generator using Box-Muller and CORDIC[C]// 2014 Sixth International Conference on Wireless Communications and Signal Processing, Hefei 2014.

[194]　CHEN X K, WU Y, YU Y Z, et al. A two-grid search scheme for large-scale 3D finite element analyses of slope stability[J]. Computers & geotechnics, 2014, 62: 203-215.

[195]　SYARIF I, PRUGEL B A, WILLS G. SVM parameter optimization using grid search and genetic algorithm to improve classification performance[J]. TELKOMNIKA, 2016, 14(4): 1502.

[196]　WENWEN L, XIAOXUE X, FU L, et al. Application of improved grid search algorithm on SVM for classification of tumor gene[J]. International journal of multimedia & ubiquitous engineering, 2014, 9(11): 181-188.

[197]　LODEWYCK J, DEBUISSCHERT T, GARCIA-PATRON R, et al. Experimental implementation of non-Gaussian attacks on a continuous-variable quantum-key-distribution system[J]. Physical review letters, 2007, 98(3): 030503.

[198]　LIU W, PENG J, HUANG P, et al. Monitoring of continuous-variable quantum key distribution system in real environment[J]. Optics express, 2017, 25(16): 19429-19443.

[199]　HORNIK K, STINCHCOMBE M, WHITE H. Multilayer feedforward networks are universal approximators[J]. Neural networks, 1989, 2(5): 359-366.

[200]　SARITAS M M, YASAR A. Performance analysis of ANN and Naive Bayes classification algorithm for data classification[J]. International journal of intelligent systems & applications, 2019, 7(2): 88-91.

[201]　LAU M M, LIM K H. Investigation of activation functions in deep belief network[C]//2017 2nd International Conference on Control and Robotics Engineering, Bangkok, 2017.

[202]　ZHANG H, WENG T W, CHEN P Y, et al. Efficient neural network robustness certification with general activation functions[J]. Advances in neural information processing systems, 2018, 31.

[203]　ZEILER M D. Adadelta: an adaptive learning rate method[J]. Computer science, 2012.

[204]　BOTTOU L. Large-scale machine learning with stochastic gradient descent[C]//Proceedings of COMPSTAT, Princeton, 2010.

[205]　FOSSIER S, DIAMANTI E, DEBUISSCHERT T, et al. Field test of a continuous-variable quantum key distribution prototype[J]. New journal of physics, 2009, 11(4): 045023.

[206]　BERGSTRA J, BENGIO Y J. Random search for hyper-parameter optimization[J]. Journal of machine learning research, 2012, 13(2): 281-305.

[207]　JOLLIFFE I T, CADIMA J. Principal component analysis: a review and recent developments[J]. Philosophical transactions of the royal society A, 2016, 374(2065): 20150202.

[208]　WANG X G, TANG Z, TAMURA H, et al. An improved backpropagation algorithm to avoid the local minima problem[J]. Neurocomputing, 2004, 56: 455-460.

[209]　SHAMIR A. How to share a secret[J]. Communications of the ACM, 1979, 22(11): 612-613.

[210]　HILLERY M, BUŽEK V, BERTHIAUME A. Quantum secret sharing[J]. Physical review A, 1999, 59(3): 1829.

[211]　ZHOU Y Y, YU J, YAN Z H, et al. Quantum secret sharing among four players using multipartite bound entanglement of an optical field[J]. Physical review letters, 2018, 121(15): 150502.

[212]　LANCE A M, SYMUL T, BOWEN W P, et al. Tripartite quantum state sharing[J]. Physical review letters, 2004, 92(17): 177903.

[213]　CHEN Y A, ZHANG A N, ZHAO Z, et al. Experimental quantum secret sharing and third-man quantum cryptography[J]. Physical review letters, 2005, 95(20): 200502.

[214]　XIAO L, LONG G L, DENG F G, et al. Efficient multiparty quantum-secret-sharing schemes[J]. Physical review A , 2004,

69(5): 052307.

[215] TITTEL W, ZBINDEN H, GISIN N. Experimental demonstration of quantum secret sharing[J]. Physical review A, 2001, 63(4): 042301.

[216] KARLSSON A, KOASHI M, IMOTO N. Quantum entanglement for secret sharing and secret splitting[J]. Physical review A, 1999, 59(1): 162-168.

[217] GRICE W P, EVANS P G, LAWRIE B, et al. Two-party secret key distribution via a modified quantum secret sharing protocol[J]. Optics express, 2015, 23(6): 7300-7311.

[218] PHOENIX S J, BARNETT S M, TOWNSEND P D, et al. Multi-user quantum cryptography on optical networks[J]. Journal of modern optics, 1995, 42(6): 1155-1163.

[219] SCHMID C, TROJEK P, BOURENNANE M, et al. Experimental single qubit quantum secret sharing[J]. Physical review letters, 2005, 95(23): 230505.

[220] SCHMID C, TROJEK P, BOURENNANE M, et al. Schmid et al. reply[J]. Physical review letters, 2007, 98(2): 028902.

[221] HE G P. Comment on "Experimental single qubit quantum secret sharing"[J]. Physical review letters, 2007, 98(2): 028901.

[222] GRICE W P, QI B. Quantum secret sharing using weak coherent states[J]. Physical review A, 2019, 100(2): 022339.

[223] QI B, EVANS P G, GRICE W P. Passive state preparation in the Gaussian-modulated coherent-states quantum key distribution[J]. Physical review A, 2018, 97(1): 012317.

[224] WU X D, WANG Y J, LI S, et al. Security analysis of passive measurement-device-independent continuous-variable quantum key distribution with almost no public communication[J]. Quantum information processing, 2019, 18(12): 1-16.

[225] DERKACH I, USENKO V C, FILIP R. Continuous-variable quantum key distribution with a leakage from state preparation[J]. Physical review A, 2017, 96(6): 062309.

[226] YANG J, XU B, GUO H. Source monitoring for continuous-variable quantum key distribution[J]. Physical review A, 2012, 86(4): 042314.

[227] SHEN Y, PENG X, YANG J, et al. Continuous-variable quantum key distribution with Gaussian source noise[J]. Physical review A, 2011, 83(5): 052304.

[228] USENKO V C, FILIP R. Feasibility of continuous-variable quantum key distribution with noisy coherent states[J]. Physical review A, 2010, 81(2): 022318.

[229] JOUGUET P, KUNZ-JACQUES S, DIAMANTI E, et al. Analysis of imperfections in practical continuous-variable quantum key distribution[J]. Physical review A, 2012, 86(3): 032309.

[230] LIN J, UPADHYAYA T, LÜTKENHAUS N. Asymptotic security analysis of discrete-modulated continuous-variable quantum key distribution[J]. Physical review X, 2019, 9(4): 041064.

[231] PAPANASTASIOU P, PIRANDOLA S. Continuous-variable quantum cryptography with discrete alphabets: composable security under collective gaussian attacks[J]. Physical review research, 2021, 3(1): 013047.

[232] CURTY M, LEWENSTEIN M, LÜTKENHAUS N L. Entanglement as a precondition for secure quantum key distribution[J]. Physical review letters, 2004, 92(21): 217903.

[233] FERENCZI A, LUTKENHAUS N. Symmetries in quantum key distribution and the connection between optimal attacks and optimal cloning[J]. Physical review A 2012, 85(5): 052310.

[234] GUO Y, LI R J, LIAO Q, et al. Performance improvement of eight-state continuous-variable quantum key distribution with an optical amplifier[J]. Physics letters A, 2018, 382(6): 372-381.